I0069384

DE LA

NATURE.

TOME QUATRIEME.

DE LA
NATURE.

PAR J. B. ROBINET.

Τῆς φύσεως γραμματεὺς ἦν τὸν κάλαμον ἀποβρέχων εἰς νοῦν. SUID. de ARIST.

TOME QUATRIEME.

A AMSTERDAM,

Chez E. VAN HARREVELT.

M. DCC. LXVI.

PRÉFACE.

RESPECTONS les ténebres dont la Nature se plait à s'envelopper. Ses Ouvrages semblent plutôt faits pour être admirés que pour être étudiés & connus. Quel esprit assez pénétrant pourra découvrir la cause de ce qui se passe au centre de la terre, dans le sein des mers, dans les plaines de l'air, ou au-dessus de l'atmosphere ? Nous ignorons ce que nous sommes, & nous osons raisonner de ce que nous ne pouvons atteindre. Cette témérité présomptueuse mérite d'être confondue. O Vérité ! reste donc à jamais sous le voile qui te couvre !

C'est ainsi que déclament ceux qui ne se sentent ni le courage ni la force d'esprit nécessaires pour s'élever aux sublimes spéculations de la Philosophie Naturelle. Ils montrent un mépris fastueux pour l'étude la plus digne de l'Etre qui raisonne. C'est assez pour eux de glisser légérement sur la surface des choses. Quant à ce qui est un peu au-dessous de cette premiere superficie, & surtout quant aux principes plus intimement cachés dans les profondeurs de la Nature, ils se sont condamnés à les ignorer toujours, & prétendent y condamner les autres. Hommes lâches & indolens, reſtez dans une éternelle enfance : ſoyez à-jamais le jouet du préjugé, & les victimes de l'erreur. A la bonne-heure, jouiſſez de tout ſans rien connoître, puiſqu'une jouiſſance ſtupide ne vous paroît pas déroger à la dignité de votre eſpece. Mais ne troublez pas nos veilles laborieuſes ; ne cherchez pas à les flétrir. Voyez pluſieurs arts inventés & tous les arts perfectionnés par les recherches des Naturaliſtes. Vous recueillez les fruits de leurs travaux. Eſt-ce ainſi que vous avez acquis le droit d'inſulter à leur curioſité induſtrieuſe ? S'ils ne ſont pas toujours parvenus au but où ils aſpiroient, quand eſt-ce que leurs peines ont été tout-à-fait infructueuſes ? Toujours quelque découverte a marqué leur marche, juſtifié leurs vues, encouragé leurs eſſais, en illuſtrant juſqu'à leurs écarts.

L'utile regle le prix de la Science comme de tout le reſte. Quelle Science a une ſphere d'utilité plus étendue que la Science Naturelle, la baſe de toutes les autres ?

Vous taxez de témérité ceux qui oſent remonter aux premiers principes des choſes. Sur quel fondement ſoutenez-vous que, tandis que les effets éclatent à nos yeux, leurs cauſes doivent toujours demeurer dans une obſcurité impénétrable ? Avez-vous aſſiſté à la formation des essences? Est-ce vous qui avez mis des bornes à l'esprit humain? Ou en avez-vous mesuré la portée? Celui qui donna l'être à ce qui n'étoit pas, n'a-t-il pu faire des intelligences capables de connoître ce qui est? N'auroit-il point plutôt proportionné l'activité de l'esprit humain à l'immense variété des phénomenes naturels? L'intelligence lui coûte-t-elle plus que la matiere, la forme & le mouvement? Et si les connoissances que l'esprit acquiert ne sont à son égard que de nouvelles manieres d'être, pourquoi ne pourroient-elles pas être aussi diversifiées que les formes que la matiere revêt à l'aide du mouvement? Celui qui fit tant de choses dignes d'être vues & connues, n'auroit-il point fait d'yeux assez perçans pour les voir & d'esprits assez pénétrans pour les comprendre?

Servons-nous donc de nos yeux & de notre entendement. Voyons par nous-mêmes, pensons par nous-mêmes; mais ne nous flattons pas de voir toujours bien, de penser toujours juste. Ne rougissons pas aussi de chercher la vérité aux dépens de notre réputation. Nos travaux n'eussent-ils d'autre effet que d'épuiser la somme des erreurs, ce seroit déja beaucoup pour la manifestation de la vérité.

A Amsterdam ce 20 Décembre 1765.

E R R A T A.

Page	*Ligne*	*Faute*	*Lisez.*
16	34	individus	contigus
20	26	se cacher,	se cacher dans le minéral,
24	26	formés.	formé.
28	22	Cartillage	Cartilage
30	32	force	forme
51	1	X.	XV.
ibid.	13	y de	y a de
ibid.	18	Le	La
68	13	les do	le dos
69	22	celle	elle
75	26	manifestion	manifestation
108	16	peut opérer	peut tout opérer
139	11	effets	efforts
165	17	longueur	langueur
197	28	sont la	sont-là
206	25	confrontrer	confronter
211	13	ressemblans	ressemblantes

DE

DE LA NATURE.

SEPTIEME PARTIE.

TRAITE' DE L'ANIMALITE'.

LIVRE PREMIER.

DE LA GRADATION NATURELLE DES ETRES, ET DES LOIX DE CETTE GRADATION.

CHAPITRE I.

LA NATURE NE VA POINT PAR SAUTS.

Ce premier axiome de la Philosophie naturelle admis & contredit par les mêmes Naturalistes.

DEPUIS longtemps les philosophes disent & répetent que la Nature ne va point par sauts; qu'elle marche toujours & agit en tout par degrés & par nuances imperceptibles ; que la loi de continuité, observée uniformément dans l'échelle des Etres, en forme un tout infiniment gradué, sans lignes de séparation réelle; qu'il n'y a que des individus, & point de regnes, ni de classes, ni de genres, ni d'especes. Les plus éclairés, ou ceux qui sont de meilleure foi, ajoutent que tous les Etres sont du même ordre, ſans différences eſſentielles entre eux; qu'il n'y a jamais eu qu'un ſeul Être prototype de tous les Êtres, dont ceux-ci ne ſont que des variations prodigieuſement multipliées, & diverſifiées de toutes les manieres poſſibles.

Cette grande & importante vérité, la clé du ſyſtême univerſel, & la baſe de toute vraie philoſophie, acquerra chaque jour plus d'évidence, à meſure que l'on fera plus de progrès dans l'étude & la connoiſſance de la Nature. Cependant elle a toutes les peines du monde à ſubjuguer certains préjugés qui la contrediſent & qu'elle réfute. Elle n'a pas ſeulement à lutter contre la prévention & la ſtupidité du vulgaire qui la rejette ſans examen, qui l'examineroit ſans la comprendre, qui peut-être encore la comprendroit & ne l'admettroit pas : elle n'a pas ſeulement à combattre l'acharnement des hommes perſécuteurs qui, comme un eſſaim d'inſectes importuns, volent ſur les pas du génie pour le troubler dans ſes ſublimes travaux; les naturaliſtes même qui l'ont découverte, & que ſa force impérieuſe à contraints de lui rendre hommage, ne laiſſent pas de la méconnoître encore quelquefois par une inconſéquence qu'on a peine à concevoir, & qu'on ne doit ſans-doute attribuer qu'à la difficulté de ſaiſir toujours les nuances délicates qui lient réellement les formes les plus diſſemblables en apparence.

Quoi qu'il en ſoit, ces ſortes de mépriſes dans les maîtres de l'art lui font beaucoup de tort, quelque rares qu'elles ſoient: car, le peuple dès qu'il ſurprend les philoſophes en contradiction, ne fût-ce qu'une fois, prend étourdiment le change; une inadvertance, un reſte de préjugé eſt pour lui un aveu forcé, un indice certain du vrai: il attribue tout le reſte à l'eſprit de ſyſtême, cet eſprit qui ne mérite point de croyance lorſqu'il dit vrai, parce qu'il eſt ſujet à mentir.

CHAPITRE II.

Exemple.

On ne s'attendoit pas que le Créateur des Molécules organiques, qui n'a point reconnu de différence absolument essentielle & générale entre les animaux & les végétaux, mais qui a vu la Nature descendre par degrés & par nuances imperceptibles d'un animal qui nous paroît le plus parfait à celui qui l'est le moins, & de celui-ci au végétal (*), verroit ensuite un animal d'une nature entiérement différente de celle des autres animaux, un animal formant une classe à part, infiniment éloignée de toutes les autres especes animales; en un mot qu'il verroit la Nature faire un très grand saut pour passer de l'homme au singe (†): comme s'il suffisoit de ne pas appercevoir les Etres moins parfaits que l'homme & plus parfaits que le singe, par lesquels la Nature descend insensiblement de l'un à l'autre, pour nier qu'ils existent, & vouloir qu'ici la grande loi souffre une exception & se démente tout-à-fait.

CHAPITRE III.

Autre exemple.

Un autre Physicien estimable, habile contemplateur de la Nature (car je ne veux rapporter que des exemples illustres), grand amateur surtout de la loi de continuité qui lui semble la loi universelle,

(*) Histoire Naturelle, générale & particuliere. Tome III. Edit. in-12. p. 11 & 12.

(†) Là-même, Tome IV. p. 171.

après avoir improuvé, avec autant de zele que de raiſon, ces regles de diſtribution méthodique fondées ſur la ſuppoſition d'une ſéparation réelle, abſolue & parfaite des différens ordres qui compoſent l'échelle des Etres, les diviſe lui-même en quatre claſſes générales: 1. les Etres bruts ou in-organiſés; 2. les Etres organiſés & in-animés; 3. les Etres organiſés, animés & irraiſonnables; 4. les Etres organiſés, animés & raiſonnables (*).

Quoi que l'on puiſſe alléguer pour juſtifier une maniere de procéder ſi étrange dans un Naturaliſte auſſi éclairé, je demande quelle continuité il peut y avoir entre l'organiſé & l'in-organiſé, entre l'animé & l'in-animé, entre le raiſonnable & l'irraiſonnable? Il eſt évident qu'il n'y a point de milieu entre le poſitif & le négatif, & conſéquemment point d'Etres intermédiaires qui lient l'un avec l'autre. Il faudroit que la conſtitution de ces Etres participât en même temps des deux contraires qui s'excluent mutuellement: ce ſeroit le ſeul moyen de lier enſemble la claſſe ſupérieure qui a le poſitif, avec la claſſe inférieure à qui il manque. Il faudroit, par exemple, que le paſſage des Etres in-organiſés aux Etres organiſés fût rempli par des Etres mitoyens qui fuſſent à la fois organiſés & in-organiſés; de tels Etres répugnent.

Si l'on veut laiſſer ſubſiſter la loi de continuité, cette loi qui découle néceſſairement de l'unité de la cauſe par celle de ſon effet: ſi l'on veut permettre à la Nature de paſſer inſenſiblement d'une production à l'autre, ſans l'obliger à faire des ſauts & des bonds, & à rompre la chaîne des individus, il faut ne point admettre d'Etres in-organiſés, in-

(*) Contemplation de la Nature, par C. Bonnet. Tome I. Part. II. Je dois avertir que dans l'énoncé de la troiſieme claſſe, j'ai ajouté, ou plutôt ſuppléé le mot d'*irraiſonnables*, qui eſt évidemment ſous-entendu dans le ſens de l'Auteur, autrement la troiſieme & la quatrieme claſſes n'en ſeroient qu'une.

animés, irraisonnables, des Etres où s'éteigne la raison, d'autres où expire l'animalité, d'autres où finisse absolument l'organisation, pour faire place à un nouvel ordre d'existences.

Dès qu'il y a une seule qualité essentielle (je dis essentielle) propre d'un certain nombre d'Etres à l'exclusion de tous les autres, dont ceux-ci ne puissent absolument point s'approcher parce que le négatif est toujours à une distance infinie du positif, ces Etres privilégiés forment une classe isolée : la chaîne est rompue, la loi de continuité devient une chimere, & l'idée de tout une absurdité.

CHAPITRE IV.

De la loi de continuité.

LA différence de deux Etres contigus dans l'échelle, est telle qu'elle ne pourroit être plus petite sans que l'un ne fût précisément la répétition de l'autre, ni plus grande sans laisser une lacune. Ces deux Etres voisins se touchent d'aussi près qu'il est possible; & le passage de l'un à l'autre ne sauroit admettre ni d'Etre intermédiaire ni de vuide. C'est que la Nature ne fait à chaque pas que le moins de dépense qu'elle peut : elle ne varie un individu qu'autant qu'il le faut pour qu'il ne soit pas justement celui qui le précede immédiatement. Telle est la loi de continuité, inviolablement observée dans la production des Etres, en vertu de laquelle la Nature remplit toutes les combinaisons possibles de l'existence.

Cette loi n'est rien moins qu'arbitraire. Dans une suite de trois termes pris à volonté dans l'échelle, la Nature ne peut sauter du premier au troisieme. Il faut de toute nécessité qu'elle passe du premier au second, pour aller ensuite de celui-ci au troisieme, car la raiſon de l'exiſtence du troiſieme eſt dans celle du ſecond. Ceux qui ont étudié la génération naturelle des Etres, & qui ſavent par quelle force ils ſe ſuivent en un certain ordre plutôt que dans tout autre, comprendront aiſément ce que je dis. Dès que le ſecond des trois termes dont je viens de parler eſt ſuppoſé poſſible, il doit exiſter pour faire exiſter le troiſieme. Ce troiſieme doit être amené à l'exiſtence, ou engendré par un autre; il ne peut l'être que par le ſecond, & aſſurément le ſecond doit exiſter lui-même pour amener le troiſieme. Je dis que le troiſieme ne peut être amené à l'exiſtence que par le ſecond; car le premier ne peut engendrer que le ſecond avec qui il a un rapport immédiat, intime, générateur, au lieu que le rapport du premier au troiſieme eſt trop éloigné pour avoir un ſemblable effet. J'ajoute que le premier amene infailliblement le ſecond, & le ſecond infailliblement le troiſieme, en vertu du développement néceſſaire de la Nature qui a une exiſtence eſſentiellement ſucceſſive & progreſſive. Si le premier n'amenoit pas le ſecond, ce ne ſeroit que parce que celui ci ne pourroit exiſter: mais s'il eſt poſſible, il exiſte, puiſqu'il y a une raiſon ſuffiſante de ſon exiſtence. Tout cela ſe déduit de cet axiome: Qu'un état quelconque de la Nature eſt le produit déterminé, la ſuite néceſſaire, l'effet immédiat de l'état précédent.

Ce que je dis du premier terme à l'égard du ſecond & du ſecond à l'égard du troiſieme, eſt également vrai du troiſieme par rapport au quatrieme, & ainſi de tous les termes poſſibles; de ſorte que la gradation naturelle des Etres n'a pour bornes que l'impoſſibilité d'une plus grande progreſſion.

CHAPITRE V.

De la force du principe de continuité sur l'esprit des philosophes qui l'ont admis. Leibnitz.

„ Les hommes, disoit Leibnitz, tiennent aux „ animaux, ceux-ci aux plantes, & celles-ci derechef aux fossiles qui se lieront à leur tour aux „ corps que les sens & l'imagination nous représentent comme parfaitement morts & informes. Or „ puisque la loi de continuité exige que, quand „ les déterminations essentielles d'un Etre se rapprochent de celles d'un autre, aussi en conséquence toutes les propriétés du premier doivent „ s'approcher graduellement de celles du dernier, „ il est nécessaire que tous les ordres des Etres „ naturels ne forment qu'une seule chaîne, dans „ laquelle les différentes classes, comme autant d'anneaux, tiennent si étroitement les unes aux autres, qu'il est impossible aux sens & à l'imagination de fixer précisément le point où quelqu'une „ commence ou finit: toutes les especes qui bordent, ou qui occupent, pour-ainsi-dire, les régions d'inflexion & de rebroussement devant être „ équivoques & douées de caracteres qui peuvent „ se rapporter aux especes voisines également. Ainsi l'existence de Zoophytes, par exemple, ou „ comme Buddeus les nomme, de plant-animaux, „ n'a rien de monstrueux; mais il est même convenable à l'ordre de la Nature, qu'il y en ait. Et „ telle est la force du principe de continuité chez „ moi, que non seulement je ne serois point étonné d'apprendre qu'on eût trouvé des Etres qui, „ par rapport à plusieurs propriétés, par exemple, „ celles de se nourrir ou de se multiplier, puissent „ passer pour des végétaux, à aussi bon droit que

„ pour des animaux, & qui renversassent les regles „ communes bâties sur la supposition d'une séparation parfaite & absolue des différens ordres des „ Etres simultanés qui remplissent l'univers; j'en „ serois si peu étonné, dis-je, que même je suis „ convaincu qu'il doit y en avoir de tels, que „ l'histoire naturelle parviendra peut-être à les connoître un jour, quand elle aura étudié davantage „ cette infinité d'Etres vivans que leur petitesse „ dérobe aux observations communes, & qui se „ trouvent cachés dans les entrailles de la terre & „ dans l'abîme des eaux (*)."

Remontons au temps où Leibnitz parloit ainsi. Plaçons-nous dans les mêmes circonstances. L'histoire naturelle étoit beaucoup moins perfectionnée qu'elle ne l'est aujourd'hui. La distinction apparente des trois regnes étoit beaucoup plus sensible: leur séparation parfaite & absolue paroissoit moins une supposition qu'un fait presque universellement avoué. Le polype encore caché au sein des eaux n'avoit point rapproché le végétal de l'animal, ni indiqué le passage de l'un à l'autre; & l'on pouvoit impunément tourner en ridicule ceux qui osoient soupçonner la végétation des pierres & des métaux. Quoique le vaste génie de Leibnitz embrassât toutes les parties de la science, il ne faisoit pourtant pas une étude particuliere de l'histoire naturelle, la métaphysique & les mathématiques l'occupoient davantage; c'étoit plutôt à un naturaliste qu'à un métaphysicien de découvrir l'enchaînement universel des Etres, de soupçonner des liaisons où les plus habiles observateurs n'en voyoient point, & soutenoient qu'il ne pouvoit y en avoir, de deviner l'existence d'Etres mitoyens à caracteres équivoques qui pussent passer à aussi bon droit pour des

(*) Dans une Lettre à Mr. Hermann. Voyez l'appel au Public par Mr. Koenig.

animaux que pour des végétaux, & aussi légitimement pour des végétaux que pour des fossiles, d'annoncer de si loin cette importante découverte, & de présager ainsi la grande révolution prête à s'opérer dans l'empire de la philosophie naturelle.

Cependant, cette conjecture, toute hardie qu'elle dut paroître alors, étoit une conséquence sensible du principe de continuité. Ce fut en le méditant, en le pénétrant, en l'approfondissant, que Leibnitz en tira une conclusion qui prend tous les jours plus d'évidence. Telle fut la force de ce principe sur lui; elle doit être bien plus grande sur nous, depuis que nous avons vu s'accomplir une bonne partie de ce qu'il avoit prédit.

CHAPITRE VI.

Ce qu'il faut penser de la conjecture de Mr. de Maupertuis sur les interruptions apparentes dans l'échelle des Etres naturels.

Quiconque entendra bien la loi de continuité & lui donnera toute l'étendue, toute l'influence qu'elle doit avoir sur le système naturel, ne manquera pas d'en conclure l'enchaînement de tous les Etres; il les verra se tenir tous d'aussi près qu'il se puisse: ou s'il apperçoit des interruptions, il les mettra sur le compte de quelque accident qui aura brisé la chaine & détruit quelques anneaux.

Ainsi le philosophe qui fixa la figure de la terre, ne trouvant point entre les Etres qui l'habitent, l'ordre & l'harmonie qu'il jugeoit avec raison devoir y être & y avoir été au commencement, conjectura que l'approche d'une comete pouvoit avoir détruit des especes entieres.

„ Quand je réfléchis, dit-il, sur les bornes étroi-
„ tes dans lesquelles sont renfermées nos connois-

„ ſances, ſur le deſir extrême que nous avons de „ ſavoir, & ſur l'impuiſſance où nous ſommes de „ nous inſtruire; je ſerois tenté de croire que cette „ diſproportion, qui ſe trouve aujourd'hui entre „ nos connoiſſances & notre curioſité, pourroit être „ la ſuite d'un pareil deſordre.

„ Auparavant toutes les eſpeces formoient une „ ſuite d'Etres qui n'étoient pour ainſi dire que les „ parties contiguës d'un même tout: chacune liée „ aux eſpeces voiſines dont elle ne différoit que „ par des nuances inſenſibles, formoit entre elles „ une communication qui s'étendoit depuis la pre- „ miere juſqu'à la derniere. Mais cette chaîne une „ fois rompue, les eſpeces, que nous ne pouvions „ connoître que par l'entremiſe de celles qui ont „ été détruites, ſont devenues incompréhenſibles „ pour nous: nous vivons peut-être parmi une in- „ finité de ces Etres dont nous ne pouvons décou- „ vrir, ni la nature, ni même l'exiſtence.

„ Entre ceux que nous pouvons encore apperce- „ voir, il ſe trouve des interruptions qui nous pri- „ vent de la plupart des ſecours que nous pour- „ rions en retirer: car l'intervalle qui eſt entre nous „ & les derniers des Etres, n'eſt pas pour nos con- „ noiſſances un obſtacle moins invincible que la „ diſtance qui nous ſépare des Etres ſupérieurs. „ Chaque eſpece, pour l'univerſalité des choſes, „ avoit des avantages qui lui étoient propres: & „ comme de leur aſſemblage réſultoit la beauté de „ l'univers, de même de leur communication en „ réſultoit la ſcience.

„ Chaque eſpece iſolée ne peut plus embellir ni „ faire connoître les autres: la plupart des Etres „ ne nous paroiſſent que comme des monſtres: & „ nous ne trouvons qu'obſcurité dans nos connoiſ- „ ſances. C'eſt ainſi que l'édifice le plus régulier, „ après que la foudre l'a frappé, n'offre plus à nos „ yeux que des ruines, dans leſquelles on ne re-

„ connoît ni la symmétrie que les parties avoient „ entre elles, ni le dessein de l'Architecte (*).”

Il n'est pas nécessaire de supposer des interruptions réelles dans l'échelle des Etres naturels, ni de faire détruire des especes entieres par une comete, pour rendre raison des interruptions qui se trouvent dans l'échelle de nos connoissances. La conjecture de Mr. de Maupertuis ne laisse pas de faire voir combien il avoit médité le principe de continuité, combien il étoit persuadé de la gradation que la Nature a mise entre toutes ses productions, puisqu'il aime mieux recourir à un moyen aussi étrange pour rompre la continuité de l'échelle, que de la croire primitivement & originairement interrompue. Il est vrai qu'il auroit du s'assurer de la réalité de ces interruptions, avant que d'en rechercher la cause; mais cette réalité supposée, ou plutôt constatée, car il la jugeoit telle, il avoit raison de les attribuer à quelque grand accident capable de produire un pareil effet. Je ne sais si l'on a bonne grace à lui faire un crime de cette méprise, lorsque l'on fait soi-même tous ses efforts pour établir non pas une interruption accidentelle, mais une séparation naturelle & essentielle entre le minéral & le végétal, sans en donner de raison, & qui plus est malgré la loi de continuité qui s'y oppose. Pour moi, j'aimerois mieux donner même de l'intelligence au moindre atôme matériel pourvu que ce fût dans un degré & d'une qualité convenables, que de refuser l'organisation aux fossiles, & d'en faire des Etres isolés sans aucune liaison avec les autres. On auroit beau me dire que mon sentiment est bisarre, & qu'il n'est pas possible qu'une pierre pense; je croirois avoir très bien répondu en disant que je ne suis pas responsable des conséquences bien déduites, que je n'ai point me-

---

(*) Oeuvres de Maupertuis, Tome I, p. 72--74.

ſuré l'étendue des poſſibles, que la loi de continuité admiſe, on doit admettre également tout ce qui en découle, au lieu qu'il n'eſt pas pardonnable d'abandonner tout-à-coup un principe auſſi général ſans raiſon ſuffiſante.

Mr. de Maupertuis pourroit dire à ſon critique, ſi toutefois les morts ſe mêlent encore de philoſopher: Vous me blâmez d'avoir ſuppoſé des interruptions réelles, où je n'ai point vu de liaiſon; mon jugement étoit précipité, j'en conviens; les lacunes étoient dans mes connoiſſances, & non dans la Nature. Convenez auſſi que vous ſuivez mon exemple en l'improuvant, vous tombez dans le défaut que vous me reprochez. Vous ne voyez point le paſſage du minéral au végétal, & pour cela vous les croyez d'un ordre différent. N'eſt-ce pas ſuppoſer, comme moi, de l'interruption où l'on ne voit point de liaiſon? Je raiſonnois mal; au moins je raiſonnois conformément à mes principes en rapportant ces interruptions à quelque accident, car je tenois, comme vous, pour la gradation naturelle des Etres. Mais eſt-il bien conforme à cette gradation, de mettre une différence eſſentielle entre les foſſiles & les végétaux, ainſi que vous le faites?...

CHAPITRE VII.

Des eſpeces, des genres, des claſſes & des regnes.

Le myſtere de la liaiſon étroite des Etres commence à ſe dévoiler. On entrevoit auſſi comment & pourquoi, malgré cette liaiſon, on a formé des eſpeces, des genres, des claſſes & des regnes. Tout le monde déclame contre les diviſions méthodiques: perſonne n'en cherche la cauſe, perſonne ne l'indique, ce qui ſeroit pourtant le plus ſûr moyen d'en faire voir le peu de fondement: car on peut ſuppoſer que ces diſtinctions ſont dans la Nature, tant que l'on ne fait pas voir par quel abus elles ſe ſont introduites dans la ſcience des Etres naturels. On s'eſt contenté de dire que l'eſprit accablé de la multitude innombrable des Etres ne pouvoit en embraſſer l'enſemble; qu'en les obſervant il avoit cru remarquer certains caracteres qui ne ſe rencontroient que dans un certain nombre d'individus, & que de ces caracteres il avoit formé des différences ſpécifiques, génériques & claſſiques, en s'applaudiſſant d'une méthode qui ſoulageoit ſa foibleſſe, aidoit ſa mémoire, & ſembloit metre de l'ordre entre les productions de la Nature. Cette ſolution n'eſt pas ſatisfaiſante. On peut demander par quelle illuſion le génie obſervateur a cru appercevoir des caracteres propres d'une certaine collection d'Etres à l'excluſion des autres, tandis qu'ils ſe tiennent tous, & que la différence de deux Etres contigus eſt la même dans quelque endroit de l'échelle qu'on les prenne, au haut ou au bas, puiſque c'eſt un *minimum*. Il n'y a point de différences générales, & ſi des différences particulieres ſuffiſoient pour former des eſpeces, on devroit faire autant d'eſpeces qu'il y a d'individus.

La précipitation a encore eu beaucoup de part à l'établiſſement des regles générales ſur la nature des Etres, outre la pareſſe de l'eſprit & l'inexactitude des obſervations. L'orgueil auſſi a été fort flatté de renfermer la Nature dans les bornes de la ſcience. Mais toutes ces cauſes ſont trop partielles, & trop peu efficaces par elles-mêmes; il eſt à croire qu'il y en a une autre plus intime, plus univerſelle: en un mot, nous avons tout lieu de penſer que la Nature a contribué elle-même à cette erreur, & voici comment elle peut y avoir contribué.

Nous avons vu que de deux Etres contigus, le ſecond différoit du premier préciſément autant qu'il étoit néceſſaire pour qu'il n'en fût pas la répétition. Une différence ſi petite doit nous échapper. Une différence sensible pour nous est une somme de plusieurs différences insensibles. Tant que la différence des Etres reste invisible, ce sont des individus de la même espece, parce qu'ils nous semblent tous porter le même caractere spécifique, & ne différer qu'individuellement. Un grand nombre de différences singulieres & individuelles forme une différence spécifique qui nous fait distinguer une telle collection d'Etres de tous les autres: ainsi se forme une premiere espece, puis une seconde, une troisieme, & les autres, toujours de la même maniere. La différence générique naît d'un certain nombre de différences spécifiques multipliées: elle étoit insensible entre la premiere & la seconde espece, entre la seconde & la troisieme, &c. A force de croître par des especes multipliées elle se fait appercevoir, & ferme alors le premier genre pour en ouvrir un second. Les genres se multiplient à leur tour: les différences génériques se réunissent & en forment une autre qui embrasse un plus grand nombre de rapports & donne lieu à l'établissement d'une classe qui comprend sous elle plusieurs genres, savoir tous ceux dont les différences ont concouru à la former; comme le genre renferme sous lui plusieurs especes, & l'espece plusieurs individus. Enfin le plus haut degré de différence entre les Etres naturels est celle qui a donné lieu à l'établissement des regnes, & qui se compose de plusieurs différences classiques réunies. Ainsi dans le passage gradué des couleurs, les nuances foibles & déliées nous échappent, le changement de couleur ne nous devient sensible que lorsque plusieurs nuances continues en ont rendu la teinte plus forte.

Une observation plus éclairée, plus exacte & plus raisonnée, nous feroit appercevoir partout la marche uniformément graduée de la Nature, ou au moins la supposer quand elle ne nous seroit pas assez sensible. Alors nous ne verrions que des différences singulieres & individuelles, sans en trouver de ſpécifiques, de génériques, ni de claſſiques: nous n'admettrions qu'un plan & des variations, un regne & des individus. Cette gradation ſi finement nuancée qui lie tous les Etres a été un piege pour les plus habiles naturaliſtes: ils l'ont apperçue quelque part, & l'ont crue interrompue où ils ne l'appercevoient pas. Une conſidération bien propre à leur faire ſentir leur mépriſe, étoit la difficulté qu'ils trouvoient, malgré l'imperfection de leurs connoiſſances, à fixer les limites des eſpeces, des genres, des claſſes & des regnes. Aujourd'hui cette difficulté eſt devenue une impoſſibilité. Lorſqu'on approche des confins des genres & des regnes, les diſtinctions manquent & la ligne de ſéparation diſparoit. C'eſt véritablement ce qui eſt arrivé par rapport aux eſpeces animales que l'on confond malgré ſoi, & par rapport aux regnes végétal & animal qu'on ne ſait plus diſtinguer. Mr. de Linné convient que, dans ſes principes & ſuivant ſa méthode, il n'a jamais ſu diſtinguer l'homme du ſinge. Les obſervateurs modernes ont tellement rapproché les animaux & les végétaux, qu'ils ne font plus qu'un ſeul regne ſous le nom de regne organique: ils ont vu les différences qui ſembloient en faire des ordres d'Etres abſolument diſſemblables, s'effacer les unes après les autres. Celles que l'on a cru ſéparer les végétaux des minéraux commencent à s'affoiblir conſidérablement. Puiſſé-je avoir la gloire de les faire diſparoître tout-à-fait!

Cependant il y a une raiſon qui ſemble autoriſer la diviſion des eſpeces, & indiquer que, quand on devroit rejetter toutes les autres, il faudroit pourtant conſerver celle-ci comme établie par la Nature même. Ne doit-on pas regarder comme formant la même eſpece, les animaux qui au moyen de la copulation, produiſent leurs ſemblables, perpétuent & conſervent la ſimilitude d'un certain nombre de formes; & ne doit-on pas regarder comme appartenant à des eſpeces différentes les animaux entre qui la copulation eſt tout-à-fait ſtérile, ou au moins ne donne que des monſtres incapables eux-mêmes de rien produire en ſe joignant à quelque Etre que ce ſoit (*)?

L'objection n'eſt pas ſans réponſe. La copulation eſt féconde entre les individus les plus voiſins les uns des autres dans la ſuite naturelle des Etres. Cette propriété s'étend juſques-à un certain arrondiſſement, où les différences individuelles ſont trop foibles pour en empêcher l'effet. Juſqu'où préciſément s'étend-elle? C'eſt ce que nous avons prétendu décider en formant des eſpeces circonſcrites dans de certaines bornes: attentat contre la Nature. La faculté générative entre les Etres de même eſpece eſt fondée inconteſtablement ſur une reſſemblance d'organiſation. Or, la marche de la Nature étant partout uniformément graduée, il y a néceſſairement plus d'affinité de ſtructure & d'organiſation entre le dernier individu d'une eſpece quelconque & le premier de l'eſpece ſuivante, qu'entre les extrêmes d'une même eſpece; ceux-ci ſont des termes éloignés, & les autres des termes contigus. Si donc la copulation entre les deux termes éloignés eſt féconde, il ſeroit contraire au principe de la faculté générative, qu'elle fût ſtérile entre deux termes contigus. Si nous ſavions ranger les individus dans leur ordre naturel, & que nous fuſſions à même de faire les expériences convenables, nous verrions bientôt les limites de nos prétendues eſpeces s'évanouir. En général la copulation a ſon effet, tant que les individus qui s'uniſſent ne ſont pas d'une organiſation aſſez diſſemblable pour la rendre ſtérile; comme d'ailleurs il eſt certain que l'organiſation de deux Etres individus n'eſt jamais, & ne ſauroit jamais être, au moins naturellement, à ce degré de différence

(*) Voyez l'Hiſtoire Naturelle, générale & particuliere, Tome III, Edit. in-12.

rence suffisant pour rendre leur approche inféconde, cette circonstance ne peut servir de fondement à une distinction d'especes. Puisqu'entre deux animaux contigus, pris à volonté, dans la classe de ceux qui se propagent par le moyen de la copulation, il y a une production sure, invariable & continue, où placer les bornes des especes?

CHAPITRE VIII.

De l'unité & des variétés du systême naturel de l'Etre.

De l'Etre prototype de tous les Etres.

Il n'y a qu'un seul acte dans la Nature, dans lequel rentrent tous les événemens : un seul phénomene dont tous les phénomenes sont des parties liées : un seul Etre prototype de tous les Etres, comme je l'ai dit ; & d'autres l'avoient dit avant moi. Il n'y avoit qu'un systême naturel possible, tel que devoit être l'effet émané de la cause, renfermant tous les possibles. Il n'y avoit qu'un seul plan d'organisation ou d'animalité possible, mais ce plan pouvoit & devoit être infiniment varié. L'unité de modele, ou de plan, maintenu dans la prodigieuse diversité de ses formes, fait la base de la continuité ou de la liaison graduée des Etres. Tous les Etres different les uns des autres, mais toutes ces différences sont des variations naturelles du prototype qu'il faut regarder comme l'élément générateur de tous les Etres. Il les engendre véritablement par voie de développement. C'est un germe qui tend naturellement à se développer. Comme tel, il a une force d'extension d'autant plus grande qu'il contient plus d'Etres qui prétendent à l'existence. Son énergie ne peut être réprimée, empêchée, que par une force antagoniste, & il n'y a point de telle force, parce qu'il n'y a point de volonté contraire dans la Nature. Le germe se développe donc, & chaque degré de développement, donne une variation du prototype, une combinaison nouvelle du plan primitif universel. Un degré est un passage au degré suivant : une combinaison quelconque amene toujours celle qui lui est contiguë dans la suite naturelle; car je l'ai déja observé, & il est bon de le répéter, le développement ne peut être arrêté sans raison suffisante, & il ne peut y avoir de raison capable de l'arrêter, que l'impossibilité d'un développement ultérieur.

On sent bien que, dans une telle manifestation des Etres, le caractere du prototype est dans tous, quoique varié par-tout. Mais une grande quantité de variations accumulées peut tellement déguiser le modele original qu'il nous échappe. Deux combinaisons peuvent être si éloignées l'une de l'autre dans l'échelle, que leur rapport d'affinité se cache, & qu'elles ne nous semblent plus être formées sur le même modele. Alors le principe d'unité & de continuité doit avoir assez de force sur notre esprit pour l'empêcher de se laisser séduire par cette apparence trompeuse, dont il est en notre pouvoir de diminuer beaucoup l'illusion, sinon de la dissiper entiérement. Au lieu d'admettre plusieurs plans d'Etres différens, nous suivrons l'exemple de Leibnitz: supposant avec lui qu'il y a une liaison sensible ou insensible entre tous les Etres, & une gradation naturelle des uns aux autres; ou plutôt forcés, en vertu de la loi de continuité, de reconnoître la réalité de cette liaison graduée, soit que nous l'appercevions ou que nous ne l'appercevions pas, nous chercherons les intermédiaires entre les deux Etres qui nous semblent d'une espece si différente ; si nous sommes assez heureux dans nos recherches pour remplir tout l'entre-deux, nous verrons la différence totale divisée en ses moindres termes produire un effet contraire, lier les Etres au lieu de les féparer. Mais s'il nous manque quelques anneaux de la chaîne, nous nous garderons bien d'en nier l'exiftence.

CHAPITRE IX.

Conféquence néceffaire de la loi de continuité.

LORSQUE l'on croit avec le Philofophe Allemand déja cité plufieurs fois, que les hommes tiennent aux animaux, ceux-ci aux plantes & celles-ci aux foffiles qui fe lient à leur tour aux corps que les fens & l'imagination nous repréfentent comme parfaitement morts & informes ; lors furtout que l'on reconnoît que dans une fuite continue d'Etres les déterminations effentielles du premier fe rapprochent de celles du dernier & que réciproquement les propriétés du dernier fe rapprochent graduellement de celles du premier (*); il faut convenir, comme d'une conféquence néceffaire, que tous les ordres d'Etres naturels, que l'on diftingue communément, ne forment qu'une feule chaîne, le long de laquelle fe nuancent toutes les propriétés du premier jufqu'au dernier, fi l'on peut dire qu'il y ait un premier & un dernier dans une telle immenfité; qu'ainfi l'organifation, propriété phyfique de la matiere plutôt qu'un degré métaphyfique de l'Etre (†), defcend ou monte graduellement d'une extrémité à l'autre, & entre dans tous les anneaux fans en paffer un feul.

On ne blâmera donc pas les favans qui ont tout organifé, qui fe font crus fuffifamment autorifés & par la force du principe de continuité, & par de

(*) Voy. ci-devant Chapitre V.

(†) Hift. Naturelle, générale & particuliere, Tome III. Edit. in-12. p. 24.

bonnes obſervations, à enviſager les ſels, les criſtaux & les pierres comme des touts organiques. S'il y a une laiſon réelle entre le foſſile & le végétal, ce n'eſt qu'autant que l'organiſation du végétal ſe nuance (ou s'affoiblit, ſi vous voulez) en paſſant au foſſile, & ſe ſoutient, ſans ſe perdre, juſqu'au bas de l'échelle. L'organiſation du foſſile eſt ſeulement moindre, c'eſt-à-dire moins apparente que celle du végétal, d'où vient que nous autres qui nous laiſſons prendre aux apparences, nous avons décidé avec une précipitation bien peu philoſophique, qu'ils appartenoient à des regnes différens, par la même raiſon qui nous a fait mettre une diſtinction pareille entre l'animal & le végétal. Mais comme, depuis que l'anatomie comparée a découvert beaucoup d'analogies & de reſſemblances entre les animaux & les végétaux, ſans y remarquer de différence eſſentielle & néceſſaire, depuis ſurtout que le polype eſt venu les unir étroitement & inſéparablement, nous les regardons comme des Etres d'un même ordre, malgré la coutume & les noms particuliers qui les diſtinguent, reconnoiſſant les traits de l'animalité juſques ſous l'écorce d'un arbre & dans le calice d'une fleur; de même l'organiſation ſi bien marquée dans le végétal, aura beau ſe pallier & ſe cacher, nous devons l'y ſuppoſer pour être conſéquens, ſi nous ne l'y appercevons pas; & les moindres traits qui s'en échapperont, ſaiſis avidement, nous ſuffiront pour joindre les foſſiles aux Etres organiques malgré le nom & l'uſage qui les en ſéparent, & conclure finalement que les animaux, les plantes & les minéraux ſont tous des modifications de la matiere organiſée, qu'ils participent tous à une même eſſence, ſans avoir d'autre diſtinctif entre eux que la meſure ſelon laquelle ils ont part aux propriétés de cette eſſence. C'eſt le premier corollaire à tirer du principe de continuité & d'uniformité.

CHAPITRE X.

Autre conséquence nécessaire de la loi de continuité.

La liaison de l'animal au végétal suppose que celui-ci partage l'animalité du premier, autant que l'exige le rang qu'il occupe dans l'échelle naturelle; la liaison du végétal au minéral suppose de même que le degré d'animalité propre du végétal se transmet au minéral dans une mesure convenable, puisque dans une continuité in-interrompue d'Etres naturels qui se tiennent d'aussi près qu'il est possible, toutes les qualités essentielles du premier doivent se nuancer graduellement jusqu'au dernier, sans finir tout-à-fait à aucun terme intermédiaire de la suite; le point où une seule d'elles finiroit, seroit un point de séparation qui romproit la continuité.

Après cela, devoit-on trouver si étrange de me voir tout transformer en animal, mettre au rang des animaux les fossiles de tout genre, les demi-métaux, l'eau, l'air, le feu même, faire du regne animal le regne universel, & étendre son empire jusqu'aux planetes (*)? Si j'ai osé, à cet égard, plus qu'aucun des naturalistes qui m'ont précédé, au moins il ne me sera pas difficile de faire voir qu'ils ont établi les prémisses d'où j'ai tiré la conséquence qui semble si surprenante; & de quoi pourroit-on me blâmer, si elle est légitimement déduite? Elle l'est, je vais tâcher de le prouver, en dévelop-

(*) Voyez la *Contemplation de la Nature*, Tome I. Partie VIII. Chap. XVII. Qui croiroit que ce reproche m'a été fait par le savant Auteur de cet Ouvrage, si grand partisan lui-même de la loi de continuité?

pant le ſyſtême univerſel des Etres tel que je l'ai ébauché dans la ſeconde Partie, c'eſt-à-dire en tirant du principe de continuité, d'uniformité, d'unité, tout ce qu'il contient, & en faiſant obſerver combien la Nature y eſt fidele dans toute ſa marche, lors même qu'elle nous paroît s'en éloigner davantage.

Fin du Livre premier.

TRAITÉ DE L'ANIMALITÉ.

LIVRE SECOND.

DE L'ANIMALITÉ EN GÉNÉRAL : DE SON CARACTERE DISTINCTIF ET DE SES VARIATIONS.

CHAPITRE I.

De la recherche du caractere distinctif de l'animalité.

ON prend pour le caractere essentiel de l'animalité ce qui n'en est qu'une variation. A la vérité, il n'est pas aisé de dépouiller l'animal de toutes les différences individuelles, spécifiques, génériques, classiques, pour, par ces soustractions graduelles, réduire l'animalité à ses moindres termes. C'est pourtant ce qu'il faudroit faire, afin d'obtenir son caractere distinctif, son élément constitutif.

Sans creuser si avant, nous nous arrêtons à la superficie; nous imaginons un plan sur quelques notions légérement prises d'après une vue rapide d'un petit nombre d'individus: c'est un modele que nous transportons partout pour lui comparer tous les Etres. Il n'est pas étonnant qu'un champ de comparaison si resserré exclue de l'animalité une multitude d'autres individus qui y ont tout autant de droit que les premiers de l'échelle animale.

Faute donc de pouvoir facilement saisir le prototype original, nous lui substituons un certain nombre de ses combinaisons dont nous composons une idée générale qu'il nous plaît d'appeller la notion de l'animalité. Il est vrai que le prototype original est extrêmement déguisé sous les diverses formes qui le recouvrent; & il nous devient d'autant plus insensible, qu'il est toujours différemment modifié dans chaque individu, notre attention se fixant naturellement sur les différences extérieures qui nous frappent plutôt que sur l'affinité intime qui nous échappe.

Nous ressemblons à un jeune homme sans expérience & plein de préjugés nationaux, qui à quelques milles de chez lui commence à trouver le monde bien grand, & ne reconnoissant pas chez les étrangers la religion, les loix, les mœurs & les modes de son pays, doute s'il habite encore parmi des hommes. Nous craindrions apparemment de faire le regne animal trop grand, si nous y comprenions les végétaux & les minéraux; & nous nions hardiment l'animalité de tout ce qui ne nous paroît pas rentrer dans le plan étroit que nous nous en sommes formés. Faut-il que nous portions nos préjugés grossiers jusques dans le sanctuaire des sciences!

Que je demande à un des naturalistes que j'ai ici en vue, pourquoi il ne veut pas qu'une pierre soit un animal; il me répondra sans hésiter qu'il n'y reconnoît aucun caractere d'animalité. Je le prierai de me dire quel est ce caractere, quelle idée il a de l'animal précisément comme tel; il sera d'autant plus embarrassé à me faire une réponse juste & pertinente, qu'il aura plus de connoissance de la nature animale. Un écolier me répondroit qu'un animal doit avoir des membres, des organes, des sens, un cerveau, un estomac, un cœur, &c, ou au moins les analogues & les équivalens de tout cela, tels qu'on les retrouve dans les insectes. Mais un philosophe réfléchira que „ le mot *animal* représente une „ idée générale formée des idées particulieres qu'on „ s'est faites de quelques animaux particuliers ... „ qu'elle est prise, par exemple, de l'idée particu- „ liere, du chien, du cheval, ou d'autres bêtes qui „ nous paroissent avoir de l'intelligence & de la vo- „ lonté, qui semblent se mouvoir & se déterminer „ suivant cette volonté, qui sont composées de „ chair & de sang, qui cherchent & prennent leur „ nourriture, & qui ont des sens, des sexes, & la „ faculté de se reproduire...." il observera ensuite „ qu'il y a, de l'aveu de tout le monde, des ani- „ maux qui paroissent n'avoir aucune intelligence, „ aucune volonté, aucun mouvement progressif: „ qu'il y en a qui, n'ont ni chair, ni sang, & qui „ ne paroissent être qu'une glaire congelée; qu'il y „ en a qui ne peuvent chercher leur nourriture, & „ qui ne la reçoivent que de l'élément qu'ils habi- „ tent; qu'il y en a qui n'ont point de sens, pas „ même celui du toucher, au moins à un degré qui „ nous soit sensible; qu'il y en a enfin qui n'ont „ point de sexe, & d'autres qui les ont tous deux." Après ces observations, il sera un peu plus circonspect à définir ou décrire l'animalité, il sentira d'abord combien cette idée générale est insuffisante & peu propre à établir un caractere distinctif, puisqu'elle n'est composée que de différences singulieres dont aucune n'est commune à tous les animaux.

„ Nous joignons donc ensemble une grande quan- „ tité d'idées particulieres, lorsque nous nous for- „ mons l'idée générale que nous exprimons par le „ mot *animal*.... & dans le grand nombre de ces „ idées particulieres, il n'y en pas une qui consti- „ tue l'essence de l'idée générale." Cette idée n'ayant rien d'essentiel, n'exclut rien: elle n'a point de bornes fixes & déterminées: elle s'est accrue successivement par la découverte de nouveaux Etres auxquels on a accordé l'animalité, quoiqu'ils n'eussent aucun des caracteres qu'elle comprenoit lors de cette découverte. Elle peut s'accroître encore, & tant que nous ne saurons pas précisément en combien de manieres la Nature peut animaliser la matiere, nous n'aurons pas droit d'en exclure les substances que nous appellons végétales & minérales, puisque nous manquons d'une idée fixe & constante pour juger de l'animalité des Etres.

Ceux qui se sont le plus sérieusement attachés à rechercher les caractéristiques de la nature animale, ont reconnu qu'en derniere analyse „ il ne restoit „ de général à l'animal que ce qui lui étoit commun „ avec le végétal"... „ qu'en retranchant de la „ notion du chat & du rosier toutes les propriétés „ qui constituent dans l'un & dans l'autre l'espece, „ le genre, la classe, pour ne retenir que les pro„ priétés les plus générales qui caractérisent l'ani„ mal ou la plante, il ne resteroit aucune marque „ vraiment distinctive entre le chat & le rosier." Il me semble que c'est-là avouer assez formellement que l'animal réduit à de plus petits termes n'est qu'un végétal, ou, ce qui est la même chose, que le végétal est un animal d'un degré inférieur à ceux que nous appellons de ce nom. Comme l'idée générale du végétal n'est aussi formée que de plusieurs idées particulieres prises des divers végétaux, en suivant la même méthode, c'est-à-dire en retranchant du végétal toutes les différences qui constituent l'espece, le genre, la classe, on ne pourroit plus le distinguer du minéral, & il ne lui resteroit de propriétés générales que celles qui lui sont communes avec le minéral Ainsi le végétal réduit a de plus petits termes se trouve être un minéral, ou le minéral un végétal d'un degré inférieur aux Etres appellés communément de ce nom.

Le végétal est un animal; le minéral est un végétal: donc le minéral est un animal.

Voilà où nous conduit la recherche du caractere

distinctif de l'animalité : à conclure que l'animalité est nuancée le long de la chaîne universelle des Etres ; que la division des individus en trois regnes n'exclut point les deux derniers de l'animalité, mais qu'elle en marque seulement les degrés inférieurs.

CHAPITRE II.

Des formes animales extérieures.

Il n'y a point de forme particuliere affectée spécialement à l'animal.

Il n'y a point de forme particuliere exclue de l'animalité.

L'ANIMALITE' est si prodigieusement variée dans la multitude de ses formes, que cette variété seule est déja une bonne preuve qu'elle n'a point de forme extérieure propre, & qu'elle n'en exclut aucune.

Les quadrupedes paroissent au premier coup d'œil, se ressembler au moins quant aux traits principaux pris en totalité : c'est que la marche de la Nature est finement graduée, qu'elle n'abandonne une forme qu'après l'avoir variée de toutes les manieres possibles, & que les plus délicates de ces variétés nous échappent. La même ressemblance grossiere se remarque entre tous les individus voisins les uns des autres, par exemple, entre les oiseaux, entre les poissons, entre les coquillages, &c. La Nature, lorsqu'elle passe d'une forme à l'autre, retient le plus qu'elle peut de la forme précédente, quoiqu'elle la varie dans tous ses points ; cette variation est la moindre possible. Tous les quadrupedes ont quatre pieds qui soutiennent un corps terminé par une tête à la partie antérieure, & à l'autre bout, par une queue qui est pourtant effacée dans quelques especes antropomorphes ; mais ni les pieds, ni la tête, ni la queue ne se ressemblent dans tous les quadrupedes ; & les individus de même nom different au moins dans les plus petits traits. C'est par les traits les plus déliés que commence la différence, pour passer ensuite dans les formes les plus sensibles.

Quoique les animaux les plus proches n'aient aucun trait parfaitement ressemblant, on jugeroit mal de la diversité des formes animales si l'on ne comparoît ensemble que les formes contiguës ou presque contiguës. La comparaison des plus éloignées est beaucoup plus propre à nous faire connoître la richesse de la Nature à cet égard. Il faut voir cette habile ouvriere allonger graduellement la gueule du lion & du léopard pour en faire le groin du cochon & du coati, le museau du zibet & de la genette ; puis le transformer en bec d'oiseau, & se plaire à le diversifier sous cette nouvelle forme, le recourber, l'applatir, le renfler, l'affiler, le ramasser, le sillonner, le découper ; changer ensuite cette substance cornée en un cartillage moins dur, le resserrer & l'adapter à la face d'un poisson ; l'atténuer enfin jusqu'à une extrême finesse pour en faire une trompe, un aiguillon, des crochets ou petites pinces à l'usage des insectes. Il faut la voir couvrir successivement le corps animal de duvet, de laine, de poil, de crin, de longs piquans, puis y substituer des plumes & des écailles, rejetter enfin le tout pour faire des animaux mous & nuds. Il faut la voir varier la conformation, l'ordre, le nombre, les articulations des doigts du pied animal, allonger monstrueusement les griffes des pattes antérieures d'un petit quadrupede, les réunir par une large membrane déliée, en un mot faire des pattes aîlées pour la chauve-souris, puis des aîles pour les oiseaux, puis des nageoires pour les poissons, en laissant dans le poisson volant des marques non-équivoques du passage des aîles aux nageoires.

Que la Nature faſſe des altérations dans le tronc animal; qu'après avoir changé le pied ſolide en pied digité, elle faſſe ſortir de chaque articulation des doigts d'autres doigts, & encore d'autres doigts des articulations de ceux-ci; qu'elle ſubſtitue des feuilles au poil, au crin, & aux plumes; qu'au lieu d'une trompe, elle en arrange pluſieurs les unes auprès des autres: tous ces changemens ne feront que varier l'animalité ſans la détruire; elle n'eſt point asſervie aux formes; il n'y en a point que l'on puiſſe aſſigner comme eſſentielle à l'animalité, & il n'y en a point qui lui répugne.

L'extérieur des coquillages nous offre une variété de formes qui ſemblent moins naturelles qu'artificielles. Un marteau, une vis, un coin, une équerre, un ſabot, une tabatiere, une rape, un fuſeau, une trompe, un caſque, un cornet, une maſſue, un peigne, une petite nacelle, un cœur! Qui croiroit, à cette premiere apparence, que ce ſont-là des animaux?

CHAPITRE III.

Suite du Chapitre précédent.

Des Métamorphoſes des Inſectes.

Quoique la Nature puiſſe, à ſon gré, animaliſer la matiere, ſous telle ou telle forme ſans aucune exception; au moins on croiroit qu'ayant donné une forme particuliere à un animal quelconque, elle la lui conſerve pendant tout le temps de ſa vie, ſans altération conſidérable. C'eſt ce qu'elle fait véritablement à l'égard du plus grand nombre des animaux. Mais il en eſt d'autres qu'elle produit ſucceſſivement ſous différentes formes, comme pour nous indiquer que leur animalité est absolument indépendante des unes & des autres.

Cet insecte aux aîles dorées, aux antennes plumacées, qui voltige légérement dans nos jardins, rampoit d'abord sous la forme d'un ver, n'ayant rien de la figure brillante dont il s'énorgueillit aujourd'hui. Ce ver perdit peu-à-peu les apanages de l'animalité, au moins en apparence; ses membres s'effacerent; devenu une espece d'œuf allongé ou de feve conique, sans besoins, sans organes extérieurs & sans mouvement, il sembloit ne plus avoir de vie. Ce nouvel état n'annonçoit guere la métamorphose glorieuse qu'il alloit subir. C'est de cette nymphe qu'est sorti ce beau papillon; & sa nouvelle condition ne ressemble à aucune des deux premieres. Son corps allongé, autrefois formé d'anneaux emboités les uns dans les autres, hérissé de poils, & porté sur un certain nombre de jambes raccourcies, est à-présent partagé en trois parties principales, comme celui des plus grands animaux, la tête, le corcelet, & le ventre. La nouvelle tête est ornée d'antennes que n'avoit point la premiere, & garnie d'un bien plus grand nombre de petits yeux lisses & chagrinés: les pinces, ou dents, du ver sont remplacées par une trompe subtilement organisée. Le corcelet est chargé de quatre aîles où brille l'or & la pourpre: six grandes jambes écailleuses ont succédé à des pattes ou crochets peut-être en plus grand nombre, mais surement d'une conformation toute différente. Le nouvel insecte a acquis les organes de la génération qui manquoient à l'ancien. Il rampoit sous sa premiere force sur la terre, ou dans l'eau; sous la seconde, il n'avoit presque pas de mouvement; à-présent l'air est son élément, & il s'éleve avec agilité dans l'atmosphere: il voltige de fleur en fleur. On diroit qu'il ne s'y repose qu'autant qu'il faut pour faire remarquer combien l'éclat pompeux de ses aîles magnifiquement bigarrées, l'emporte sur les couleurs de la plus belle rose.

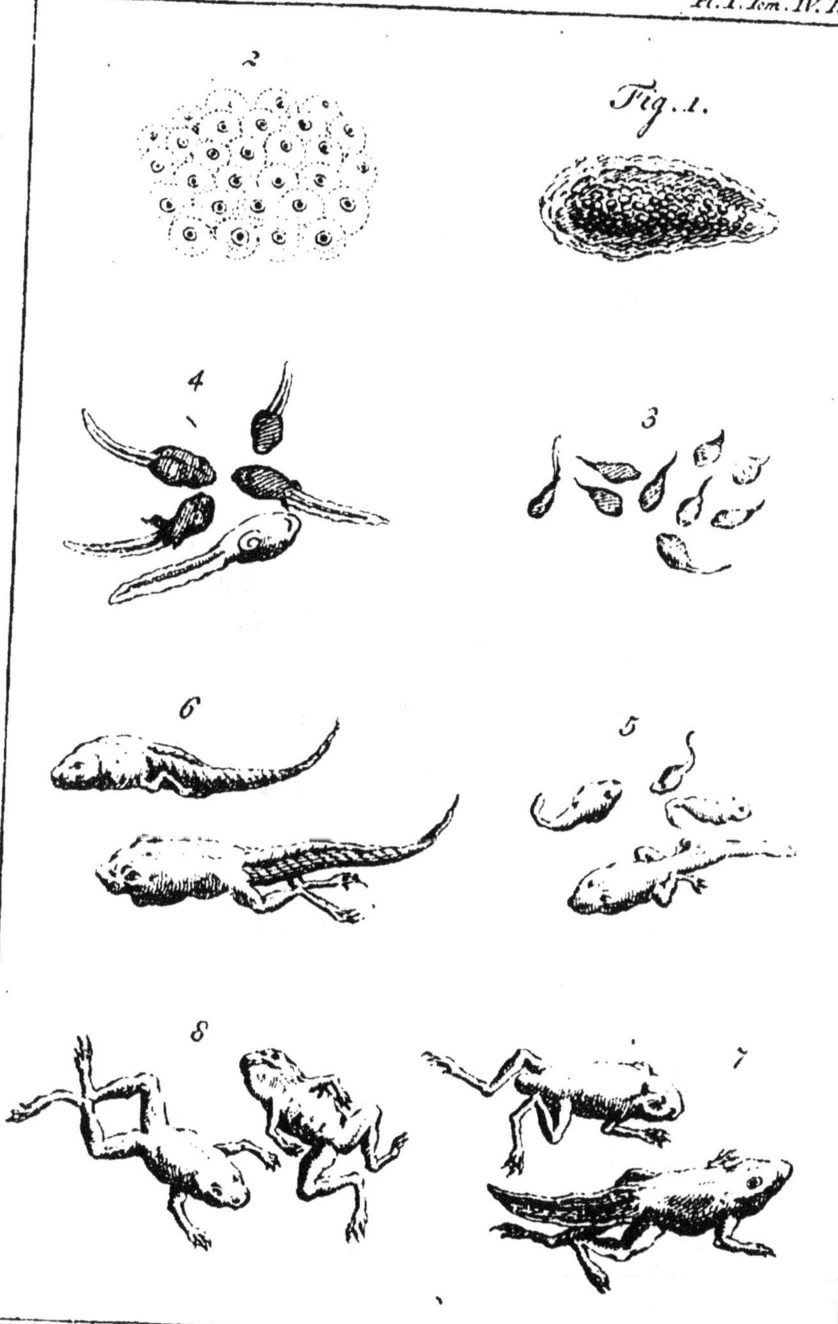

J. V. Schley fc.

Nous avons donc des animaux qui revêtent successivement des formes très-éloignées les unes des autres, qui perdent plusieurs membres & organes, qui en acquierent d'autres, qui souffrent des altérations considérables dans ceux qu'ils conservent. Une chenille, une chrysalide, un papillon! qui croiroit que ce ne sont pas trois individus, mais seulement trois formes du même individu. La chenille est un papillon sans aîles, sans antennes, sans trompe, un papillon rampant, broutant & filant; la chrysalide est une chenille dont les membres ont été supprimés, ou un papillon dont les membres n'ont pas encore poussé; le papillon est une chenille aîlée, ou une chrysalide développée.

Il y a encore d'autres métamorphoses moins variées & non moins remarquables, parmi les insectes: je les passe pour venir à un phénomene du même genre qui s'opere au fond des eaux, comme si la Nature cherchoit à nous cacher ses merveilles.

CHAPITRE IV.

Seconde suite.

Métamorphose des Poissons en Grenouilles.

Des Grenouilles d'Europe.

Les grenouilles naissent poissons; au moins elles en ont la forme en venant au monde; elles n'ont point encore de pattes, & ressemblent assez à de petits têtards. Le frai nouvellement rendu est comme une grappe de petits œufs gros comme la tête d'une épingle qui nagent dans une matiere glaireuse blanche (Planche I. fig. 1.).

Ce frai se précipite au fond de l'eau, puis remonte à la surface au bout de quelques heures. Pendant les premiers jours, la matiere blanche s'étend, & vers le seizieme ou dix-septieme jour, on apperçoit au centre de chaque blanc un petit point noir, une espece de cicatrice qui est comme le premier rudiment de l'embrion (*fig.* 2).

Bientôt cette petite masse organisée pousse une queue, & on la voit se mouvoir dans la matiere visqueuse où elle nage : elle en sort, c'est une petite pelote ovale distincte avec une queue naissante (*fig.* 3).

Ces petits têtards poussent ensuite des pattes dont le relief est très-peu éminent dans les commencemens. On croit que les pattes antérieures se développent les premieres; si cela est, il faut que le développement des postérieures soit beaucoup plus rapide : car elles paroissent à l'œil dans un certain degré d'accroissement, lorsqu'on peut à peine distinguer les naissances des pattes de devant (*fig.* 4); mais on distingue très-bien la petite queue garnie d'ailerons, & sous le ventre une apparence qui imite assez le cordon ombilical (*même fig.*).

Les embrions un peu plus avancés semblent être à la fois poissons & grenouilles, ou n'être ni l'un ni l'autre. La tête est équivoque : ils ont une queue de poisson, & des pattes de grenouille (*fig.* 5).

Au bout de trois mois la tête ressemble, par devant, beaucoup plus à celle d'une grenouille qu'à celle d'un poisson. Les pattes sont presqu'entiérement sorties & formées. Cependant la queue longue & pointue reste encore entiere (*fig.* 6).

Enfin tandis que la métamorphose acheve de se perfectionner, la queue se raccourcit de jour en jour (*fig.* 7).

Puis la queue disparoît entiérement. La métamorphose est accomplie; le petit poisson est changé en une grenouille parfaite (*fig.* 8).

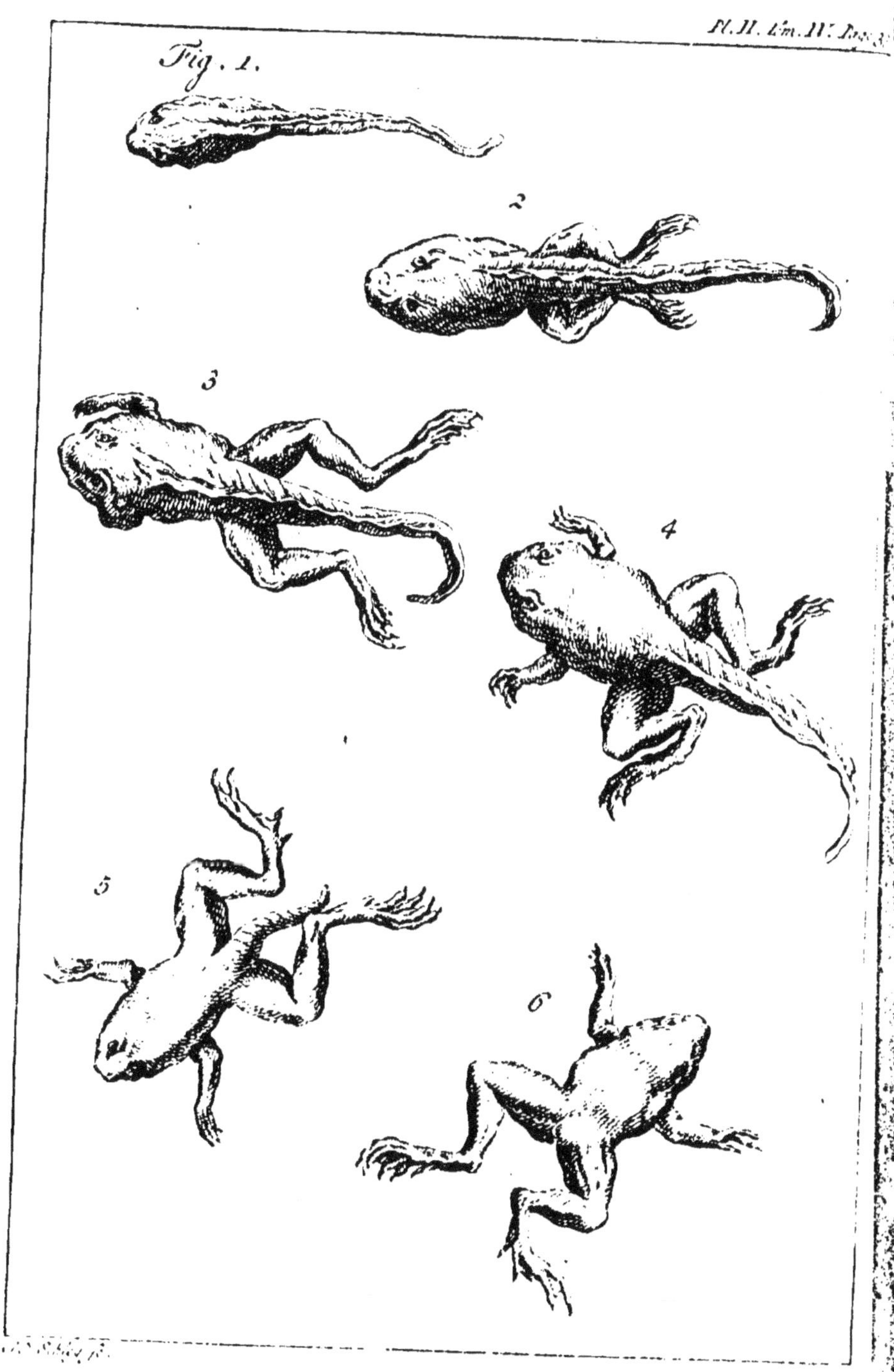
Pl. II. Tom. IV. Pag. 3
Fig. 1.
2
3
4
5
6

CHAPITRE V.

Troisieme suite.

Grenouilles d'Amboine.

La métamorphose des grenouilles d'Asie se fait de la même maniere que celle des grenouilles d'Europe; mais comme les grenouilles d'Asie sont plus grosses, les progrès du changement sont plus sensibles: c'est pourquoi j'en joins ici le tableau d'après Seba.

En prenant l'embrion de la grenouille d'Amboine au dégré d'accroissement correspondant à la figure 3. de la Planche précédente, on le croiroit un petit poisson: il en a la figure, un corps ramassé, une tête courte, une queue longue garnie d'aîlerons remontés jusques vers la tête: du reste aucune apparence de pieds, qui puisse faire soupçonner que ce soit une grenouille (*Planche II. fig.* 1.).

En croissant & grossissant l'embrion prend des pieds: ceux de derriere sont les premiers qui se développent, au moins à l'extérieur: on remarque aussi une altération sensible dans la face: la gueule s'élargit en s'applatissant (*fig.* 2.).

Le corps tient encore beaucoup de la figure du poisson. Depuis la tête sur le dos & des deux côtés de la queue s'étend une espece de pellicule ou bande membraneuse qui tient lieu de nageoires. Cependant trois pattes sont déja sorties, & l'on voit la quatrieme faire effort pour se produire au dehors: elle commence à percer la peau (*fig.* 3.).

Quand les quatre pattes sont sorties & développées, l'animal n'a plus que la queue du poisson: tout le reste differe assez peu d'une grenouille parfaite: le corps lisse & tout-à-fait pelé porte une tête de grenouille (*fig.* 4.).

La queue diminue, & perd ſa bordure membraneuſe : le reſte ſe perfectionne toujours (*fig.* 5.).

Enfin la queue eſt entiérement ſupprimée, & la grenouille n'a plus rien de ſon ancienne figure (*fig.* 6.).

CHAPITRE VI.

Quatrieme ſuite.

Métamorphoſe des Grenouilles en Poiſſons.

Grenouilles d'Amérique.

IL paroît que les grenouilles de tous les pays ſont poiſſons ou têtards avant que d'être grenouilles. Il n'eſt pas également avéré que partout les grenouilles ſe changent derechef en poiſſons, comme celles de Surinam, de Curaçao & d'autres parties de l'Amérique. Nous avons vu le poiſſon prendre des pattes & perdre ſa queue pour ſe transformer en grenouille : nous allons voir la grenouille prendre une queue & perdre peu-à-peu ſes pattes pour devenir un poiſſon parfait.

Dès que les grenouilles d'Amérique ſont parvenues à leur groſſeur, il leur croît une queue au bas de l'épine du dos, qui dès ſa naiſſance commence à prendre une peau ou bande membraneuſe : dès-lors il ſe fait une altération ſenſible dans toute l'habitude du corps, préſage de la métamorphoſe : les extrémités des pieds, ſurtout de ceux de devant, ſe replient & ſe retirent (*Planche III. fig.* 1.).

La queue diviſée par côtes & toute cartilagineuſe, ſe prolonge ſenſiblement, & à meſure qu'elle ſe prolonge davantage, elle reſſemble plus à celle d'un poiſſon. Les groſſes articulations des pattes de devant ont diſparu en rentrant dans le corps, l'autre

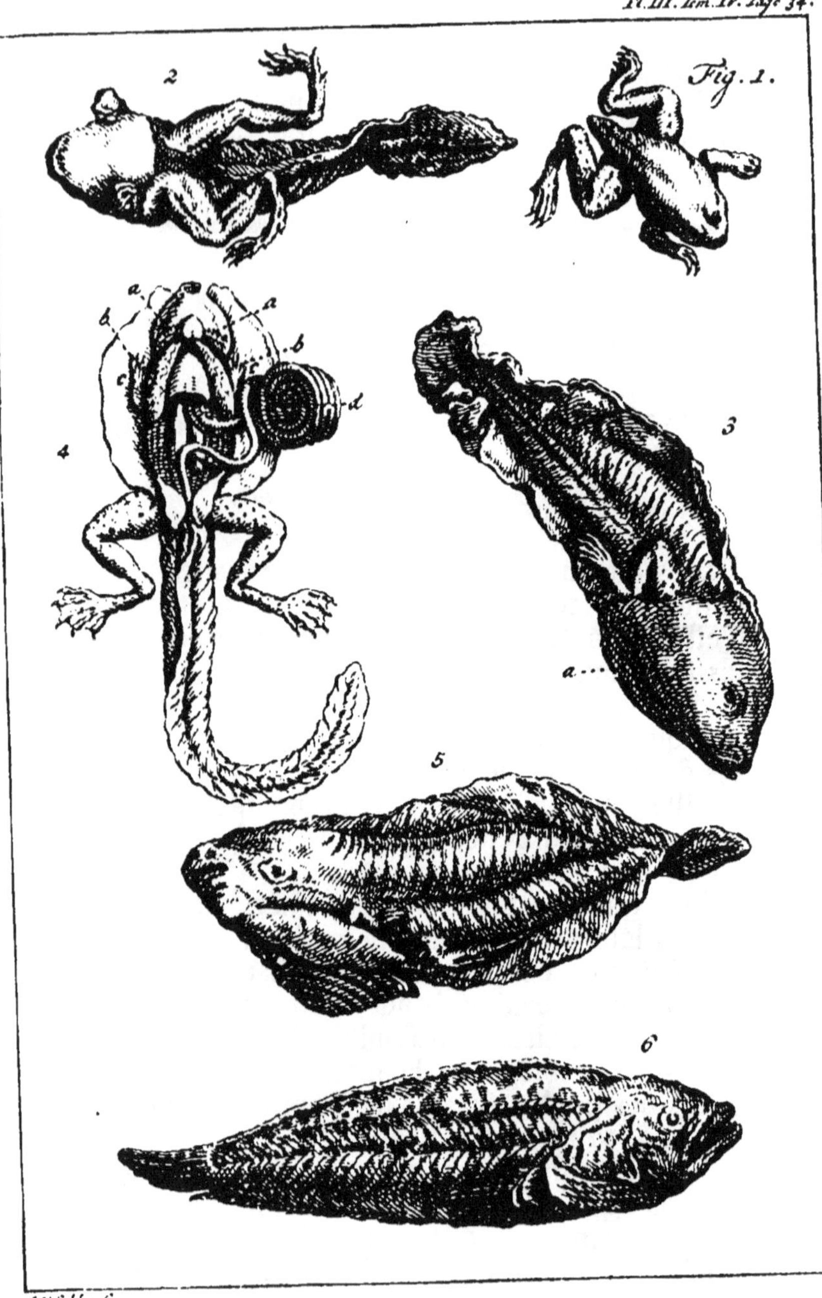

J. V. Schley fe.

articulation diminue considérablement, & les ongles se sont déja évanouies. La tête a changé de forme. (*fig.* 2.)

La métamorphose avance. Cependant les pieds de derriere paroissent encore, quoique fort diminués. La tête grande & grosse est celle d'un poisson: elle semble recouverte d'un sac large qui, se prolongeant vers le bas du corps, renferme les parties intérieures presque entiérement effacées. Les pieds de devant ont disparu, & n'ont laissé qu'une tache blanchâtre *a* pour marque de leur existence. Les yeux se sont étendus. Les nageoires commencent à se former. (*fig.* 3.)

Si le scalpel à la main nous pénétrions dans l'intérieur de l'animal, nous verrions que la métamorphose des parties internes répond graduellement à celle des membres externes (*fig.* 4.); par exemple, que les ouïes *a* du poisson naissent & croissent, & que les poumons *b* de la grenouille diminuent, en proportion de la croissance de la queue & de la diminution des pattes *c*; que les intestins *d*, quittant peu-à-peu la situation naturelle convenable à la grenouille, commencent à former plusieurs cercles, puis s'arrangent en spirale, au moyen du mésentere: circonvolution convenable au poisson. Pendant toute cette opération l'animal n'est ni grenouille ni poisson, quoiqu'il ait quelque chose de l'un & de l'autre, tant à l'extérieur que par rapport aux visceres; mais ce ne sont, durant tout ce temps, que des parties altérées qui décroissent, ou des parties imparfaites qui se forment: composé bizarre, Etre tout-à-fait équivoque!

Les pattes de derriere ne disparoissent pas de la même maniere que celles de devant: celles-ci rentrent dans le corps par articulations en se ramassant & se repliant sur elles-mêmes, comme on le voit dans les figures 1 & 2. Celles de derriere diminuent par degrés & disparoissent ensuite absolument. Avant qu'elles s'effacent entiérement, la bouche se garnit de petites dents, & les yeux prennent de plus en plus la forme de ceux d'un poiſſon. Il en eſt de même du reſte du corps. Les nageoires preſque formées, larges, lâches & membraneuſes ſont couchées les unes ſur les autres en un ſeul paquet (*fig.* 5.).

Le dernier dégré de la métamorphoſe, lorſque les pattes ſont tout-à-fait effacées, offre un poiſſon parfait, muni depuis la tête juſqu'à la queue d'un double rang de petits os cartilagineux qui regnent de chaque côté; les nageoires ſont entiérement développées; elles ſont doubles, diſpoſées par ordre & ſemblent occuper la place des premiers pieds. Seulement la tête conſerve encore quelque temps, vers les babines, un reſte de l'ancien tégument du ventre qui pend ſur les nageoires, mais qui ſe détachera & tombera bientôt. Sur le dos & par deſſous vers le ventre, s'étend une bordure étroite, dentelée, prolongée juſqu'à la queue qui eſt auſſi crenelée. Les yeux ſont grands, bleus & rouges. La couleur du poiſſon eſt un cendré-gris, varié de blanc: le deſſous du corps eſt d'un brun foncé (*fig.* 6.). Ces poiſſons portent le nom de *Jakjes* à Surinam, ſuivant le rapport de Seba qui nous a fourni preſque tous ces détails & les figures. On les prend dans les rivieres *Kommewyne*, *Kottica* & autres. Ils paſſent pour un mets délicat.

Cette métamorphoſe ſinguliere d'un petit poiſſon qui ſe change en grenouille, & d'une grenouille qui ſe rechange en poiſſon, offre un vaſte champ aux réflexions du naturaliſte. Pour moi, ſi j'oſois interpréter les intentions de la Nature, je croirois qu'elle veut nous faire obſerver combien elle ſe joue des formes. Nous allons en voir de nouvelles marques.

CHAPITRE VII.

Cinquieme ſuite.

Des Zoophytes.

Les Zoophytes ou animaux-plantes, ou plantes animales, ſont des corps marins qui tiennent de l'animal & du végétal. Leur nature tient de l'animal, & leur figure du végétal : ils n'ont point de ſang; autre analogie avec les plantes. Ils ſemblent compoſés d'une eſpece de mucoſité épaiſſie, ténace, & recouverte d'une membrane délicate; leur ſubſtance eſt donc bien différente de la chair des poiſſons, & des autres animaux aquatiques. L'organiſation en eſt de la derniere fineſſe. Quelques-uns ne paroiſſent preſque pas avoir de vie; ce qui, joint à leur forme extérieure, a fait révoquer en doute leur animalité. Leur mouvement très-apparent dans l'eau, étoit attribué à l'entrée & à la ſortie de l'eau par leurs pores ; ainſi l'on vouloit abſolument en faire des plantes pures qui n'euſſent rien d'animal.

Malgré les prétentions mal-fondées & mal-raiſonnées d'un petit nombre d'Auteurs, les Zoophytes ont été maintenus dans la jouiſſance de tous leurs droits; & ſans égard à leur configuration extérieure, on les range conſtamment parmi les animaux. On en compte un très grand nombre, très-différens en eſpeces, tous vrais animaux, à la forme près, (preuve que la forme ne date ici de rien) & tous également capables des fonctions animales. Je vais en mettre quelques-uns ſous les yeux du lecteur.

CHAPITRE VIII.

Sixieme suite.

Plume-de-mer rouge (Planche IV. fig. 1.).

La plume-de-mer rouge est un animal dont la figure ne ressemble pas mal à une plume d'oiseau. En 1762, Mr. Coote Molesworth, Médecin, de la Société Royale de Londres, envoya un de ces animaux à Mr. J. Ellis de la même Société. Il avoit été pêché près du port de Brest, à une profondeur de 72 brasses. On en trouve aussi dans l'Océan, depuis les côtes de Norvege jusques à la mer Méditerranée. On les prend quelquefois à de très-grandes profondeurs; quelquefois aussi on en voit nager à fleur d'eau. Ces animaux sont des especes de phosphores naturels. Ils sont quelquefois si lumineux dans l'eau, au rapport du Dr. Shaw (*), que les pêcheurs peuvent découvrir la nuit les poissons qui nagent à différentes profondeurs de la mer, à la seule lumiere que ces Zoophytes jettent autour d'eux. C'est cette propriété extraordinaire de la plume-de-mer qui l'a fait nommer & caractériser par Mr. Linnæus (von Linné) *Pennatula phosphorea habitans in Oceano fundum illuminans.* En voici la description donnée par Mr. Ellis dans le Tome LIII des Transactions Philosophiques pour l'année 1763.

Nous venons de dire que sa figure extérieure approchoit de celle d'une plume d'oiseau. On en pêche de différentes grandeurs, savoir depuis quatre jusqu'à huit pouces. La partie inférieure est nue, ronde, blanche & allongée à-peu-près comme un tuyau de plume à écrire. L'autre partie, qui est plu-

(*) Dans son Histoire d'Alger.

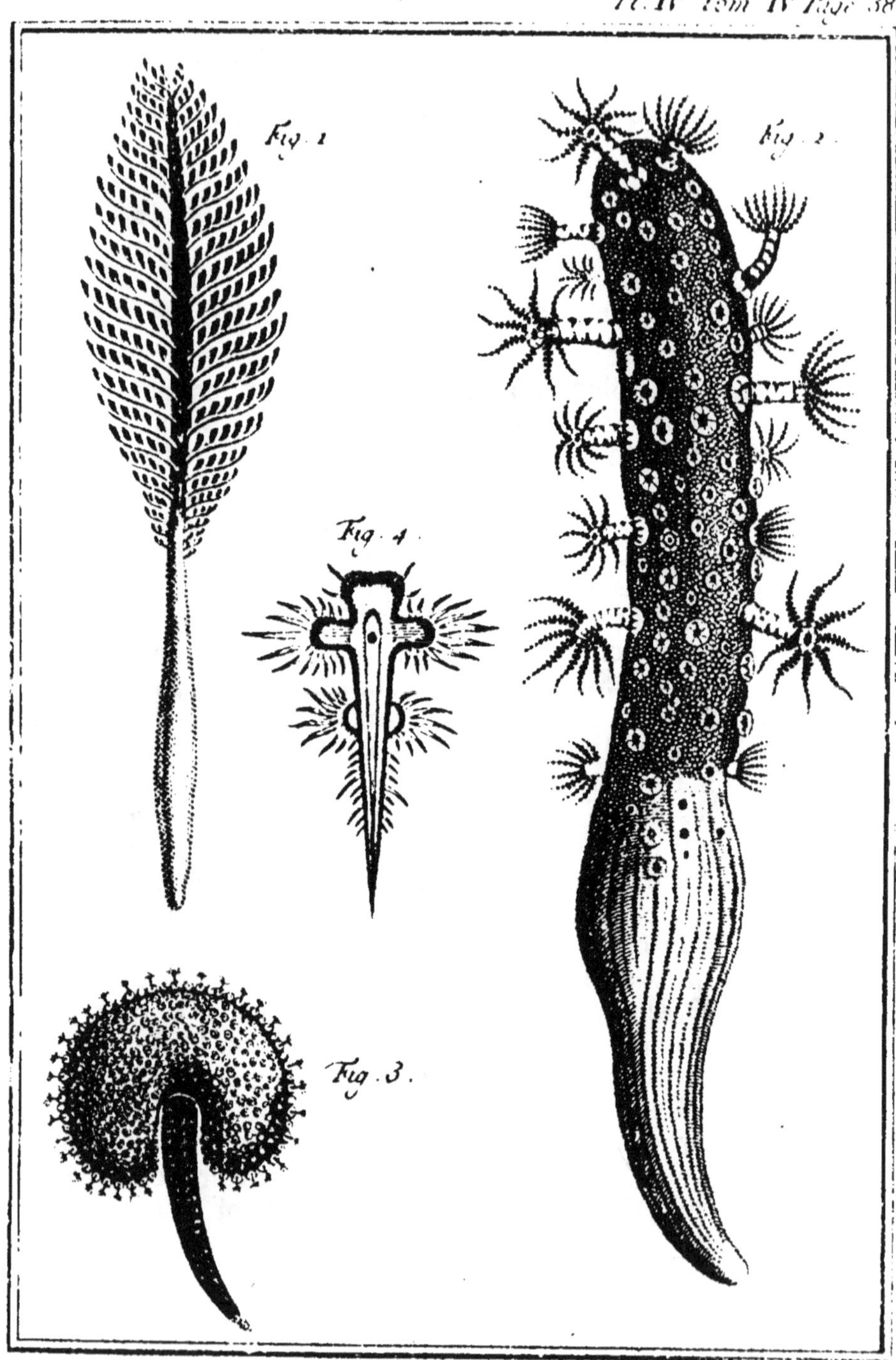
Fig. 1
Fig. 2
Fig. 4
Fig. 3

macée, a une couleur rouge, & diminue de grosseur jusqu'au bout, où elle finit en pointe. Le long du dos, depuis le tuyau jusqu'à l'extrémité supérieure de la tige, il y a une rainure comme dans une plume. De chaque côté de la même partie s'élevent deux rangs paralleles de nageoires rangées les unes auprès des autres, de la même maniere que les barbes d'une plume, quoique moins serrées: les premieres sont très-petites, les suivantes croissent graduellement à mesure qu'elles avancent vers le milieu où sont les plus grandes, puis elles diminuent aussi graduellement jusqu'au bout. Elles ne sont point absolument droites, mais un peu recourbées vers l'extrémité. Au moyen de ces nageoires l'animal peut avancer ou reculer dans l'eau: on ne peut guere douter que ce ne soit-là une partie de leur destination. Elles sont fournies de suçoirs ou de bouches garnies de filamens qui ne paroissent aussi avoir d'autre emploi que celui des suçoirs ou bras des polypes. L'extrémité du tuyau n'est point perforée: cependant Mr. Linnæus appelle cette extrémité la bouche de l'animal; on ne sait pas pourquoi. Séba en a fait représenter une dans la Description de son Cabinet, qu'il dit percée d'un trou à l'extrémité; mais il ne l'avoit vue que desséchée, & si l'on fait attention à la délicatesse de cet animal, on peut fort bien soupçonner que ce trou n'étoit pas naturel. Il faut avouer pourtant qu'il y a quelques especes dont le bout de la partie nue est marqué d'un creux qui forme une sorte de pli ou de sinuosité très-sensible. L'œil armé du meilleur microscope n'y apperçoit pourtant aucun trou, ce qui fait conjecturer à Mr. Ellis, que, dans cet animal, les ouvertures qui lui servent de bouches font aussi la fonction de l'anus; ce n'est pas un exemple unique: le même naturaliste a déja observé cette circonstance dans le polype de Groenlande (*) dont il nous a donné

(*) *Hydra Arctica.*

la description dans son essai sur les corallines. Chaque suçoir est armé de huit filamens qui sont autant d'aiguillons par lesquels l'animal s'attache à la proie dont il se saisit pour la dévorer. Quelquefois aussi il les retient dans leurs gaines respectives. Ces gaines sont défendues par un contour d'épines extérieures qui servent aussi à garder l'animal des corps capables d'offenser sa substance molle & tendre.

Le Dr. Bohadsch, Médecin de Prague, a eu occasion d'observer un de ces animaux vivant dans l'eau: il l'a ensuite disséqué. Le détail de ses observations est très curieux; mais je ne le rapporterai point ici, mon dessein étant uniquement de faire voir combien la Nature s'éloigne des formes ordinaires dans la construction de certaines machines animales.

CHAPITRE IX.

Septieme suite.

La Plume-de-mer à figure de doigt (*). (*Planche IV. fig.* 2.)

Il y a plusieurs especes de Zoophytes qui portent le nom de Plume-de-mer, quoiqu'elles ne ressemblent pas à une plume, comme l'espece dont on vient de voir la description dans le Chapitre précédent. Celle que l'on appelle Plume-de-mer à figure de doigt, est une sorte de cylindre, à peu près de la grosseur d'un doigt, terminé à sa partie inférieure en une pointe obtuse & tant soit peu recourbée. La partie supérieure de cet animal qui n'en a pas l'air, est garnie jusques vers les deux tiers ou un peu moins de sa longueur, de cellules

(*) *The finger-shaped Sea-Pen*; c'est le nom Anglois que lui donne Mr. Ellis.

ou fourreaux circulaires d'où sortent des suçoirs ou bras de polype, armés chacun de huit grifles que l'animal peut étendre ou fermer à volonté. Au dessous des derniers bras, le corps est un peu plus gros que le reste, & la peau qui dans cet endroit forme plusieurs plis semble annoncer que ce Zoophyte peut enfler ou contracter cette partie: peut-être qu'il l'enfle pour être plus facilement porté sur les eaux, & qu'il la resserre lorsqu'il veut plonger.

CHAPITRE X.

Huitieme suite.

Le Rein-de-mer applatti. (Planche IV. fig. 3.)

Le Zoophyte que je nomme *Rein-de-mer applatti*, est une troisieme espece de plume-de-mer qui a la forme d'un rein comprimé: il a été découvert depuis assez peu de temps sur les côtes de la Caroline Méridionale & envoyé à Mr. Ellis par Mr. Greg de Charles-Town. Il est d'une belle couleur pourpre. La plus grande largeur de la partie qui représente un rein est d'un pouce, & sa moindre largeur d'un demi-pouce. Du milieu de la base de ce corps s'allonge une petite queue rouge, arrondie dans son contour, & d'environ un pouce de longueur: elle est annulaire, comme les vers de terre, & le long du milieu, il y a une rainure étroite qui regne des deux côtés, d'un bout à l'autre: elle finit en pointe, avec un petit étranglement environ une ligne avant l'extrémité; mais il n'y a point de trou à cette extrémité. Le dessus du corps est convexe & épais d'environ un quart de pouce. Toute cette surface est parsemée de petites ouvertures jaunâtres étoilées, d'où sortent des suçoirs semblables à ceux des polypes, armés de six crochets ou filamens comme on en voit sur quelques coraux. Ces suçoirs sont les bouches de l'animal. Le dessous du corps est plat, & tout couvert de ramifications fibreuses charnues qui, partant de l'insertion de la queue, comme d'un centre commun, se partagent de tous côtés, & vont communiquer avec les petites ouvertures étoilées dont l'autre surface de cet animal extraordinaire est garnie.

CHAPITRE XI.

Neuvieme suite.

Insecte de mer remarquable (Planche IV. fig. 4.).

QUEL nom donner à cet insecte marin, qui, étendu en la maniere que le représente la figure, forme une croix double, ainsi que tout autre animal étendu qui a quatre pieds & une queue? Celui-ci a quatre bras bien marqués & chacun est armé d'un certain nombre de crampons ou doigts qui diminuent toujours de grosseur de la base à l'autre bout où ils sont terminés en pointe. Les deux bras inférieurs sont beaucoup plus petits que les deux supérieurs. Aucun des quatre n'a un égal nombre de doigts, peut-être par la faute du pêcheur qui l'a pris flottant sur l'eau, & qui aura pu aisément en briser quelques-uns, vu leur extrême délicatesse. Les doigts de chaque bras sont eux-mêmes inégaux en grandeur; les plus grands sont à la partie la plus élevée du bras; & ils diminuent à mesure qu'ils approchent du corps. Ceux des bras de devant sont proportionnellement plus grands que ceux des bras de derriere. Au dessous de ceux-ci, il y a encore de chaque côté de la queue un rang de pareils doigts pointus. Tout le corps de l'animal diminue de grosseur de la tête à l'extrémité de la queue qui finit en pointe. Un petit orifice vers le milieu du front semble marquer la bouche de l'animal : quatre cornes minces & courtes s'élevent de chaque côté du front & sont probablement ses yeux ; il ne les allonge que dans l'eau. La lettre *a* désigne un gros point noir auquel en répond un autre semblable de l'autre côté, que l'auteur Anglois de cette description conjecture pouvoir être les organes de la respiration. On voit sur le dos une ligne blanche argentée qui est dans un mouvement continuel pendant la vie de l'animal, soit à cause du mouvement musculaire qui lui est propre, soit à cause de la circulation des fluides. Les deux côtés de l'animal sont garnis de deux lignes paralleles dans tous leurs points correspondans, qui viennent se réunir en une seule pour former l'extrémité de la queue qui est d'un bleu foncé ainsi que les extrémités des doigts ; tout le reste du dessus du corps est d'un bleu plus clair, le dessous est blanc. Cet animal peut se tourner lui-même sur le dos en contractant les muscles de sa tête, de sa queue & de ses bras ramifiés.

Ces détails sont tirés des Transactions Philosophiques, au Tome déja cité. Le Tome précédent nous fournira l'article suivant.

CHAPITRE XII.

Dixieme ſuite.

Deſcription d'un nouveau Zoophyte encore plus extraordinaire que les précédens, nommé par les Naturaliſtes Anglois qui l'ont examiné, Priapus pedunculo filiformi, corpore ovato (*Planche V.*)

VOICI un nouveau Zoophyte que l'on n'a point vu flottant & nageant ſur l'eau, comme les précédens, mais attaché à un morceau de rocher par pluſieurs racines, à la maniere des plantes: circonſtance qui lui eſt commune avec d'autres eſpeces de Zoophytes, & qui n'a point empêché les ſavans Naturaliſtes Anglois qui l'ont examiné, de le mettre au nombre des Animaux. Nous allons traduire l'extrait d'une Lettre du Dr. Naſmyth au Dr. A. Ruſſel, contenant la relation de cette production marine ſinguliere; nous y joindrons le réſultat de l'examen qu'en ont fait Mrs. Ruſſel, Solander, Collinſon & Ellis de la Société Royale de Londres.

Extrait d'une Lettre du Dr. Naſmyth au Dr. A. Ruſſel.

„ A mon retour de l'Amérique Septentrionale, „ en Novembre 1759, je vous envoyai deux ou „ trois morceaux curieux de ce pays. Il y en avoit „ ſurtout un que je dois recommander particuliérement à votre attention, comme un corps marin „ d'une figure tout-à-fait extraordinaire. Les François & les Anglois à qui je l'ai montré, m'ont „ aſſuré qu'il leur étoit inconnu, & qu'ils n'en „ avoient jamais vu de ſemblable.

„ Je me ſuis uniquement attaché à conſerver cette „ production marine entiere, telle que je l'avois

Pl. V. Liv. IV. Pag. 44.

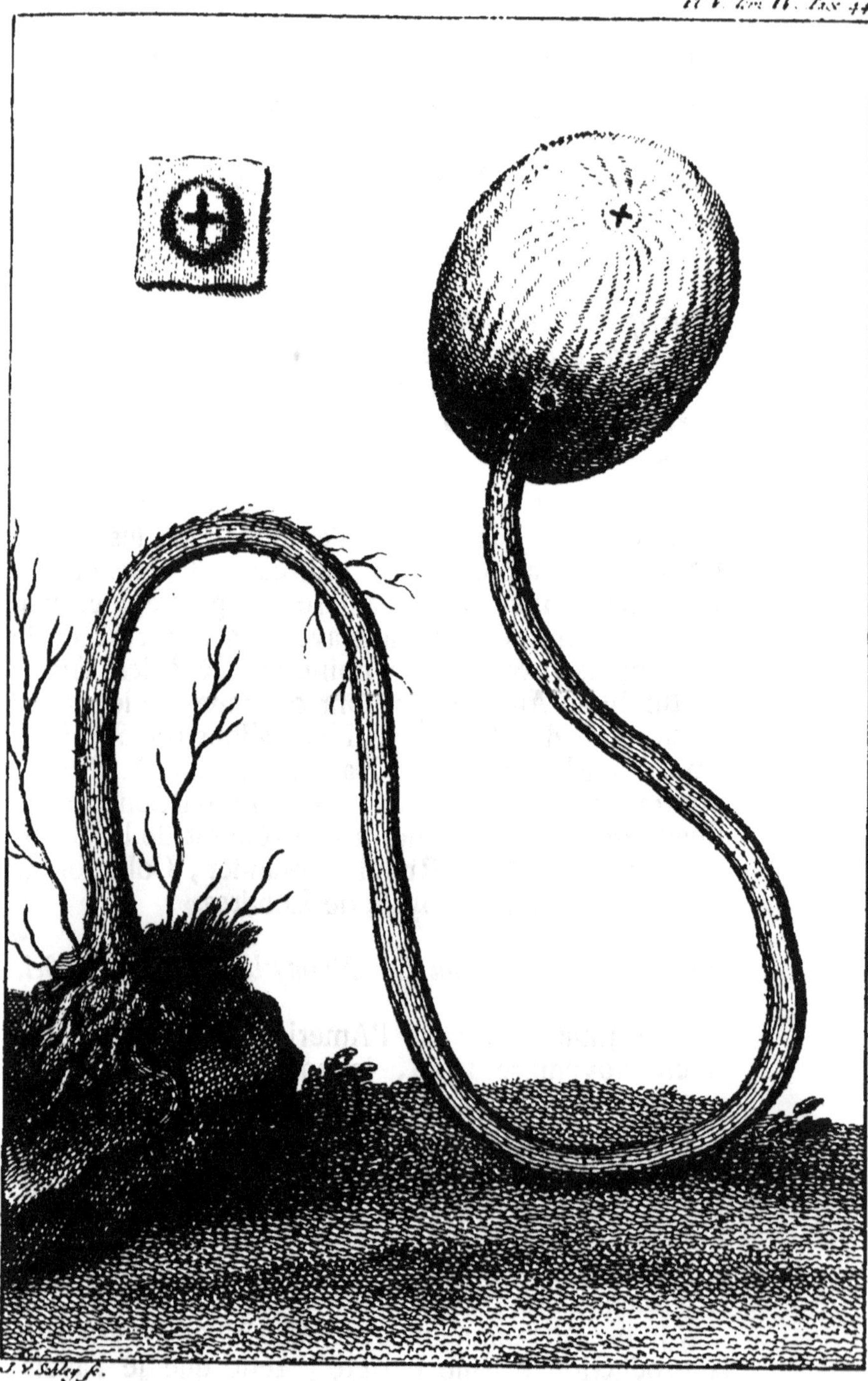

J. V. Schley fe.

„ prise. Je l'examinai attentivement dès qu'elle fut „ entre mes mains, & j'ai répété plusieurs fois de- „ puis cet examen, pour m'assurer qu'elle étoit dans „ son véritable état de perfection, & aussi pour „ observer les changemens ou altérations qu'elle „ pourroit subir. Si vous avez le loisir de l'exami- „ ner, Monsieur, je serai charmé d'apprendre le „ résultat de vos observations. En attendant, je „ vais vous dire de quelle maniere elle est venue „ en ma possession.

„ Au mois de Juin 1759, l'escadre destinée con- „ tre Quebec entra dans le fleuve St. Laurent. Au „ quarante-neuvieme degré cinquante minutes de „ latitude septentrionale, à environ dix lieues de „ l'Orient d'Anticosti, isle à l'embouchure du fleu- „ ve, nous jettâmes la sonde : la profondeur se „ trouva être de 42 brasses. La sonde revint char- „ gée de sable blanc mêlé de grains noirs. Ayant „ jetté en même temps dans l'eau une ligne à pê- „ cheur très forte, l'hameçon se trouva arrêté ; après „ plusieurs efforts je le retirai avec un morceau de „ rocher auquel pendoit une substance tendineuse, „ dure, d'une couleur brune-claire, d'environ sept „ pouces de longueur, & à-peu-près de la grosseur „ d'un tuyau de plume à écrire. Cette tige portoit „ une espece de sac, ou de gousse, qui ressembloit „ assez pour la forme & pour la grosseur à un œuf „ de pigeon.

„ Cette substance étoit partout élastique, & en „ pressant la gousse, je reconnus bientôt que c'étoit „ un corps plein, je crus même y appercevoir „ quelque mouvement spontané.

„ Voilà, Monsieur, ce que j'ai de particulier à „ vous dire sur ce corps inconnu. Est-ce un ani- „ mal, un Zoophyte, une plante submarine? C'est- „ ce que je vous laisse à décider. Je suis *&c.*

Rapport de Mrs. Solander, Collinson, Ellis, & Russel.

„ Le corps marin décrit ci-dessus nous a semblé „ à l'examen approcher de très près de celui que „ les Naturalistes appellent *Priapus*. On voudra „ donc bien nous permettre de l'appeller *Priapus* „ *pedunculo filiformi corpore ovato*. Sa forme est ova- „ le, & sa grosseur entre celle d'un œuf de pigeon „ & celle d'un œuf de poule. Il est poli, membra- „ neux, & d'une couleur de cendre argentée. Nous „ avons pris pour sa bouche une ouverture quadri- „ valvulaire, en forme de croix. L'anus est du „ même côté, un peu au dessus de la base où le „ corps est attaché à la tige : cette ouverture est „ aussi quadrivalvulaire. Autour de la bouche & de „ l'anus, la substance semble au toucher un peu „ plus calleuse que le reste. Le corps est porté sur „ une tige (ou pédicule) de dix pouces de lon- „ gueur, qui est attachée par son extrémité à un „ morceau de rocher. Cette tige est d'une couleur „ brune-claire, du calibre d'une grosse plume, ar- „ rondie, tubulaire, rude au toucher, & d'une sub- „ stance membraneuse assez semblable au cuir.

„ Nous avons ouvert le corps. L'écorce nous a „ paru composée intérieurement de fibres reticulai- „ res. Le contour intérieur de la bouche, de cinq „ à six lignes de diametre, étoit environné d'une „ substance radiée plus épaisse & plus dure que tout „ le reste. Le bord intérieur de l'anus étoit com- „ posé d'un grand nombre de fibres entrelacées les „ unes dans les autres. D'un bout à l'autre, c'est- „ à-dire du haut jusqu'à la base, descendoit obli- „ quement & en serpentant un corps solide, uni, „ large d'un peu plus de deux lignes, qui s'est „ brisé en le disséquant, & dont nous ne pouvons „ donner une meilleure idée qu'en disant qu'à la „ taille près, il ressembloit parfaitement à l'un des „ intestins grêles, & qu'il étoit attaché à la surface „ intérieure du *Priapus*, comme les intestins grêles „ tiennent au mésentere."

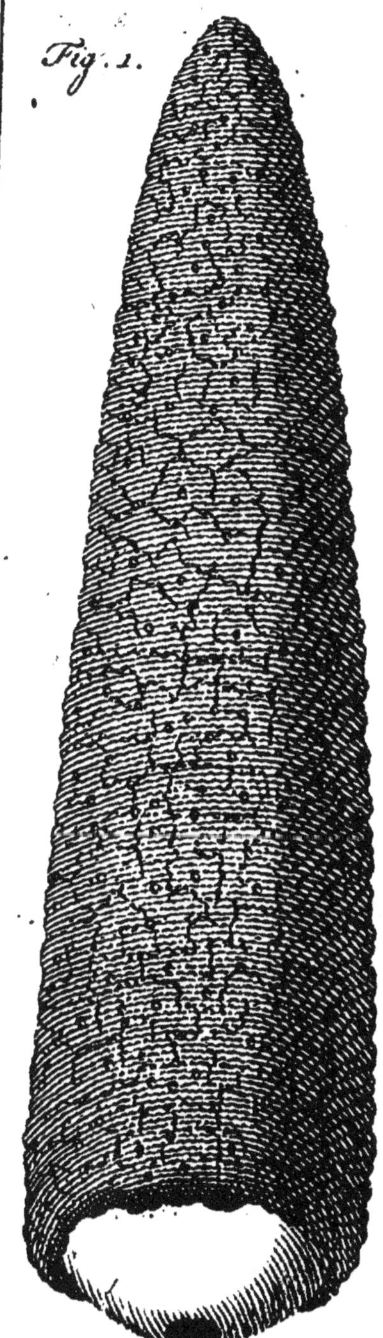

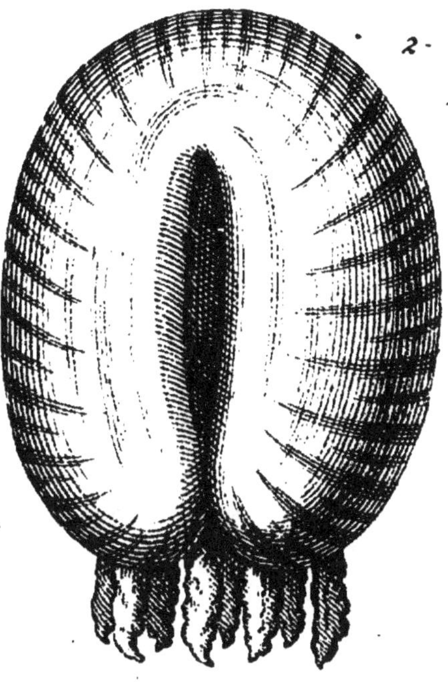

J. V. Schley fc.

CHAPITRE XIII.

Onzieme suite.

Holothurie, ou Verge marine, nommée Epipetrum (*Planche VI. fig.* 1.).

CET animal de forme conique donne à peine quelques signes de vie. On le voit flottant sur la surface de l'eau, & l'on doute presque s'il est entraîné par l'agitation des flots, ou si un mouvement spontané regle sa marche. Il a une bouche, & on le trouve quelquefois collé par cet endroit à des plantes marines comme pour les sucer: elle est aussi assez large pour engloutir les insectes que l'animal rencontre. Lorsqu'on le touche, il donne des marques de sentiment par un frémissement très sensible au doigt qui le presse. Sa peau douce au toucher est bizarrement ridée comme le marque la figure, excepté à la base autour de la bouche où elle est lisse, unie & tendue.

CHAPITRE XIV.

Douzieme suite.

Champignon marin dont le chapiteau est large & ovale (*Planche VI. fig.* 2.).

LA figure de ce Zoophyte lui a fait donner le nom de champignon. L'ouverture oblongue que l'on voit sur le chapiteau est probablement sa bouche. Elle est entourée de rayons ou flammes jaunes. De sa partie intérieure descend un pied raccourci d'où partent huit tuyaux ou racines qui lui servent sans doute à s'attacher aux rochers & aux plantes de mer. La substance de cet animal est transparente & gélatineuse.

CHAPITRE XV.

Treizieme suite.

Des Polypes.

MR. DE BUFFON dit que „ la différence la „ plus générale & la plus sensible entre les animaux „ & les végétaux est celle de la forme ; *que* celle „ des animaux, quoique variée à l'infini, ne res„ semble point à celle des plantes, & *que*, quoi„ que les polypes, qui se reproduisent comme les „ plantes, puissent être regardés comme faisant la „ nuance entre les animaux & les végétaux, non„ seulement par la façon de se reproduire, mais en„ core par la forme extérieure, on peut cependant „ dire que la figure de quelque animal que ce soit „ est assez différente de la forme extérieure d'une „ plante, pour qu'il soit difficile de s'y tromper (*)".

Cette assertion, qui a beaucoup de poids dans la bouche d'un aussi savant Naturaliste, m'a engagé à commencer par traiter des formes animales. Je doute qu'après la contemplation du petit nombre de Zoophytes que je viens d'offrir aux yeux du Lecteur, il se sente porté à admettre la différence des formes pour un distinctif suffisant entre les animaux & les végétaux. Leur animalité est constatée ; & pourtant ils ressemblent beaucoup plus à des plantes

(*) Histoire Naturelle générale & particuliere, Tome III. p. 23 Edit. in 12.

tes qu'à des animaux: peut-on dire que leur figure soit réellement assez décidée, pour qu'on ne puisse la confondre avec la forme extérieure d'une plante. Un champignon, une tige branchue, une gousse assez semblable à celle qui contient la graine des pavots, portée sur un pédicule enraciné dans un morceau de rocher, ne sont-ils par des corps qui s'éloignent étrangement des formes animales ordinaires, & qu'il est très-aisé de confondre avec les formes végétales? Pour ne parler que du polype, puisque l'on apporte cet exemple, Mr. de Marsigly n'a-t-il pas pris les petits polypes marins pour des fleurs, par une méprise qui portoit uniquement sur l'apparence extérieure? Le polype à bouquet, lorsqu'il est épanoui, représente réellement si bien un bouquet de fleurs jaunes, brillantes & étoilées, qu'une fleur ne ressemble pas mieux à une autre fleur. Mr. Trembley n'a-t-il pas douté de la nature des polypes d'eau douce? Malgré le mouvement progressif de ces petits corps, & leurs diverses métamorphoses, voyant qu'ils ne ressembloient sous aucune de leurs formes, aux animaux qui s'offrent ordinairement à nos yeux, il resta indécis, ne sachant s'il devoit les prendre pour des animaux, ou s'il ne devoit pas plutôt les regarder comme des plantes sensibles, d'un genre un peu au dessus des sensitives. Il les coupa en plusieurs morceaux; chaque partie reprit les organes qui lui manquoient, & reproduisit un animal entier. Mr. Trembley douta encore. Ceux qu'il avoit laissé entiers, offroient tous les jours à cet observateur de nouveaux phénomenes, comme pour le forcer à reconnoître leur animalité; cependant il n'osa décider sur la nature de ces productions d'une forme si différente de celle des autres animaux, & dans qui il trouvoit encore tant d'analogie avec les végétaux pour la maniere de se réproduire (*). Il paroît

(*) Voy. Dictionnaire raisonné universel d'Histoire Naturelle, par Mr. Valmont de Bomare au mot Polype.

donc que l'exemple du polype rapporté par Mr. de Buffon comme pour écarter l'objection qu'on pourroit en tirer contre lui, la met dans tout son jour en prouvant que la différence des formes entre les substances végétales & les animales, n'est point générale, & qu'il s'en faut beaucoup qu'elle soit toujours assez sensible pour prévenir toute méprise. Au contraire, on risqueroit de se tromper très-souvent en jugeant de la nature des Etres par ce prétendu distinctif, comme fit le savant Marsigly à l'égard des petits polypes marins. Et qui ne s'y seroit trompé comme lui en voyant un bouquet dont toutes les fleurs étoient en cloches, chaque cloche portée sur une tige, & toutes les petites tiges implantées dans une tige commune?

L'animalité se cache sous les formes qui semblent lui convenir le moins, lorsqu'on les compare à celles des autres animaux plus connus & plus ordinaires. Mais, dans le vrai, toutes les formes lui conviennent: elle n'en exclut aucune; & j'ose avancer dès-à-présent, comme un principe qui deviendra dans la suite plus évident, que toutes les formes naturelles sont animales.

CHAPITRE X.

Des formes animales intérieures, ou de la structure organique des animaux.

Il n'y a point d'organisation particuliere affectée spécialement à l'animal.

Il n'y a point d'organisation particuliere exclue de l'animalité.

L'ORGANISATION de l'huitre differe plus de celle de l'homme, que l'organisation du polype ne differe de celle d'une mousse. C'est que dans l'échelle universelle l'huitre est plus éloignée de l'homme, que le polype ne l'est de la mousse. Si la distance qu'il y de l'homme à l'huitre ne suffit pas pour les ranger dans des regnes différens, pourquoi celle qu'il y a entre le polype & la mousse, qui est beaucoup moindre, a-t-elle fait mettre l'une parmi les animaux & l'autre parmi les plantes? Le contradiction est d'autant plus bisarre, que l'on convient que le polype a plus d'affinité avec le végétal qu'avec l'animal. C'est aux faiseurs de divisions de nous expliquer pourquoi les individus d'un regne ont plus d'analogie avec l'économie propre du regne dont ils ne sont pas, qu'avec celle du regne dont ils sont; ou autrement pourquoi ils ne sont pas du regne dont leurs propriétés les rapprochent le plus.

„ Nous connoissions à-peine l'animal, quand nous „ entreprenions de le définir. A présent que nous „ le connoissons un peu plus, oserons-nous penser „ que nous le connoissions à fond? Les polypes nous „ ont étonnés, parce qu'à leur apparition, ils n'ont

„ trouvé dans notre cerveau aucune idée analogue, „ & que nous avions pris grand ſoin d'en écarter „ juſques à la poſſibilité de leur exiſtence. Combien „ exiſte-t-il d'animaux plus étranges encore que „ les polypes, & qui confondroient tous nos raiſon- „ nemens, ſi nous venions à les découvrir? Il nous „ faudroit alors inventer une nouvelle langue pour „ décrire ce que nous obſerverions. Les polypes „ ſont placés ſur les frontieres d'un autre Univers, „ qui aura un jour ſes Colombs & ſes Veſpuces. Ima- „ ginerons-nous que nous ayons pénétré dans l'in- „ térieur des continens, pour avoir entrevu de loin „ quelques côtes? Nous nous formerons de plus „ grandes idées de la Nature; nous la regarderons „ comme un tout immenſe & nous nous perſuaderons „ fortement que ce que nous en découvrons n'eſt „ que la plus petite partie de ce qu'elle renferme. „ A force d'avoir été étonnés, nous ne le ſe- „ rons plus; mais nous obſerverons; nous amaſſe- „ rons de nouvelles vérités, nous les lierons ſi nous „ pouvons, & nous nous attendrons à tout, parce „ que nous dirons ſans ceſſe que le connu ne peut „ ſervir de modele à l'inconnu, & que les modeles „ ont été variés à l'infini. Les polypes à bouquet „ multiplient en ſe diviſant: qui ſait ſi on ne décou- „ vrira point quelque jour des animaux qui, au lieu „ de ſe diviſer, ſe réuniſſent, & ſe ſoudent les uns „ aux autres, pour ne compoſer plus qu'un ſeul ani- „ mal? Qui ſait ſi la multiplication d'un tel animal „ n'a pas pour condition eſſentielle, la conſolidation „ de pluſieurs animalcules en un ſeul? Nous diſons „ qu'un animal doit avoir un cerveau, un cœur, des „ veines, des nerfs, un eſtomac, &c. Voilà des „ idées que nous avons puiſées chez les grands ani- „ maux, & que nous tranſportons partout avec con- „ fiance. Nous reſſemblons à un Voyageur Fran- „ çois qui s'attendroit à retrouver dans les Terres

„ Auſtrales les modes de ſon pays, & qui ſeroit fort „ ſcandaliſé de ne les y pas voir. Le regne animal „ a auſſi ſes Terres Auſtrales, où probablement ce „ n'eſt pas la mode d'avoir un cerveau, un cœur, „ un eſtomac, &c. Pourquoi voulons-nous que la „ Nature s'aſſujettiſſe toujours à faire un animal „ avec les élémens d'un autre ? Elle y ſeroit bien „ forcée, ſi ſa fécondité ne ſurpaſſoit point celle „ de nos chétives conceptions. Mais la main qui a „ façonné le polype, nous a montré qu'elle ſait, „ quand il le faut, animaliſer la matiere à bien moins „ de fraix. Elle l'a animaliſée ailleurs à moins de „ fraix encore. Elle eſt deſcendue par des dégrés „ preſque inſenſibles de ces grandes maſſes organiques „ que nous nommons les Quadrupedes, à ces petites „ maſſes organiques que nous nommons les Inſectes; „ & par des ſouſtractions graduelles & habilement „ ménagées, elle a réduit enfin l'animalité à ſes plus „ petits termes. Nous ne connoiſſons point ces plus „ petits termes. Le polype, tout ſimple qu'il eſt, „ eſt ſans-doute très composé, en comparaiſon des „ animaux placés au deſſous de lui dans l'Echelle. „ Il eſt, pour ainſi dire, trop animal, pour être le „ dernier terme de l'animalité. Nous ſavons que le „ cerveau eſt le principe des nerfs, qu'il filtre „ les eſprits, que les nerfs ſont l'organe du ſen- „ timent, que le cœur eſt le principal mobile de la „ circulation, que les arteres & les veines en ſont „ les dépendances, &c. nous avions vu tout cela „ dans les grands animaux; nous l'avions retrouvé „ avec ſurpriſe dans les inſectes, quoique ſous des „ formes différentes: nous nous étions ainſi accou- „ tumés à regarder ces divers organes, & quelques „ autres comme eſſentiels à l'animal. Le polype „ ne nous offre pourtant rien de ſemblable ou d'ana- „ logue: les meilleurs microſcopes ne nous y mon- „ trent qu'une infinité de petits grains diſſéminés

„ dans toute sa substance; & l'expérience si neuve „ & si imprévue du *Retournement* prouve assez que „ sa structure n'a rien de commun avec celle des animaux que nous connoissons. Si nous ne pouvions „ deviner qu'il eût été donné à l'animal d'être provigné & greffé comme la plante, il nous étoit „ bien moins possible de soupçonner qu'il lui eût „ été accordé de pouvoir être retourné comme un „ gand. Le polype à bras est néanmoins très animal; sa voracité est extrême; il engloutit tous „ les petits insectes qui viennent à le toucher, & „ les saisit avec une sorte d'adresse qui semble le „ rapprocher des animaux chasseurs. Le polype à „ bouquet, tout autrement construit, n'a pas les „ mêmes avantages, mais il en a de relatifs: il „ sait exciter dans l'eau un mouvement rapide qui „ entraîne vers lui les corpuscules vivans dont il „ s'alimente. Il est sans-doute des animaux beaucoup plus déguisés encore que le polype à bouquet, & qui ne donnant aucun signe extérieur „ d'animalité, nous laisseroient longtemps incertains „ de leur véritable nature. Lorsqu'une *Bulbe* d'un „ tel polype s'est détachée & qu'elle s'est fixée par „ son court pédicule à quelque appui, la prendroit-on pour une production animale? La gallinsecte „ n'a-t-elle pas été prise pour une véritable galle „ végétale, par des observateurs qui ne l'avoient „ pas vue dans son premier état? La moule des „ étangs ne manque-t-elle pas d'une grande partie „ des choses que nous jugeons nécessaires à l'animalité? Combien y a-t-il de coquillages plus dégradés encore! je ne dis pas assez; il existe probablement des animaux qu'il nous seroit impossible de reconnoître pour animaux, lors même „ que nous verrions à nud toute leur structure tant „ intérieure qu'extérieure; c'est que nous ne jugeons que par comparaison, & que sur nos no-

„ tions actuelles, nous ne pourrions deduire de „ cette ſtructure le ſentiment de la vie (*)".

J'ai cru devoir tranſcrire en entier ce paſſage qui eſt peut-être le morceau le plus philoſophique de la *Contemplation de la Nature*. Je n'aurois pu m'exprimer avec autant de juſteſſe & d'énergie. J'aurois auſſi une ſatiſfaction ſecrette à tourner en faveur de mon ſentiment, les principes d'un Naturaliſte qui ſemble déterminé à ne le point goûter.

Nous avons des idées trop rétrécies de l'animalité. Nous jugeons par comparaiſon, & nos jugemens ſe trouvent faux. Nous nous formions un plan d'animalité ſur le modele de quelques eſpeces : c'eſt conclure du particulier au général. Le polype eſt venu nous donner une leçon dont nous avions grand beſoin : c'eſt à nous d'en profiter. Son organiſation n'a rien de commun avec celle des autres animaux que nous connoiſſons. Il n'a aucun de leurs organes : ces organes ne ſont donc pas eſſentiels à l'animal. Il n'a même rien de ſemblable ni d'analogue : l'animalité n'eſt donc pas attachée à ces organes ni à leurs analogues, & elle peut ſe paſſer des uns & des autres. Il peut donc y avoir des animaux qui n'aient abſolument rien de ce que nous avons cru juſques-ici néceſſaire à l'animal. La Nature peut animaliſer la matiere ſur un plan tout différent de ce que nous en ſavons ou pouvons imaginer. Le cœur, & le ſang que ce double muſcle diſtribue dans toutes les parties de la machine animale, le cerveau & la moëlle allongée, les veines, les nerfs, ou leurs équivalens, ſont des appartenances propres de certaines eſpeces animales, mais ils ne conſtituent point l'animalité. Auſſi en deſcendant l'échelle univerſelle, avant que d'arriver au polype, nous trouvons quantité d'ani-

(*) Contemplation de la Nature VIII. Partie, Chap. XVI.

maux qui manquent de tous ces organes, ou d'une partie, & qui n'en sont pas moins des animaux.

Ces principes incontestables nous menent bien loin. Le polype est un animal dont la structure organique ne ressemble en rien à celle des autres animaux; il peut de même y avoir un autre animal dont la structure ne ressemble ni à celle du polype, ni à celle de tous les autres individus animés, avoués pour tels; cette diversité de machines animales, tout-à-fait différentes les unes des autres, peut être portée jusques à une progression à laquelle il ne nous est pas permis d'assigner de bornes. S'il me prenoit envie d'appeller un grain de sable un animal, on me réfuteroit mal, en disant que cet atôme ne ressemble en rien à la structure des animaux: car le polype est dans ce cas; & son animalité est reconnue. On feroit une réponse tout aussi peu concluante, si l'on disoit qu'un grain de sable ne donne aucun signe extérieur d'animalité: l'absence de tout signe extérieur d'animalité ne décide pas de la nature d'un individu; elle prouveroit tout au plus que ce seroit un animal déguisé. Une bulbe polypeuse est dans ce cas. Ce grain de sable pourroit bien être un de ces animaux qu'il nous seroit impossible de reconnoître pour tels, lors même que nous verrions à nud leur structure tant intérieure qu'extérieure, parce que nous ne jugeons que par comparaison, & que sur nos notions actuelles, nous ne pourrions déduire de cette structure le sentiment de la vie. Défaisons-nous de cette maniere de juger sujette à l'erreur: ne bornons point l'animalité aux modeles que nous offrent les animaux connus, & nous concevrons qu'elle peut être modifiée en beaucoup d'autres manieres différentes; que la Nature qui nuança l'animalité du singe au polype, a bien pu aussi la pousser du polype au grain de poussiere, sans que ce soit encore-là son dernier terme.

CHAPITRE III.

De la Nutrition.

Nous cherchons le caractere distinctif de l'animalité. Nous ne l'avons point trouvé dans les formes animales tant extérieures qu'intérieures. Passons aux fonctions animales : peut-être nous l'offriront-elles. La premiere qui se présente à notre examen, est la Nutrition. Les grands animaux se nourrissent à-peu-près de la même maniere & par des organes assez semblables. Ils ont tous la faculté de se mouvoir pour aller chercher leur nourriture ; l'instinct requis pour choisir celle qui leur convient ; des griffes pour s'en saisir ; une bouche pour la recevoir ; des dents pour la hacher ; un estomac pour la digérer & la préparer ; des vaisseaux propres à la distribuer dans toutes les parties de la machine, auxquelles elle s'incorpore & s'assimile. Mais nous avons vu que l'économie des grands animaux n'étoit point une loi pour les autres. Du reste quand on en voudroit faire une loi pour y assujettir tous les Etres vivans, on n'en seroit pas plus avancé. Ne savons-nous pas que l'homme commence par se nourrir à la maniere des plantes ? Les vaisseaux ombilicaux sont les racines du fœtus au moyen desquelles il tire & suce de la substance du placenta la nourriture qui lui convient, tandis qu'il reste renfermé dans le ventre de sa mere ; peut-être y pompe-t-il encore par les pores de sa peau naissante, les parties les plus subtiles de la liqueur où il nage, comme les feuilles des arbres hument la rosée & les vapeurs de l'air ?

De quelque maniere que les alimens entrent dans

dans le corps de l'animal pour se changer en sa substance, cela est fort indifférent à son animalité; que ce soit par une ouverture unique, par une bouche, un bec, une trompe; par un certain nombre d'ouvertures, des suçoirs, des radicules, des mammelons; ou par des pores distribués sur toute sa surface extérieure; peu importe, la nutrition se fait, & l'animal répare la déperdition de substance occasionnée par la transpiration. Ces différens moyens de prendre ou recevoir de la nourriture sont adaptés à la différence des machines animales, à la nature de leur organisation. Quelquefois un seul suffit: souvent deux ne sont pas trop; & il peut y avoir des animaux qui aient besoin des trois; mais celui à qui un seul suffit n'en est pas moins animal. Un animal qui a une bouche, qui est attaché à un morceau de rocher par des racines, & qui de plus passe sa vie dans l'eau, peut fort bien se nourrir des trois manieres dont nous venons de parler. Un animal qui n'aura que des racines & point de bouche, se nourrira à la maniere des plantes. Telles sont apparemment quelques especes de gallinsectes & les pro-gallinsectes qui passent leur vie dans un état d'immobilité, attachées à la feuille sur laquelle elles naissent: la partie la plus enfoncée de leur corps arrondi est garnie d'un mammelon par où elles touchent à la feuille; j'ai souvent vu ce mammelon jettant çà & là de petites radicules, ou des suçoirs; c'est par-là que l'animal tire le suc végétal qui lui sert de nourriture. L'animal qui n'auroit ni bouches, ni racines, se nourriroit par les pores de sa peau. S'il manque de moyens pour aller chercher sa nourriture, elle viendra le trouver. S'il n'a point de crochets ni de griffes pour la saisir, elle viendra se jetter d'elle-même dans sa bouche. S'il manque de bouche pour la recevoir, & de dents pour la broyer, elle se trouvera toute atténuée, toute liquide; il en sera environné, imprégné & pénétré de toutes parts: tous les pores de sa peau seront autant de petites pompes aſpirantes qui l'abſorberont, comme une éponge ſe remplit d'eau.

Ce que je dis des organes extérieurs de la nutrition, s'étend également aux organes plus ou moins multipliés, plus ou moins compoſés qui ſont au dedans de l'animal pour y préparer les alimens, & les diſpoſer à l'aſſimilation. Surement cette préparation exige plus ou moins d'appareil, de machines, & d'action, ſelon la qualité des alimens, & l'organiſation des Etres vivans. L'eſtomac varie, ſelon les divers animaux. Le ventricule eſt unique dans l'homme; d'autres animaux en ont pluſieurs, un ſeul ne leur ſuffiroit pas. Sa capacité eſt plus grande dans les hommes que dans les femmes, parce qu'en général les hommes mangent davantage. Chez les oiſeaux qui ne peuvent pas triturer les matieres par la maſtication, il y a à l'entrée du ventricule un ſecond ventricule où s'opere la trituration. Cela n'eſt pourtant que chez les oiſeaux qui prennent une nourriture fort ſolide: car ce ſecond eſtomac manque à ceux qui ſe nourriſſent de ſubſtances d'une facile digeſtion. Cet organe eſt varié de bien d'autres manieres, ſelon la diverſité des animaux. Il eſt ſupprimé chez quelques-uns & remplacé par un équivalent. D'autres ne ſont qu'eſtomac. D'autres n'ont ni eſtomac, ni rien qui leur en tienne lieu; & cependant ils vivent & ſe nourriſſent. Ce n'eſt pas une énigme bien difficile à deviner.

C'eſt le chile qui ſe forme des alimens, qui nourrit l'animal en s'incorporant à ſa ſubſtance. Ce chile doit être extrait, exprimé de la nourriture qu'il prend, & puis porté dans toutes les parties de ſon corps. L'extraction ou expreſſion du chile eſt ce qu'on appelle la digeſtion, qui demande d'autant plus d'action que les alimens ſont plus difficiles à être ramollis, diviſés, diſſous, pour donner le ſuc qu'ils contiennent. Car il n'y a que ce ſuc qui ſe change en chile. Ce chile exprimé & formé eſt un mélange de parties huileuſes & aqueuſes, qui paſſe de l'eſtomac & des inteſtins dans les veines lactées, d'où il eſt verſé dans les vaiſſeaux ſanguins qui le diſtribuent partout. La trituration, le ramolliſſement, la diviſion, la diſſolution, la macération des matieres alimentaires exigent le jeu de pluſieurs machines, l'action de pluſieurs humeurs ou diſſolvans, de divers genres, ſelon la nature différente des alimens: car il faut une humeur aqueuſe pour diſſoudre les matieres gommeuſes, mucilagineuſes & ſalines; un ſavon très-pénétrant, tel que la bile, pour diſſoudre les graiſſes, &c. Il faut de plus le mouvement du ventricule pour aider le mêlange des diſſolvans avec les matieres à diſſoudre, & ſeconder leur opération. Voilà donc un grand nombre de fluides & de ſolides qui concourent à la formation du chile, l'humeur aqueuſe & les organes qui la filtrent, la ſalive & les glandes qui la fourniſſent, la bile & les vaiſſeaux de la bile, le ventricule & ſes quatre tuniques avec toutes leurs glandes. Mais pour un animal dont la nourriture ſeroit un chile déja tout formé, cet appareil de vaiſſeaux chymiques & de menſtrues deviendroit abſolument inutile; il pourroit en être privé, ſans ſouffrir de cette privation. L'animal peut être d'une ſtructure ſi peu compoſée qu'un ſimple arroſement de ce chile ſuffiſe pour l'en pénétrer de toutes parts, ſurtout ſi ce chile a naturellement toute la préparation requiſe pour l'aſſimilation: propriété qui diminueroit beaucoup les opérations. Un tel Etre vivant n'auroit point d'autres organes de nutrition, que les pores de ſa peau qui introduiroient le ſuc nourricier, & le porteroient de la circonférence au centre, comme dans d'autres animaux il eſt porté du centre à la circonférence. Il n'auroit pas plus beſoin d'organes excrétoires, que d'organes digeſtifs: l'évacuation ne ſe fait que des alimens qui ne peuvent être convertis en chile, & ici tout ſeroit employé à la nutrition. Nous ne ſommes pas en état de ſaiſir le dernier degré de ſimplicité de cette économie ; mais nous la voyons plus ou moins ſimplifiée dans certains animaux. La maniere dont ſe fait la nutrition des tænia & de quelques zoophytes, eſt aſſez peu éloignée du plan qu'on vient de décrire : une partie de nos conjectures s'y trouvent réaliſées. Ces échantillons ſuffiſent pour faire admettre la réalité du reſte à quiconque connoît les forces & la marche de la Nature.

Nous voyons que la Nutrition ſe fait de tant de manieres, avec tant & ſi peu d'organes, avec des organes ſi diſſemblables, qu'il n'y a rien d'aſſez conſtant ni d'aſſez uniforme pour établir un caractere diſtinctif. L'effet eſt pourtant toujours le même, malgré la variété des moyens : c'eſt l'aſſimilation, l'incorporation du ſuc nourricier, à la ſubſtance de l'animal. Cette incorporation eſt ſeule eſſentielle pour la réparation des machines animales. D'où on tire cet autre principe : Il n'y a point de maniere de ſe nourrir qui ne puiſſe convenir à l'animal, & il n'y en a point qui lui ſoit ſpécialement affectée, à l'excluſion des autres.

CHAPITRE XVIII.

De l'Accroiſſement.

L'ANIMAL croît, c'eſt-à-dire, l'animal s'étend & ſe développe : la nourriture qu'il prend par intusſuſception, convenablement élaborée dans ſes couloirs propres, va preſſer le moule ou la forme dans tous ſes points en s'y incorporant, & l'oblige ainſi à s'étendre, à s'agrandir. J'ai prouvé (*) que tous les Etres naturels croiſſoient de cette maniere ; ſi

(*) Tome I, Partie II. Chapitre XV.

donc cette sorte d'accroissement est un caractere distinctif de l'animalité, il faut convenir que tous les Etres naturels sont des animaux.

CHAPITRE XIX.

De la Génération.

TOUT Etre parvenu à son parfait accroissement est capable de produire son semblable, & il le produit en effet dans les circonstances favorables à cette production. Tout Etre vient d'une graine, d'un germe, d'une semence : car ces trois termes sont synonimes. C'est en cela que consiste l'uniformité de la génération dans tous les Etres, ainsi que je l'ai expliqué (*) dès le commencement de cet ouvrage. En vain donc regarderoit-on la génération d'un certain nombre d'individus comme un caractere propre à les distinguer de tous les autres. Le peuple qui croit que tous les animaux s'accouplent & qui n'a point vu les plantes ni les fossiles en faire autant, pourroit s'y méprendre. Mais depuis que l'on a remarqué tant de variations dans la génération des animaux ; depuis qu'on a vu quantité de vermisseaux multiplier sans copulation, même sans aucune communication des deux sexes ; des insectes multiplier de bouture, un bouton animal naître, croître & s'épanouir sur un tronc animal, le polype jetter des graines & pousses des rejettons ; depuis que l'on a reconnu le sexe des plantes, des fleurons mâles & des fleurons femelles, & qu'on a vu les premiers répandre leur semence sur les autres : c'est-à-dire depuis que l'on a vu des animaux multiplier com-

(*) *Ibidem passim.*

me les plantes, & les plantes engendrer comme les animaux, ces deux regnes ont du néceſſairement ſe confondre aux yeux des Naturaliſtes.

Quant à la génération des foſſiles, j'ai fait voir qu'elle s'opéroit de la même maniere que dans les deux autres regnes; que les pierres & les métaux venoient de ſemence: leur organiſation & leur forme conſtantes exigent néceſſairement des germes qui en ſoient dépoſitaires, qui en aient en petit toutes les parties & tous les traits. Cette conſervation des formes ne peut être le fruit d'une aggrégation fortuite de molécules. Je paſſe toutes les autres preuves que j'en ai données (*) afin de ne me pas répéter. J'ai recherché la ſemence des pierres & les vaiſſeaux qui la contiennent; & mes recherches n'ont pas été infructueuſes. J'ai même reconnu comment les pierres & les minéraux jettoient leur graine ou ſemence. Si je ne leur ai point trouvé de différences ſexuelles, combien d'animaux & de végétaux qui n'en ont point, ou au moins auxquels on n'en a jamais trouvé? Du reſte nous avons vu une infinité de fœtus pierreux & métalliques dans leur matrice avec leur cordon, enveloppes & placenta: nous les avons vu y croître & s'y nourrir comme les autres animaux.

Il peut y avoir des pierres qui multiplient de bouture comme quelques animaux & les arbres. Mais les obſervations nous manquent pour confirmer cette conjecture. Je croirois encore probable que pluſieurs portions d'une même pierre, ou pluſieurs pierres ſemblables & de même nom peuvent ſe coller ſi fortement les unes aux autres, s'anaſtomoſer & s'unir d'une façon ſi intime qu'elles ne forment plus qu'un même tout individuel qui croiſſe & ſe nourriſſe comme un ſeul animal: phénomene obſervé dans les polypes. Il n'y a pas plus de

(*) Partie II. Chapitre XV. XVI. & ſuivans.

difficulté à admettre des greffes pierreuses ou métalliques, que des greffes animales. Les greffes métalliques semblent un fait, vu que les mines ne donnent presque jamais de métal pur qui ne soit greffé avec un ou plusieurs autres métaux.

On sait que plusieurs insectes coupés par morceaux se regénerent & que chaque morceau devient un animal entier. „ Les vers de terre sont au „ nombre de ces insectes qui renaissent de leurs „ débris, & comme ils sont fort gros, les phéno„ menes de leur génération sont très-sensibles. Le „ tronçon lui-même ne prend jamais aucun accrois„ sement ; il reste toujours tel que la section l'a „ donné ; seulement il maigrit plus ou moins. Mais „ au bout de quelque temps, on voit paroître à „ son extrêmité un très-petit bouton blanchâtre, „ qui grossit & s'allonge peu-à-peu. Bientôt on „ vient à y démêler des anneaux. Ils sont d'abord „ très-serrés, très-rapprochés. Ils s'étendent in„ sensiblement en tout sens. On apperçoit des stig„ mates à leur intérieur, & la transparence de leurs „ membranes permet de pénétrer dans leurs inté„ rieur & d'y observer la circulation du sang. De „ nouveaux poumons, un nouveau cœur, un nou„ vel estomac se sont développés & avec eux „ quantité d'autres organes. Cette portion, nou„ vellement reproduite, est extrêmement effi„ lée, & tout-à-fait disproportionnée au tronçon „ sur lequel elle a cru. L'on croit voir un ver „ naissant qui s'est enté au bout de ce tronçon & „ qui tend à le prolonger. Ce petit appendice ver„ miforme se développe lentement. Il parvient en„ fin à égaler le tronçon en grosseur, & à le sur„ passer en longueur. Il n'est plus possible de l'en „ distinguer que par sa couleur qui demeure un peu „ plus foible que celle de ce dernier (*)."

Il

(*) Contemplation de la Nature par C. Bonnet. Tome I. Partie VII. Chapitre VIII.

Il n'eſt pas rare de remarquer les mêmes merveilles dans pluſieurs pierres, lorſque l'on veut bien y faire attention. J'ai vu des débris de pierre ſe régénérer. On voyoit ſenſiblement que ces fragmens pierreux avoient pouſſé chacun un bouton de même ſubſtance qui s'étoit accru & allongé ſur le tronçon de la premiere pierre, avec qui il ne faiſoit plus qu'un ſeul & même tout. On ne diſtinguoit la nouvelle génération qu'en ce que le vieux tronc étoit d'une couleur plus terne & plus foncée; au lieu que la nouvelle pouſſe avoit une couleur plus vive & plus claire. Le court eſpace de chemin qui eſt entre le Village d'Abcoude à trois petites lieues d'Amſterdam, & le petit lac qui en porte le nom, eſt couvert de pierres griſâtres toutes d'une même forme, & dont pluſieurs offrent des eſpeces de rejettons tels qu'on vient de les décrire. Ces pierres s'engendrent dans le lac & on les prend ſur ſes bords pour en couvrir le chemin afin de l'affermir. Alors elles ſont jeunes, vives & tendres. Les voitures les briſent aiſément. Pluſieurs de ces fragmens vifs s'enfoncent dans la terre où le temps leur permet de ſe régénérer & de redevenir des pierres parfaites. J'ai vu pluſieurs de ces jeunes pierres accrues ſur le tronçon d'une autre. J'ai vu de ces productions plus ou moins avancées: quelquefois les nouveaux boutons avoient une très-grande diſproportion avec le tronc ſur lequel ils s'élevoient: d'autres fois ils l'égaloient preſque.

Quand la multiplication des pierres & des métaux ne ſeroit pas accompagnée de toutes les circonſtances & variations qui s'obſervent dans celle des individus plus élevés de l'échelle naturelle des Etres, cela ne feroit rien contre l'uniformité. L'eſſentiel eſt que tous les foſſiles viennent de ſemence, comme les plantes & les animaux. D'ailleurs il importe peu de quels moyens la Nature ſe ſerve pour opérer cette génération. Il y a quantité de multiplications animales & végétales où les ſexes n'ont aucune part, & où les parties de la fécondation ne ſont pour rien. La Nature conſerve bien quelque reſſemblance dans ſes opérations correſpondantes, mais cette reſſemblance ne regarde que le fond, & elle eſt toujours accompagnée de variété dans la forme. Partout c'eſt un germe fécondé, & partout les moyens & les agens de cette fécondation, ſont différens, ou agiſſent d'une maniere qui n'eſt jamais préciſément la même. Ainſi la plus parfaite unité de plan ſe trouve réſulter de la plus grande variété dans l'exécution.

Quelle différence dans la fécondité des animaux, depuis celui qui ne produit ordinairement qu'un fœtus à la fois, juſqu'à l'abeille qui en produit trente à quarante mille! Peut-être tous les termes intermédiaires ont lieu dans d'autres eſpeces.

Parmi les animaux il y en a qui ſe forment & ſe nourriſſent dans le ventre de leur mere, & qui n'en ſortent que quand toutes les parties de leur corps ſont entiérement formées: c'eſt ce qu'on voit dans l'homme & les autres quadrupedes vivipares. D'autres ſont ovipares, mais encore avec diverſes circonſtances: la poule couve ſes œufs, & l'on peut lui en épargner la peine en ſuppléant à l'incubation par une chaleur artificielle. Les tortues pondent leurs œufs dans le ſable où elles les en-

(*) J'ai vu un jeune Caïman encore attaché à ſon œuf par le cordon ombilical.

(a) On ſera peut-être bien aiſe de lire l'expoſition de ce jeu faite par un témoin oculaire. „ Dans un grand jardin qui tenoit à la mai-
„ ſon que j'occupois à Surinam, dit Mr. Fermin, j'avois fait creuſer
„ une foſſe de 10 pieds de longueur, & de 5 de largeur, ſur trois de
„ profondeur. Je la fis remplir d'eau qu'on m'avoit apportée des
„ lieux que les Pipas habitent. J'y en mis un couple, mâle & fe-
„ melle; &, conſtant à les obſerver, je leur faiſois aſſiduement vi-
„ ſite, dix ou douze fois par jour.

„ Huit ſemaines, ou environ, s'étoient déja écoulées, ſans que
„ j'euſſe rien remarqué d'extraordinaire, quand, un vendredi matin,
„ épiant la conduite de mes deux Pipas, j'apperçus la femelle au
„ bord de l'eau dont le terrein aride avoit bu une partie. Elle étoit
„ comme cramponnée contre la terre avec ſes pattes antérieures, & le

fouiſſent à une certaine profondeur, les livrant à la chaleur de la terre & à l'ardeur du ſoleil qui les font éclore. Parmi les ovipares il y a des jeunes qui ſortent tout-à-coup de leur œuf qu'ils abandonnent; d'autres quoique tout-à-fait ſortis de l'œuf, y reſtent pluſieurs jours attachés par le cordon ombilical : ils traînent la coquille, ou plutôt la matrice où ils ont été formés, & ne la quittent que quand le cordon entiérement deſſéché ſe briſe de lui-même (*). Quand la femelle du Crapaud d'Amérique nommé Pipa, a pondu ſes œufs, ſon mâle s'en approche avec vivacité, ſe ſaiſit de la ponte, & avec ſes pattes de derriere la charge ſur le dos de ſa femelle : puis il ſe renverſe ſur elle, dos contre dos, & après quelques légers froiſſemens, il deſcend pour reprendre haleine; revient enſuite à la femelle, remonte ſur elle, mais dans une attitude différente de la premiere; c'eſt celle du coq qui veut cocher ſa poule. Par tout ce manege les œufs ſont rentrés dans la femelle, ils ſont logés ſur toute l'étendue de ſon dos, dans des matrices particulieres qui leur ſont préparées ſous l'épiderme: les petits embrions y croiſſent & s'y nourriſſent, juſqu'à leur parfaite maturité; alors ils en ſortent en levant l'opercule formée ſur chaque matrice (ā): voilà des œufs qui après avoir été pondus doivent rentrer dans la femelle pour y

---

„ donnoit des mouvemens de la partie poſtérieure de ſon corps, qui „ annonçoient des efforts redoublés, & quelque opération ſinguliere.

„ Il n'eſt pas néceſſaire que je diſe quelle fut mon attention à cet „ aſpect, ne ſachant que trop que c'eſt dans des momens auſſi pré- „ cieux, que l'œil d'un obſervateur doit être attentif à guetter ce que „ la Nature paroît vouloir lui dévoiler. L'animal, ſans ceſſe agité, „ la concentra ſur lui toute entiere pendant ſept minutes, & tout-à- „ coup enfin paya mon attente, en me laiſſant voir ſur le ſable un „ tas d'œufs qu'il venoit d'y dépoſer.

„ Dans un premier mouvement je fus prêt à ſortir de ma cachette, „ pour me ſaiſir de ces œufs, afin de les examiner à loiſir & à fond; „ mais, tout bien conſidéré, je crus devoir réprimer ce deſir, at- „ tendre, épier encore ce qui ſe paſſeroit; & je n'eus pas lieu de „ m'en repentir. Bientôt je vis le Pipa mâle s'approcher, avec feu, „ de ſa femelle, arrivé à ſes œufs, s'en ſaiſir avec ſes pattes de derrie-

être fécondés & donner des petits. On voit chez d'autres animaux des œufs pondus qui pendent encore pendant quelque temps à la mere par un pédicule blanc qui ressemble à un filet (*b*). La vipere fait éclorre ses œufs dans son corps & elle pond à la fois la coquille & le petit tout formé qui en sort. La salamandre paroît être à la fois ovipare & vivipare.

„ La plus grande partie des animaux se perpétuent par la copulation ; cependant parmi les „ animaux qui ont des sexes, il y en a beaucoup „ qui ne se joignent pas par une vraie copulation ;

„ re, & les transporter, sur les do de sa femelle, où il les eut à „ peine déposés qu'il se renversa sur elle, dos contre dos, & après „ quelques légers froissemens de part & d'autre, le mâle descendit, „ se rejetta dans le bassin à la nage, mais la femelle ne bougea point „ de sa place. Au bout de quelques minutes, nouveau spectacle, le „ mâle revint, & monta derechef sur son dos, mais dans une atti- „ tude bien différente. C'étoit celle d'un coq qui veut cocher sa „ poule. Il ne la touchoit que de ses quatre pattes, deux fois il pa- „ rut s'agiter vivement ; c'étoit sans doute pour répandre, sur les „ œufs, sa liqueur seminale, cela fait, il s'en sépara ; & tous deux „ se jetterent dans l'eau de compagnie, avec une agilité qui étoit „ comme l'expression de leur satisfaction mutuelle.

„ Pour moi, ce spectacle curieux ne pouvoit manquer de piquer „ ma curiosité. Ce que je venois de découvrir, me fit présumer qu'à „ de nouvelles visites je découvrirois encore de nouveaux secrets. Pen- „ dant onze jours consécutifs je multipliai mes visites aux deux Pipas „ amoureux. Je ne cessai de les observer, sans qu'ils s'en apperçus- „ sent : mais ils s'étoient tout dit, je ne vis rien qui répondît à mon „ attente. Enfin, l'impatience me saisit ; je pris la femelle, j'ouvris „ légérement une des cellules, ou matrices, de son dos, déja tapis- „ sée d'une opercule, j'en fis sortir la matiere qu'elle contenoit, & „ je rejettai l'animal dans l'eau. Cette matiere ne m'offrant rien de „ distinct, à la vue ; j'ouvris une membrane qui enveloppoit l'œuf, „ & l'ayant placé sous un excellent microscope, je demeurai con- „ vaincu qu'il étoit véritablement fécondé, tant parce que je m'ap- „ perçus, à son adhérence, qu'il avoit pris racine, que par une „ espece de masse que je découvris, & qui ne pouvoit être que l'ou- „ vrage d'un corps organisé, pour former le placenta. Enfin ce qui „ acheva de me confirmer dans mon sentiment, c'est qu'au bout de „ quatre-vingt-trois jours, à compter de celui de la ponte, que j'ob- „ servai au bord de mon bassin, la femelle du Pipa mit bas dans l'es- „ pace de cinq jours, 72 petits Crapauds de son espece. Chacun „ leva l'opercule de sa petite cellule ou matrice & en sortit en s'é- „ loignant rapidement de la mere." Une chose à remarquer c'est

„ il ſemble que la plûpart des oiſeaux ne faſſent „ que comprimer fortement la femelle, comme le „ coq, dont la verge quoique double, eſt fort „ courte, les moineaux, les pigeons, &c. d'autres, „ à la verité, comme l'autruche, le canard, l'oie, „ &c. ont un membre d'une groſſeur conſidérable, „ & l'intromiſſion n'eſt pas équivoque dans ces „ eſpeces ; les poiſſons mâles s'approchent de la „ femelle dans le temps du frai ; il ſemble même „ qu'ils ſe frottent ventre contre ventre, car le „ mâle ſe retourne quelquefois ſur le dos pour ren- „ contrer le ventre de la femelle, mais avec cela

---

que la femelle ne peut porter qu'une ſeule fois au ſentiment du même Naturaliſte.

„ Quand les petits Pipas ſont ſortis de leurs priſons, ces matri- „ ces dorſales de leur mere ſe trouvent tellement dilatées, & en „ même temps endurcies, qu'il eſt abſolument décidé qu'elles ne „ peuvent plus ſe rejoindre & reprendre leur premiere forme. Il „ eſt donc phyſiquement impoſſible qu'il s'y loge, pour une ſecon- „ de fois, une nouvelle famille de crapauds ; ſtérile ou non, après „ ſes premieres couches, quand la femelle du Pipa pondroit mille „ fois, elle ne peut abſolument plus faire éclorre." *Développement parfait du Myſtere de la Génération du fameux Crapaud de Surinam, nommé Pipa ; par* Mr. PHILIPPE FERMIN *Docteur en Médecine.*

(b) „ Les vrais Cloportes pondent leurs œufs au nombre de ſoi- „ xante ou environ, tous à la fois. Ils pendent à la mere par un „ pédicule blanc qui reſſemble à un filet. Les meres ſe les met- „ tent fort induſtrieuſement ſur le dos par le moyen de ce filet „ qui a une force de reſſort. Une matiere viſqueuſe attache les „ petits qui pendent à leur tour à un petit fil blanc qui leur ſert „ de cordon ombilical. Dès qu'ils ſont ſuffiſamment attachés en „ rang les uns après les autres, ſur les ſegmens du dos de la mere, „ le commun pédicule ſeche & diſparoît. Alors les petits paroiſſent „ dans leur forme naturelle, ayant tous la tête tournée du même „ côté que la mere qui ſeche peu-à-peu en les portant pendant quel- „ que temps, ſoit qu'elle les nourriſſe de ſa propre ſubſtance qui „ paſſe en forme de vapeur de l'entre-deux des ſegmens de ſon dos, „ dans les petits filets auxquels les petits pendent par derriere, ſoit par „ quelque autre raiſon, elle reſte vuide & morte. Les petits reſtent en- „ core ſur le dos de la mere juſqu'à ce que le petit filet ſoit ſec, après „ quoi ils deſcendent & vont chercher eux-mêmes leur nourriture." *Lettres philoſophiques ſur la formation des ſels & des criſtaux & ſur la génération & le méchaniſme organique des plantes & des animaux, &c. par* Mr. BOURGUET. En comparant cette note à la précédente, on reconnoîtra deux variations de la même économie.

„ il n'y a aucune copulation, le membre nécessaire à cet acte n'existe pas, & lorsque les poissons „ mâles s'approchent de si près de la femelle, ce „ n'est que pour répandre la liqueur contenue dans „ leurs laites sur les œufs que la femelle laisse couler alors: il semble que ce soient les œufs qui „ les attirent plutôt que la femelle, car si elle „ cesse de jetter des œufs, le mâle l'abandonne & „ suit avec ardeur les œufs que le courant emporte, ou que le vent disperse; on le voit passer & „ repasser cent fois dans tous les endroits où il y „ a des œufs: ce n'est surement pas pour l'amour „ de la mere qu'il se donne tous ces mouvemens, „ il n'est pas à présumer qu'il la connoisse toujours, car on le voit répandre sa liqueur sur tous „ les œufs qu'il rencontre, & souvent avant que „ d'avoir rencontré la femelle.

„ Il y a donc des animaux qui ont des sexes & „ des parties propres à la copulation, d'autres qui „ ont aussi des sexes & qui manquent des parties „ nécessaires à la copulation, & ont en même „ temps les deux sexes; d'autres, comme les „ pucerons, n'ont point de sexe, sont également „ peres ou meres, & engendrent d'eux-mêmes & „ sans copulation, quoiqu'ils s'accouplent aussi „ quand il leur plaît, sans qu'on puisse savoir „ trop pourquoi, ou, pour mieux dire, sans qu'on „ puisse savoir si cet accouplement est une conjonction de sexes, puisqu'ils en paroissent tous „ également privés ou également pourvus: à moins „ qu'on ne veuille supposer que la Nature a voulu „ renfermer dans l'individu de cette petite bête „ plus de facultés pour la génération que dans aucune autre espece d'animal, & qu'elle lui aura „ accordé non seulement la puissance de se reproduire tout seul, mais encore le moyen de pouvoir aussi se multiplier par la communication d'un „ autre individu (*)."

(*) Histoire Naturelle, générale & particuliere Tome. III. Edit. in-12.

Ajoutons un mot au ſujet des limaçons. Chaque limaçon a les deux ſexes avec les parties propres à la copulation : auſſi ils s'attachent l'un à l'autre, & ſe tiennent étroitement ſerrés par une intromiſſion réelle de ces parties qui ſont de longs cordons: chacun eſt le mâle & chacun eſt la femelle; & après ce double accouplement, chacun pond une très-grande quantité d'œufs.

„ Chez tous les animaux diſtingués de ſexes, „ c'eſt le mâle qui introduit. Il eſt une eſpece de „ mouche, fort commune dans nos appartemens, „ qui fait une exception à cette regle ſi générale. „ Ici c'eſt la femelle qui introduit, & le mâle qui „ reçoit."

Le polype multiplie par la ponte : le polype multiplie par ſes parties détachées : le polype pouſſe de petits polypes, comme un arbre pouſſe des rejettons. Le polype ſemble réunir toutes les manieres de multiplier.

Les amours des animaux offrent de nouvelles variétés. Les uns ont des temps marqués pour la génération, & ces temps varient ſelon les eſpeces, ſoit pour la ſaiſon, ſoit pour la durée, ſoit pour les intervalles qui ſéparent ces périodes amoureux: le roi des animaux eſt toujours en état de produire ſon ſemblable. Combien l'impétuoſité avec laquelle le fier taureau s'élance ſur la geniſſe contraſte avec la mignardiſe de la tendre tourterelle, & les careſſes par leſquelles elles prépare l'inſtant du dernier plaiſir ! Pluſieurs inſectes pourſuivent leurs femelles dans les airs, les attrapent & s'y accouplent, tandis que le poiſſon néglige la ſienne pour ne s'attacher qu'aux œufs qu'elle laiſſe couler: eſt-ce le mâle ou la femelle qu'on doit accuſer de cette indifférence? C'eſt peut-être une adreſſe de la femelle pour ſe délivrer des importunités du mâle. Peut-être que le mâle n'a que du dégoût pour la femelle & qu'il ne la ſuit dans les eaux que pour lui faire jetter ſes œufs, afin de s'en ſaiſir ensuite & de les féconder en y répandant la liqueur de sa laite. Parmi les insectes il y a des especes dont les femelles attendent pártiemment les caresses de leur mâle & les reçoivent sans y opposer de résistance; d'autres les provoquent & les agacent; d'autres ont reçu de la Nature une lumiere qu'elles font luire dans l'obscurité de la nuit pour chercher leur amant ou l'inviter à les venir trouver.

Ces variations dans la maniere dont les animaux se recherchent, s'accouplent & se reproduisent, sont beaucoup plus multipliées que nous ne pouvons l'imaginer. Ce que nous en connoissons suffit au moins pour nous faire comprendre jusqu'à quel point la Nature peut varier un même plan; & que comme elle sait en conserver l'unité sous tant de diversités, un esprit philosophique peut l'y reconnoître pourvu qu'il ait assez de force pour se garantir de l'illusion des formes.

CHAPITRE XX.

De la faculté de se mouvoir.

S'il n'y a point de plantes ambulantes connues, on voit des animaux immobiles, & le plus gros animal perd en s'endormant, la faculté de se mouvoir, pour tout le temps du sommeil. L'huitre fixée sur le rivage où le flot l'apporta, ouvre & ferme son écaille comme une fleur ouvre & ferme son calice: le mouvement de l'une s'exécute par un mécanisme semblable à celui de l'autre, & il paroît que c'est un même instinct qui les regle tous deux. Si l'on soutient que l'un est spontané, on ne peut guere disconvenir que l'autre ne le soit également. Il y a donc des animaux qui n'ont pas plus de mouvement progressif que les végétaux & les minéraux;

mais il y a des végétaux qui ont plus de mouvement & d'action que certains individus rangés parmi les animaux. Les gallinsectes n'ont d'autre mouvement, d'autre action que celle de sucer la seve de la feuille à laquelle elles sont attachées. Les végétaux s'élevent au degré de l'ortie de mer & de tous les polypes à tuyaux qui de la place où ils restent constamment fixés, allongent des especes de bras, ou crochets, au moyen desquels ils se saisissent de leur proie ou nourriture propre. Telles les plantes jettent au loin des racines, especes de bouches qui leur servent à humer le suc nourricier de la terre: elles ne les allongent point indifféremment de tous les côtés, elles savent dans la rencontre de deux veines de terre différentes, préférer toujours la meilleure: elles savent biaiser & se détourner pour éviter une pierre qui se trouve dans leur chemin.

Je regarde la faculté de se mouvoir comme un secours accidentel donné aux Etres pour satisfaire leurs besoins, surtout le besoin de se nourrir, & que par conséquent ils ont reçue selon la mesure & l'exigence de leurs besoins. Ceux à qui elle n'étoit pas nécessaire ont du en être privés. Elle a été accordée avec une grande libéralité aux corps célestes qui se meuvent dans l'espace avec une rapidité dont nous n'avons pas d'idées, & qui pourtant est justement proportionnée à leur nature.

L'état de repos ou la négation du mouvement n'exclut pas plus l'animalité que l'état de mouvement ou la négation de repos. Il en est de même de la faculté. S'il est une sorte de mouvement essentiel à l'animal, c'est un mouvement interne, un mouvement de végétation, un mouvement vital, & ce mouvement est dans tous les Etres.

CHAPITRE XXI.

Des Sens, du ſentiment, & de la faculté de ſentir.

Qu'est-ce que ſentir ? C'eſt, dans la ſignification la plus étendue & la plus ſimple, recevoir une impreſſion, un choc, une réſiſtance. Comme il n'y a point d'Etre dans la Nature ſur lequel d'autres Etres n'agiſſent, il paroît que tous les Etres ſentent, ou reçoivent des impreſſions produites dans eux par l'action d'autres Etres. Le ſentiment n'eſt que cette impreſſion ; le ſens, l'organe qui la reçoit ; & la faculté de ſentir, l'aptitude à la recevoir, laquelle, comme il eſt évident, réſide dans l'organe.

Je ſais que l'on fait entrer beaucoup d'autres idées dans la notion du ſentiment ; on y fait entrer l'apperception, la comparaiſon des perceptions, la réflexion & le jugement même ; mais toutes ces choſes ſont des degrés du ſentiment plus ou moins raffiné, plus ou moins exalté, & n'en conſtituent pas l'eſſence. Je ne veux pas même que l'on faſſe entrer dans la notion du ſentiment l'action de mouvement qui en eſt la ſuite & l'expreſſion & le ſigne, dans un grand nombre d'Etres ſentans, parce qu'il peut y avoir d'autres Etres ſentans qui ne donnent aucun ſigne extérieur de ſentiment. Cependant accoutumés à juger par comparaiſon & ſur les apparences, nous oſons refuſer la faculté de ſentir à ceux qui ne nous en donnent point de marques par des actions que nous puiſſions interpréter par analogie aux nôtres, ou au moins à celles des Etres qui approchent le plus de nous. La faculté de ſentir eſt proportionnée au degré de l'organiſation. Pour ſentir comme nous, il faut avoir des ſens, des organes comme les nôtres ; il faut avoir un cerveau, une moëlle allongée & des nerfs qui en tirent leur origine ; il faut avoir nos oreilles, nos yeux, notre palais, &c. Pour donner des marques de sentiment par des actions analogues aux nôtres, il faut avoir les membres ou instrumens requis pour exécuter de telles actions.

Tous les Etres ont leur façon de sentir, comme ils ont leur forme animale particuliere. Le sentiment s'est bien affoibli en descendant de l'homme à l'huitre ; il a suivi la dégradation des sens & des organes sensitifs. Le sentiment d'une plante sera encore plus obtus ; celui du minéral encore davantage. Mais rien ne prouve qu'aucun Etre naturel soit absolument dépourvu de sentiment, quelque obscure que soit la maniere dont il nous exprime ses sensations particulieres, ne nous en donnât-il même aucune sorte de marque. Il y a de l'action & du mouvement beaucoup au-delà de la portée de notre vue : il se peut donc qu'il y ait des Etres sentimentés, & chez qui l'expression de leur sensibilité soit un ou plusieurs degrés au dessous de la portée de notre vue. Du reste tout le sentiment d'un Etre peut être concentré au dedans, sans aucune expression qui le manifeste au dehors ; aumoins la manifestion du sentiment au dehors par une action de mouvement, n'entre point nécessairement dans l'idée du sentiment.

Bornons-nous pour le présent à ces préliminaires. Nous en dirons davantage, lorsque nous traiterons en détail du sentiment des végétaux & des minéraux.

CHAPITRE XXII.

Conclusion de ce Livre.

Se nourrir, croître & engendrer: voilà les seules propriétés communes à tous les individus appellés généralement animaux : voilà ce qui caractérise l'animal. Loin que ces propriétés puissent servir à établir une distinction générale, réelle & essentielle entre les animaux & les autres productions naturelles à qui le vulgaire donne d'autres dénominations, celles de plantes & de fossiles, elles semblent au contraire lier très-étroitement tous les Etres naturels, les ranger tous sous une seule classe, & prouver incontestablement qu'ils participent tous à l'animalité. Car un Etre qui se nourrit en assimilant à sa propre substance des matieres étrangeres, qui croît & se développe par cette intussusception d'alimens, qui engendre & produit son semblable, est un vrai animal, quels que soient ses organes, sa forme & son économie. Or avec les yeux de la philosophie, ceux de tous les yeux qui voient le mieux, on découvre ces propriétés dans toutes les productions de la Nature.

Fin du Livre second.

TRAITÉ DE L'ANIMALITÉ.

LIVRE TROISIEME.

DE L'ORGANISME UNIVERSEL.

CHAPITRE I.

De l'organisation : ce que c'est qu'un organe.

Un célebre Naturaliste moderne dit que l'organique est l'ouvrage le plus ordinaire de la Nature, & apparemment celui qui lui coûte le moins. Je pense, moi, que la Nature ne fait rien que d'organique; & cette idée que quelques-uns ont trouvée singuliere avec la restriction que Mr. de Buffon y met, ne l'est pas même avec l'étendue que je lui donne. Commençons par nous faire une notion précise de l'organisation.

QUESTION.

Qu'est ce qu'un organe?

REPONSE.

Un organe est un trou allongé, un cylindre creux, naturellement actif : l'organisation la plus compliquée se réduit à cette idée simple. Le corps humain, le chef-d'œuvre de l'organisation, n'est qu'un systême de tubes pliés, arrangés, entrelacés, doués d'une force intrinseque qui résulte de leur structure.

Mais de quoi un organe est-il lui-même composé? Quels en sont les élémens? Un organe est composé d'autres organes plus petits : ceux-ci d'autres organes plus petits encore; & cela dans une progression convenable à la richesse de la Nature.

La physique vulgaire dit que l'organe résulte de vaisseaux, le vaisseau de fibres, la fibre de molécules solides & brutes sans aucune organisation quelconque; elle regarde ces molécules ou atômes comme des Etres simples, parce qu'on ne peut y concevoir de parties distinctes que par une opération de l'esprit. De tels atômes sont des abstractions, & des abstractions ne sont point des Etres réels. Le physicien qui raisonne aussi, s'imagine que le composé doit résulter de l'assemblage de plusieurs simples, ne faisant pas attention que la simplicité n'est pas une propriété qui puisse convenir à la Nature créée. Rien n'est simple, tout est composé dans un monde matériel : un atôme de matiere simple, répugne comme une étendue sans étendue. Rien n'est moins philosophique que de prétendre que le composé se réduise à des parties simples. Ces principes savamment développés & éclaircis par nos plus habiles philosophes, ont desormais force d'axiômes, & il seroit superflu d'y insister davantage. L'Etre le plus ſimple de la Nature eſt un compoſé d'Etres ſimilaires. Il faut donc répondre à la queſtion propoſée, qu'un organe eſt un cylindre creux compoſé d'autres organes ou cylindres creux; qu'il n'exiſte point d'organe dont les élémens ne ſoient des organes ſemblables à lui-même.

Il nous ſemble appercevoir différens degrés de complication dans l'organiſation des Etres; & c'eſt probablement tout ce que nous entendons, lorſque nous diſons qu'un Etre eſt plus ou moins compoſé qu'un autre.

CHAPITRE II.

Y a-t-il de la matiere brute? Peut-il y en avoir?

Y a-t-il dans l'univers une ſubſtance informe, inactive, inſenſible, ſans organiſation, ſans puiſſance, ſans aucune faculté quelconque, une maſſe abſolument brute & ſans vie, incapable de croître, de ſe développer, de ſe reproduire? C'eſt à l'examen des phénomenes de la Nature qu'eſt attachée la ſolution de ce problême. Le problême eſt tout réſolu, me dit vivement le phyſicien précipité dans ſes jugemens; voyez la terre que vous foulez aux pieds, les pierres qui la couvrent, les métaux engendrés dans ſon ſein, les huiles, les bitumes, les ſouphres, les ſels: ce ſont autant de ſubſtances abſolument brutes, inactives, inſenſibles, ſans organiſation, ſans puiſſance, ſans aucune faculté quelconque... C'eſt ce que nous examinerons à loiſir avant que de prononcer. Qu'il me ſoit permis de demander préalablement s'il peut y avoir des ſubſtances brutes; peut-être trouverons-nous de bonnes raiſons d'en nier la poſſibilité, avant tout examen des phénomenes naturels.

L'unité & la variété conſtituant le beau phyſique,

on ne risque rien de resserrer l'unité de plan, l'unité de principe ou de cause, & d'étendre au contraire la variété de combinaisons, la variété de résultats ou d'effets, autant que l'étude & l'observation de la Nature nous le permettront. Nos efforts à cet égard nous rapprocheront de plus en plus du vrai système qui surement a pour base la plus parfaite unité possible avec la plus grande variété possible. La Nature qui ne fait rien en vain, s'en tient à l'homogénéité tant qu'elle lui suffit. Elle n'aura recours à une nouvelle substance, que quand ayant tiré tout le parti possible de celle sur laquelle elle opere, il lui restera de nouveaux phénomenes à produire, qui exigeront l'existence d'une autre substance; & si elle peut opérer avec une seule, il n'y en a pas deux de possibles. Croit-on que l'organisation répugne à l'existence de quelques Etres, à la production de quelques phénomenes; & que ces effets naturels ne puissent avoir lieu que dans un système où il y ait de la matiere brute, inactive, insensible? Si l'on conçoit au contraire que tout s'opere, que tout s'arrange, que tout s'explique beaucoup plus commodément avec de la matiere essentiellement organique, la matiere brute devient une inutilité, une impossibilité; & le principe d'unité nous force d'en nier l'existence.

Il y aura peut-être des hommes assez pénétrés de respect pour d'anciens préjugés, pour me dire qu'il y a bien des phénomenes qui n'exigent pas une matiere organisée, de sorte que l'organisation seroit une superfluité dans ces circonstances. C'est justement le point de la question. Quand cela seroit: quelque éloigné que je sois de penser que cela puisse être, je le suppose avec eux; surement aussi il y a un bien plus grand nombre de phénomenes qui prouvent évidemment l'existence d'une matiere organique, & qui n'auroient du tout point lieu s'il n'y avoit que de la matiere brute. En supposant l'existence de celle-ci, il faut en admettre

tre encore une autre; au lieu qu'avec de la matiere organique, on peut satisfaire à tout, opérer & expliquer toutes les générations. On a vu l'influence que la loi d'unité doit avoir sur nos jugemens dans les circonstances qui ne paroissent pas exiger absolument de la matiere organisée. Elle doit nous faire supposer plus que nous ne voyons : nous faire croire que l'organisation se cache à nos yeux qui ne sont pas faits pour tout voir. Un tel procédé est surement plus raisonnable que de rompre imprudemment la chaîne des Etres, lorsque tout d'ailleurs nous en montre la continuité.

Tout étant lié dans la marche de la Nature, comment a-t-elle pu passer de la matiere inorganisée à la matiere organisée, ou de celle-ci à l'autre? Il n'y a point de liaison, point de passage, entre le positif & le négatif. Ce saut que l'on fait faire à la Nature, est certainement un phénomene plus difficile à admettre que l'organisation invisible d'un grain de terre, & d'une particule d'eau. Faudra-t-il toujours que la manie de tout décider sur le rapport de nos sens, nous fasse recevoir l'impossible & l'absurde, au lieu de convenir de bonne foi qu'il y a une infinité d'objets hors de la portée du sens le plus pénétrant? Cette liaison étroite, cet enchaînement indissoluble, cet ordre systématique de toutes les parties de l'univers, consiste, comme on l'a déja expliqué, en ce que tout y est l'effet immédiat de quelque chose qui précede, & qui amene ou détermine l'existence de ce qui suit. Ceux-même qui nient l'organisation des fossiles, conviennent de l'espece de cet enchaînement universel de toutes les choses, telle que je viens de l'énoncer. Ils ne peuvent s'empêcher de reconnoître cette loi, qui unissant tous les Etres par un nœud intime, les fait procéder les uns des autres & en rapporte ainsi toutes les variations à l'unité. Comment conçoivent-ils que la matiere brute inorganisée amene & détermine l'existence de la matiere organisée? Non, s'il y a de la matiere brute & de la matiere organisée dans l'univers, l'univers n'est plus un tout, un seul systême; il n'y a point de rapport, de liaison, d'enchaînement entre les deux grandes portions de la substance matérielle qui le constituent. Une partie des Etres n'a plus de rapport avec l'autre; tous les individus de cette partie isolée sont même sans rapport, sans connexion, sans affinité entre eux. Aussi il a fallu inventer pour eux un nouveau systême, & quel systême? Un systême qui se trouve dans une perpétuelle contradiction avec l'ordre naturel si uniformément observé parmi tous les autres Etres. Dans le nouveau plan, dont l'inconsistance décele l'origine, il n'y a ni accroissement, ni développement, ni génération. Ces corps bruts & inorganisés ne se nourrissent point, ne croissent point, n'engendrent point, ne vivent point. Toute leur économie consiste dans une aggrégation de parties. Ils ne naissent point: ils sont formés par la réunion de plusieurs molécules élémentaires qui viennent se coller, s'appliquer les unes aux autres, s'arranger sous différentes formes, & sur divers plans. Ils ne se nourrissent point, ils ne croissent point: ils n'ont aucune force absorbante, aucune propriété assimilante, aucune vertu évolutive, aucune puissance extensive; seulement de nouvelles particules viennent s'unir aux premiers aggrégats qui augmentent ainsi de masse. Ils n'engendrent point, mais d'autres molécules élémentaires forment d'autres tas, d'autres corps. Ils ne vivent point: ce sont des masses absolument mortes, sans aucune sorte d'énergie, ou de mouvement propre. O Nature! tu nous as trop peu révélé de tes œuvres pour nous les faire connoître. Pourquoi ne nous as-tu donné qu'autant de connoissances qu'il en falloit pour nous induire en erreur, te contredire & t'offenser? Philosophes présomptueux, qui méconnoissant le systême de la

Nature, y ſubſtituez vos conceptions découſues, dites-nous comment ſe font ces collections de particules élémentaires; ce qui les raſſemble toujours ſous la même forme: car la configuration des minéraux eſt auſſi conſtante dans ce que vous appellez les eſpeces, que celle des végétaux & des animaux, & leur ſtructure intérieure n'eſt pas moins permanente. Dites-nous ce qui tient ces particules ſi fortement unies entre elles. Dites-nous pourquoi les minéraux ſont recouverts d'une enveloppe très-dure & très-compacte qui devroit oppoſer un obſtacle inſurmontable à de nouvelles aggrégations. Direz-vous que le tranſport, le dépôt & la coagulation des élémens qui forment les ſubſtances minérales, ſe font en vertu de certaines loix d'attraction, de cohéſion, d'affinité, ou même par des affections? Ce ſeroit oublier votre principe: ces corps n'ont, ſelon vous, aucune ſorte de propriété, ni d'activité, ni d'énergie, ni de puiſſance, ni d'affection. Ce ſont donc des aggrégations fortuites, des accrétions fortuites; & le hazard, rival de la Nature, minéraliſe une partie de la matiere, comme la Nature animaliſe l'autre. Vous avez diviſé l'empire de l'univers: vous avez oſé dépouiller la Nature d'une portion de ſon domaine ſur les Etres, pour la livrer au caprice du hazard.

Toutes les ſubſtances ſe nourriſſent les unes des autres: ce qui annonce déja une analogie générale entre elles. Mais, ce qui prouve une affinité très-particuliere entre tous les corps, c'eſt que chacun aſſimile à ſa propre ſubſtance les matieres étrangeres qu'il fait ſervir à ſa nutrition & à ſon accroiſſement. Le corps animal ne ſe nourrit pas ſeulement des débris des autres animaux; tous ou preſque tous les alimens qu'il prend ſont imprégnés de parties minérales, de terres, de ſels, de métaux finement diſſous; & je crois que pour s'incorporer à une ſubſtance organique, elles doivent être organiques elles-mêmes; car, comme nous l'avons dit, le résultat de la décomposition d'un corps organisé, est toujours un organe. Quand je dis que le corps animal assimile à sa propre substance des matieres animales & réputées vulgairement brutes & inorganiques, je ne prétends pas que cette assimilation se fasse par une conversion réelle d'une substance en une autre substance : il n'est pas besoin d'une telle conversion pour prouver que les matieres assimilées à une substance organique doivent être organiques elles-mêmes. Personne ne niera qu'elles doivent avoir un rapport direct avec la structure de la substance organique, & une affinité très-proche avec la substance même, pour opérer cette assimilation, quelle qu'elle soit. Or une molécule brute & sans organisation n'a point de structure, & conséquemment ne peut avoir de rapport direct avec la structure d'une molécule organisée : elle ne sauroit aussi avoir d'affinité avec elle, puisque sa maniere d'être est en tout opposée à celle d'un corps organique. Cependant en s'incorporant au tissu d'une substance animale elle devient partie constituante d'un tout organique ; & pourroit-elle le devenir sans être organique elle-même ? Si l'on doutoit que toutes les parties constituantes d'une substance organique, fussent organiques, on ne marqueroit pas de raisons pour s'en convaincre. C'est un fait que les parties des animaux se regénerent, leurs plaies se cicatrisent & se consolident : ce qui n'arrive que par la regénération des moindres fibrilles nerveuses & musculaires : regénération qui n'auroit point lieu, si leurs élémens n'étoient pas organiques. Un moderne compare les fibres qui entrent dans la composition des grands animaux, à des especes de polypes qui repoussent après la section, & qui se greffent les uns aux autres. Ces rejettons & ces greffes des fibres annoncent l'organisation de leurs moindres parties. On peut donc assurer que tout est organe dans le corps animal ; dès-lors il faut, de toute nécessité, ou que les alimens qui lui servent de nourriture, & qui fournissent la matiere de son accroissement, lesquels contiennent toutes sortes de particules minérales, soient organiques pour s'y incorporer, ou qu'elles s'organisent en s'y incorporant. Qui dira que la matiere brute s'organise? Autant vaudroit dire que ce qui n'est pas se donne l'existence. Loin que la matiere brute ait quelque disposition à s'organiser, elle a dans son essence un obstacle insurmontable à l'organisation. On doit donc convenir que la nourriture étoit organique, avant que de s'insinuer dans le tissu du corps animal.

Que l'on fasse attention à la fin & aux derniers résultats du jeu des organes. On sait que le ressort des machines organiques réside surtout dans leurs moindres parties. Le muscle est composé de fibrilles musculaires, & c'est le ressort de ses fibrilles constituantes qui fait sa force: nouvelle preuve que les plus fines particules qui entrent dans la composition de la machine animale doivent être organiques, puisque ce sont elles qui en operent le mouvement & le jeu. On nous dit que „ la molécule „ forme la fibre, la fibre le vaisseau, le vaisseau „ l'organe." Que signifie ce langage, si la molécule, la fibre & le vaisseau sont eux-mêmes des organes; & si la molécule n'est point organique, comment formeroit-elle un organe? Rien ne porteroit des molécules absolument brutes & mortes, à s'arranger sous la forme d'un tube, ou d'un cylindre creux; rien ne les déterminéroit à affecter cette forme, & ce seroit un pur hazard, si elles la prenoient. Supposons qu'elles la prennent, elles ne formeront qu'un corps brut, languissant, privé d'activité, sans jeu, sans mouvement; & ce n'est pas-là la notion d'un organe. Mais si l'on conçoit toutes les parties composantes de l'organe, comme de petits organes doués d'une activité vitale selon leur structure & leur finesse; on sent alors quelle force la fibre doit tirer de tous ces petits organiſmes particuliers qui conſpirent à ſon organiſation: on conçoit que leur ſtructure leur donne une aptitude à s'arranger ſous une forme qui lui ſoit analogue ; & qu'il doit y avoir un arrangement qui lui ſoit propre & convenable, comme elle a une figure particuliere.

Si les organes ſont conpoſés d'autres organes, & ceux-ci encore d'autres organes, cela ne finira point... Cette crainte eſt puérile. Nous ne voyons point & ne pouvons concevoir les derniers termes de l'échelle des Etres; douterons-nous pour cela de leur gradation? Si je ne me trompe, la Nature eſt, partout & en tout, ſans bornes pour nous. Mais ce qui acheve de diſſiper nos vaines terreurs à cet égard, c'eſt que les anatomiſtes les plus expérimentés ſavent qu'un muſcle eſt un paquet de fibres muſculaires, leſquelles ſont auſſi des paquets de fibres muſculaires plus petites, & ainſi de ſuite ſans que l'on puiſſe parvenir à une fibre qui ne ſoit pas elle-même compoſée d'autres fibrilles, ce qui eſt reconnu pour vrai de tout le ſolide du corps animal. Pourquoi donc ſe faire un vain épouvantail de ce que l'obſervation nous force d'admettre en pluſieurs circonſtances: car j'en pourrois citer d'autres?

Toutes ces conſidérations m'ont paru ſuffiſantes, indépendamment de l'examen du fait, pour douter de la poſſibilité d'une matiere brute & ſans organiſation dans le ſyſtême préſent de la Nature.

CHAPITRE III.

Continuation du même sujet.

Exposition du systême qui admet de la matiere brute dans l'univers.

PARMI les défenseurs modernes de la matiere brute & inorganique, j'en dois distinguer un des plus modernes; & pour qu'on ne m'accuse pas de me refuser aux raisons qui combattent mes idées, je vais mettre sous les yeux du Lecteur l'exposition du systême de la matiere brute, tel que ce Naturaliste, à qui la Nature jalouse a ôté la vue pour qu'il ne vît point ses mysteres, nous l'a donnée dans le dernier ouvrage qu'il a publié.

„ Quand on n'a pas assez médité sur la nature & „ les effets immédiats de l'organisation, on se li„ vre facilement aux premieres apparences; les „ choses les plus éloignées se rapprochent, les „ plus dissemblables s'identifient, & il n'en coûte „ que quelques traits de plume, pour organiser la „ matiere brute, & créer un nouvel univers......

„ Les corps organisés sont des tissus plus ou „ moins fins, des ouvrages à réseaux, des especes „ d'étoffes, dont la chaîne forme elle-même la „ trâme avec un art que nous ne nous lasserions „ point d'admirer s'il nous étoit connu. Les fos„ siles sont, pour-ainsi-dire, des ouvrages de mar„ queteries ou de pieces de rapport. Nous ne sa„ vons point où l'organisation finit, & quel est son „ plus petit terme. Mais, en cessant d'organiser, „ la Nature ne cesse pas d'ordonner & d'arranger. „ Il semble même qu'elle organise encore, lors„ qu'elle n'organise plus. On diroit que les pier„ res fibreuses & les pierres feuilletées sont des

„ végétaux un peu travestis. La régularité si con„ stante des sels & des cristaux ne nous frappe pas „ moins. On peut s'assurer que le cristal est formé „ de la répétition d'une infinité de petits corps „ réguliers & pyramidaux appliqués proprement „ les uns aux autres, & qui représentent, en quel„ que sorte, le tout très en raccourci. On se „ tromperoit beaucoup néanmoins, si l'on re„ gardoit une de ces petites pyramides comme „ le germe du cristal; elle n'en est, à parler exac„ tement, qu'un élément ou une partie constituan„ te. Elle ne se développe pas; elle demeure ce „ qu'elle est; mais elle sert de point d'appui à „ d'autres pyramides semblables qui viennent s'y „ appliquer, & augmenter ainsi la masse cristalline „ par des aggrégats successifs. Le suc cristallin n'est „ pas reçu, élaboré, assimilé par des couloirs ou des „ vaisseaux plus ou moins fins, plus ou moins re„ pliés, dont l'intérieur de la pyramide soit pour„ vu; il est déja tout préparé quand il procure la „ réunion de différentes molécules dans une mê„ me masse pyramidale, en vertu des loix du mou„ vement & de l'attraction. Voilà le caractere pri„ mordial qui distingue les corps brutes des corps „ organisés: caractere qu'on ne doit jamais perdre „ de vue, quand on compare les Etres de ces deux „ classes.

„ Ainsi le corps des plantes & celui des ani„ maux, sont des especes de métiers, des machi„ nes plus ou moins composées, qui convertissent „ en la propre substance de la plante, ou de l'ani„ mal, les diverses matieres soumises à l'action de „ leurs ressorts & de leurs liqueurs. Ces machines, „ si supérieures par leur structure à celles de l'art, „ le paroissent encore davantage, quand on les „ compare dans leurs effets essentiels. Les ma„ tieres, que les machines organiques élaborent, „ elles se les assimilent, elles se les incorporent,

„ elles croissent par cette incorporation, elles augmentent de dimensions en tout sens, & tandis „ qu'elles croissent, toutes leurs pieces conservent „ entre elles les mêmes rapports, les mêmes proportions, le même jeu; toutes continuent à s'acquitter de leurs fonctions; la machine demeure en grand ce qu'elle étoit en petit. Elle est „ un systême, un assemblage merveilleux d'un „ nombre presque infini de tuyaux différemment „ figurés, calibrés, repliés, qui comme autant „ de filieres, épurent, façonnent, affinent les „ matieres nourricieres. Chaque fibre, que dis-je! Chaque fibrille est elle-même très en „ petit une machine, qui en exécutant des „ préparations analogues, s'approprie les sucs alimentaires, & leur donne l'arrangement qui „ convient à sa forme & à ses fonctions. La machine entiere n'est, en quelque sorte, que la répétion de toutes ces machines, dont les forces „ conspirent au même but général. L'excellence „ des machines organiques brille par d'autres traits „ plus frappans encore. Non-seulement elles produisent de leur propre fond, des machines qui „ leur sont semblables; mais il en est un grand „ nombre qui reproduisent par elles-mêmes les pieces qui leur ont été enlevées, & dont les différentes pieces deviennent, autant de machines „ aussi parfaites que celles dont elles faisoient „ partie.

„ On sent à-présent combien il y a loin du fossile le plus régulier à la machine organique la plus „ simple, d'un cristal, par exemple, à un lychen, „ à un polype, & combien le physicien estimable à „ qui nous devons les connoissances les plus approfondies sur la formation des sels & des cristaux, „ avoit abusé des termes, en nous les présentant „ comme des especes de productions organiques, „ placées dans l'échelle entre le végétal & le miné-

„ ral. Les sels, les cristaux, & tous les autres „ fossiles de ce genre, ne sont pas plus organisés, „ qu'un obélisque ou un portique. L'Art assemble „ des matériaux pour construire un obélisque, il „ sait les tailler sous certaines proportions, & les „ arranger suivant certaines regles. La Nature en „ use à-peu-près de la même maniere dans la con„ struction de ces petits obélisques, que nous „ nommons des sels ou des cristaux. Elle les con„ struit d'une infinité de petits corps réguliers, „ taillés sur des principes invariables, & qui sont „ les matériaux de ces édifices.

„ D'autrefois elle ne se pique pas de tant de ré„ gularité & de symmétrie: elle amasse pêle-mêle „ des matériaux de différens genres, qu'elle ne se „ met pas en peine de tailler, & dont elle com„ pose des masses plus ou moins irrégulieres. Quan„ tité de pierres, de cailloux, de minéraux sont „ des ouvrages de cette sorte. Elle met, sans „ doute, beaucoup d'art dans la formation des mé„ taux, surtout dans celle des métaux les plus „ parfaits: mais cet art est fort caché; il ne se „ manifeste guere au dehors, & nous n'en jugeons „ un peu, que par quelques effets & quelques „ propriétés remarquables qui en résultent. Les „ cassures de certains métaux offrent des grains „ qui affectent une sorte de régularité ou d'unifor„ mité, & qui peuvent servir à caractériser les „ especes d'un même genre. La malléabilité, la „ ductibilité de l'or tiennent du prodige, & sup„ posent dans les élémens de ce métal, une homo„ généité, une configuration, un arrangement, „ une liaison que nous admirerions, comme nous „ admirons le travail qui brille dans certains fossi„ les, s'il nous avoit été donné de pénétrer ce „ mystere, & d'en dévoiler les merveilles.

„ D'autres corps ne composent pas des masses „ liées; ils sont répandus par couches, formées

„ de grains peu adhérens les uns aux autres, & „ dont les figures n'ont rien de régulier. Tels sont „ les sables & les terres. Les sables, vus à la lou- „ pe, présentent un amas de rocailles ou de cail- „ loux, souvent demi-transparens, diversement fi- „ gurés & colorés. Les terres sont des amas de „ grains ou de molécules spongieuses, qui en s'im- „ bibant de l'humidité, augmentent considérable- „ ment de volume, & font effort contre les obsta- „ cles qui s'opposent à leur extension.

„ Enfin, les fluides, comme l'eau, l'air & le „ feu, paroissent formés de molécules qui ne font „ que se toucher. On se représente communément „ ces molécules, sous l'image de très-petites sphe- „ res, extrêmement lisses qui cedent à la moindre „ force qui tend à les séparer. Mais, il y a lieu „ de douter si la composition de tous ces fluides „ est aussi simple que nous l'imaginons. Ils nous „ montrent divers phénomenes qui semblent résul- „ ter d'une méchanique assez recherchée. En per- „ dant sa fluïdité, en devenant glace, l'eau ne „ change pas de nature; ses molécules prennent „ seulement de nouveaux arrangemens, de nouvel- „ les positions respectives. Elles tracent diverses „ figures, où l'imagination se plaît à trouver des „ imitations assez exactes de différens objets: ce „ sont ordinairement de longues aiguilles implan- „ tées les unes sur les autres, & qui forment des „ angles plus ou moins aigus. Aujourd'hui l'on „ épluche tout: on a été agréablement surpris de „ voir qu'ils étoient la plupart de soixante degrés. „ Cette proportion, assez constante & si remarqua- „ ble, dépend apparemment de quelque chose de „ particulier dans la nature ou dans la configura- „ ration des molécules de l'eau. Celles de l'air „ renferment probablement des particularités plus „ remarquables encore. Son élasticité, & la ma- „ niere dont il la perd & dont il la recouvre, son „ aptitude à transmettre le son, & à propager tous

„ les tons & tous les accords, indiquent dans la „ composition de ce fluide un art secret & très „ savant. Il n'y en a surement pas moins dans „ la formation d'un rayon solaire : grace au „ Génie immortel qui osa le premier en faire la „ dissection, nous savons qu'il est composé origi„ nairement de sept rayons principaux essentielle„ ment différens, & qui ont chacun leur réfrangi„ bilité propre, résultat naturel de la diversité spé„ cifique des molécules qui entrent dans leur „ composition. Que de merveilles cachées dans „ l'abîme d'un rayon de lumiere ! Mais combien „ l'œil de la mitte, qui rassemble cette lumiere, „ est-il un abîme plus profond (*) ! "

L'Auteur que je viens de copier, après avoir ainsi comparé la matiere organique & la matiere brute, semble vouloir jetter des doutes sur cette distinction : car on ne peut guere autrement interpréter cette réflexion par laquelle il termine ce parallele, ou plutôt ce contraste.

„ Un même dessein général embrasse toutes les „ parties de la création terrestre, dit le contem„ plateur de la Nature. Un globule de lumiere, „ une molécule de terre, un grain de sel, une „ moissure, un polype, un coquillage, un oiseau, „ un quadrupede, l'homme, ne sont que différens „ traits de ce dessein qui représente toutes les mo„ difications possibles de la matiere de notre glo„ be (†)."

Quelle unité de dessein peut-il y avoir entre deux mondes travaillés chacun sur un plan absolument différent, qui n'ont rien d'analogue dans leur économie respective ? Comment un corps organique & un corps inorganique peuvent-ils être des traits différens d'un même dessein, c'est-à-dire des variations de ce dessein ? Il faudroit pour cela que ce

(*) Contemplation de la Nature, Tome I. Partie VII. Chap. XVII.
(†) La-même.

essein, ce plan, fût un type commun, sur lequel 'un & l'autre eussent été modélés; & l'on nie que a matiere brute soit faite sur le modele de la matiee organisée. Supposé donc que la matiere de nore globe puisse être organique ou brute, & que ces eux contraires en soient des modifications possiles, ou actuellement existantes dans notre monde, n ne sauroit dire qu'un même dessein les représente toutes: car il ne peut pas représenter des modications contraires qui s'excluent mutuellement. oilà comme la vérité perce au travers des subteruges de l'esprit de systême; & l'on convient malré soi que l'unité de dessein dans l'œuvre de la 'ature exige que le tout soit organique, ou le tout 'norganique. Passons à un examen plus détaillé.

CHAPITRE IV.

Examen du systéme exposé dans le Chapitre précédent.

LA liberté avec laquelle l'Auteur de *la Contemplation de la Nature* juge les ouvrages de nos plus habiles Naturalistes, m'encourage à faire l'examen de ses idées sur l'existence d'une matiere brute & inorganique; persuadé que, s'il m'arrivoit de les mal interpréter, de n'en pas toujours saisir le vrai sens, & de les présenter sous un jour trop peu avantageux (car je dois les offrir au Lecteur telles qu'elles s'offrent à mon esprit), il voudra bien avoir pour moi l'indulgence que Mr. de Buffon & d'autres ont pour la critique qu'il a faite de leurs opinions.

„ Quand on n'a pas assez médité sur la nature „ & sur les effets immédiats de l'organisa- „ tion, on se livre facilement aux premieres „ apparences: les choses les plus éloignées

„ se rapprochent, les plus dissemblables s'i„ dentifient, & il n'en coûte que quelque„ traits de plume pour organiser la matier„ brute, & créer un nouvel Univers......

Je ne puis guere douter que cette réflexion n regarde personnellement l'auteur du Roman physique où tout est transformé en animal, puisqu'elle se trouve à la suite d'une revue très-succincte de ce Roman. L'auteur vient d'atteindre sa trentieme année, & il n'y en a que dix qu'il médite sur la nature & les effets de l'organisation, qu'il en observe les phénomenes, qu'il en étudie le méchanisme; loin de se livrer aux premieres apparences faute d'une méditation assez longue & assez réfléchie, c'est à force de méditer qu'il a appris à s'en défier, & à révoquer en doute les principes ordinaires sur l'origine des fossiles. Loin encore qu'à la premiere vue les choses les plus éloignées se rapprochent, & que les plus dissemblables s'identifient, c'est précisément le contraire. Le paysan grossier qui ne juge que par les apparences met une différence essentielle entre un chat & une mouche, & le Naturaliste qui a médité n'en trouve point entre un chat & un rosier. Ce n'est pas aussi celui qui organise la matiere brute, qui crée un nouvel univers. Il fait plutôt rentrer dans le monde organique, une grande portion des Etres qu'on en avoit arrachée inconsidérément. Mais celui qui, substituant les caprices du hazard aux loix de la Nature, prétend établir un nouveau plan, une nouvelle économie pour toutes les substances fossiles, pourroit être accusé, avec plus de raison, de créer un nouvel univers. Il falloit donc dire: „ Quand on n'a pas „ assez médité sur la nature & sur les effets immé„ diats de l'organisation, on se livre facilement „ aux premieres apparences: les choses les plus „ voisines s'éloignent, les plus identiques semblent „ disparates; & il n'en coûte que quelques traits

„ de plume pour desorganiser une partie de la matiere, & en faire un monde brut, sans activité & sans vie."

„ Les corps organisés sont des tissus plus ou moins fins, des ouvrages à réseaux, des especes d'étoffes dont la chaîne forme elle-même la trame par un art que nous ne nous lasserions point d'admirer, s'il nous étoit connu."

Tel est tout produit naturel : un systême d'organes plus ou moins fins, diversement pliés & tournés, avec un degré d'activité qui est propre & convenable à sa structure.

„ Les fossiles sont, pour ainsi dire, des ouvrages de marqueteries, ou des pieces de rapport."

Quand on a renoncé aux idées naturelles, on manque d'images pour peindre les œuvres de la Nature, & alors on les compare aux ouvrages de l'art. Nous verrons bientôt tout le faux de cette comparaison.

„ Nous ne savons point où l'organisation finit, & quel est son plus petit terme."

Pourquoi donc ose-t-on lui assigner des bornes? Il y a quelque témérité à affirmer positivement qu'elle ne passe point tel degré de l'échelle naturelle des Etres, lorsqu'on sait que ses derniers termes peuvent se dérober à notre vue, & se trouver où nous ne sommes pas en état de les appercevoir.

„ Mais, en cessant d'organiser, la Nature ne
„ cesse pas d'ordonner & d'arranger. Il sem-
„ ble même qu'elle organise encore, lors-
„ qu'elle n'organise plus."

Dites plutôt que la Nature organise encore, lorsqu'elle semble ne plus organiser, & qu'on ne doit pas se laisser tromper à cette apparence.

„ On diroit que les pierres fibreuses & les pier-
„ res feuilletées sont des végétaux un peu
„ travestis. La régularité si constante des
„ sels & des cristaux ne nous frappe pas
„ moins. On peut s'assurer que le cristal
„ est formé de la répétition d'une infinité
„ de petits corps réguliers & pyramidaux,
„ appliqués proprement les uns aux autres,
„ & qui représentent, en quelque sorte, le
„ tout très en raccourci. On se tromperoit
„ beaucoup néanmoins, si l'on regardoit
„ une de ces petites pyramides comme le
„ germe du cristal; elle n'en est à parler
„ exactement, qu'un élément, ou une par-
„ ticule constituante. Elle ne se dévelop-
„ pe pas; elle demeure ce qu'elle est; mais
„ elle sert de point d'appui à d'autres py-
„ ramides semblables, qui viennent s'y ap-
„ pliquer & augmenter ainsi la masse cris-
„ talline par des aggrégats successifs. Le
„ suc cristallin n'est pas reçu, élaboré, as-
„ similé par des couloirs ou des vaisseaux
„ plus ou moins fins, plus ou moins re-
„ pliés, dont l'intérieur de la pyramide soit
„ pourvu; il est déja tout préparé quand il
„ procure la réunion de différentes molé-
„ cules dans une même masse pyramidale,
„ en vertu des loix du mouvement & de
„ l'attraction. Voilà le caractere primordial
„ qui distingue les corps bruts des corps
„ organisés; caractere qu'on ne doit jamais
„ per-

„ perdre de vue, quand on compare les Etres
„ de ces deux classes."

La figure constante des minéraux prouve l'existence d'un germe où elle est dessinée en petit: car elle n'est point le produit du hasard; la confusion n'engendre point un ordre constant.

Le cristal est formé de la répétition d'une infinité de petits corps réguliers & pyramidaux, semblables au tout. En cela il ressemble au polype qui est formé de la répétition d'une infinité de petits polypes, semblables au polype-mere. Dira-t-on que le polype-mere n'est pas le développement d'un germe organique, mais une masse polypeuse formée par la réunion successive de plusieurs molécules de même nature, appliquées proprement les unes aux autres en vertu des loix du mouvement & de l'attraction? Que le suc nourricier n'est pas reçu, élaboré, assimilé dans des couloirs ou des vaisseaux plus ou moins fins, plus ou moins repliés, dont l'intérieur du polype soit pourvu (& en effet le polype n'offre qu'un sac vuide, sans appareil fibrillaire); & qu'il est déja tout préparé quand il procure la coagulation des différens polypes en un seul? Il est étrange que les analogies les plus propres à nous révéler le secret de la Nature, nous fassent prendre si aisément le change. Le polype nous remet sur la voie. Un corps organisé peut très-bien être composé de parties similaires, qui représentent, en quelque sorte, le tout très en raccourci. Cette circonstance n'est point un obstacle à l'organisation. Nous avons vu au contraire qu'un organe est un système d'organes semblables, mais plus petits, dans une progression à laquelle nous ne connoissons point de dernier terme. Une quille de cristal, quoiqu'elle ne semble être que la répétition d'une infinité de petits corps réguliers & pyramidaux, semblables à la quille elle-même, peut donc être le développement d'un germe cristallin; on n'y voit point d'empêchement. Ces petits corps réguliers & pyramidaux ne sont pas simplement appliqués les uns aux autres; ils sont tissus ensemble, comme les différentes couches ligneuses des arbres, comme les lames osseuses qui forment les os des animaux. Ils adherent les uns aux autres au moyen de petites fibres très-déliées qui passent transversalement de l'un à l'autre: texture organique plus sensible dans certains individus que dans d'autres. Elle se montre beaucoup plus dans le cristal soyeux d'Islande; elle se cache davantage dans le cristal cubique du Bresil. Le suc nourricier pénetre dans l'intérieur de ces corps, par une infiltration réelle: il est élaboré dans les différens couloirs où il passe; il les nourrit en s'y assimilant, & les fait croître en les nourrissant. Si les loix générales du mouvement & de l'attraction suffisoient pour combiner constamment différentes molécules en une pyramide de cristal, elles pourroient produire de la même façon un polype; & par analogie nous les menerions jusqu'à produire le plus gros animal: hypothese que l'on croit diamétralement opposée aux principes de la saine physique.

„ Ainsi le corps des plantes & celui des animaux sont des especes de métiers, des machines plus ou moins composées, qui convertissent en la propre substance de la plante ou de l'animal, les diverses matieres soumises à l'action de leurs ressorts & de leurs liqueurs. Ces machines, si supérieures par leur structure à celles de l'art, le paroissent encore davantage, quand on les compare dans leurs effets essentiels. Les matieres, que les machines organiques élaborent, elles se les assimilent, elles se les incorporent; elles croissent par cette incorporation, elles augmentent de dimensions en tout sens, & tandis qu'elles croissent, toutes leurs pieces conservent entre

„ elles les mêmes rapports, les mêmes pro-
„ portions, le même jeu; la machine demeu-
„ re en grand ce qu'elle étoit en petit. Elle
„ est un systême, un assemblage merveilleux
„ d'un nombre presqu'infini de tuyaux, dif-
„ féremment figurés, calibrés, repliés, qui
„ comme autant de filieres, épurent, façon-
„ nent, affinent les matieres nourricieres.
„ Chaque fibre, que dis-je! chaque fibrille
„ est elle-même très en petit une machine
„ qui en exécutant des préparations analo-
„ gues, s'approprie les sucs alimentaires, &
„ leur donne l'arrangement qui convient à sa
„ forme & à ses fonctions. La machine en-
„ tiere n'est, en quelque sorte, que la répé-
„ tition de toutes ces machinules, dont les
„ forces conspirent au même but général.
„ L'excellence des machines organiques bril-
„ le par d'autres traits plus frappans encore.
„ Non-seulement elles produisent de leur
„ propre fond des machines qui leur sont
„ semblables; mais il en est un grand nombre
„ qui reproduisent par elles-mêmes les pie-
„ ces qui leur ont été enlevées; & dont les
„ différentes pieces deviennent autant de
„ machines aussi parfaites que celles dont
„ elles faisoient partie."

Il n'y a pas une seule circonstance de cet exposé, qui ne convienne aux fossiles. Ce sont des ouvrages réticulaires, des machines plus ou moins composées, qui convertissent en leur propre substance, les diverses matieres soumises à l'action de leurs ressorts. On peut consulter ce que j'en ai dit dans le Chapitre XV. de la seconde Partie de cet Ouvrage, où j'ai traité de l'organisation des minéraux, de leur accroissement & de leur nutrition. Combien de substances fossiles macérées dans de l'esprit de vin, ou dans d'autres liqueurs préparées exprès, font voir, après leur diffication, une texture réticulaire qui ne varie que dans l'application & l'entrelacement des fils, la grandeur & la figure des mailles! Combien de pierres brisées montrent, sans aucune préparation, des fibres & fibrilles liées ensemble par d'autres filamens fibreux qui après plusieurs tours vont se terminer à la circonférence en forme de glandes miliaires, tandis que d'autres s'y ouvrent comme des pores, ou des bouches, pour pomper le suc terreux que ces machines doivent s'assimiler. Car les matieres que ces machines vraiment organiques élaborent, elles se les assimilent, elles se les incorporent : elles croissent par cette incorporation ; elles augmentent de dimensions en tout sens, & tandis qu'elles croissent, toutes leurs pieces conservent entre elles les mêmes rapports, les mêmes proportions, le même jeu ; la machine demeure en grand ce qu'elle étoit en petit. Ainsi le suc que la numismale tire de la terre au moyen des suçoirs dont son écorce est garnie en forme de protubérances sensibles, la pénetre par infiltration, passe dans les fibres spirales de cette pierre & dans les moindres filets fibrillaires qui leur servent d'attache, & après une élaboration convenable il s'y incorpore; la pierre croît & s'étend en tout sens. Toutes ses pieces gardent les mêmes rapports entre elles, & le même jeu: la numismale accrue est en grand ce qu'elle étoit en petit. Il en est de même d'un cristal. Les petits corps réguliers & pyramidaux dont il est formé croissent avec la quille totale, en se nourrissant du suc nourricier qu'ils expriment de la terre au moyen d'une infinité de petits tuyaux dont ils sont garnis & qui communiquent les uns avec les autres, afin que les plus extérieurs portent le suc aux plus intérieurs : ce suc élaboré se cristallise, c'est-à-dire qu'il s'assimile au cristal pour le faire croître & augmenter de dimensions en tout sens; tandis qu'il croît les petits corps réguliers & pyramidaux conservent entre eux leurs mêmes relations

& leur même jeu ; la quille de criſtal reſte en grand ce qu'elle étoit en petit.

Une autre marque ſenſible que chaque quille de criſtal eſt le développement d'un germe accru par l'intuſſuſception d'une matiere alimentaire, c'eſt que toutes ces quilles ont une grandeur déterminée qu'elles ne paſſent point ; & cette grandeur varie ſelon les diverſes ſortes des criſtaux, par exemple, les quilles du criſtal de Briſtol ſont conſtamment moins groſſes que celles de tout autre criſtal : ce qu'on ne peut attribuer qu'à l'énergie naturelle du germe qui a ſon terme de développement & d'accroiſſement, comme les germes des végétaux & des animaux. On ne peut pas dire la même choſe d'une aggrégation accidentelle de parties accolées & agglutinées. Un tel compoſée doit toujours croître tant que le ſol lui fournit de la matiere. Cependant le contraire arrive. On trouve des gerbes de criſtal de huit, dix, & quatorze quilles & davantage. Suivant le ſyſtême des aggrégats ſucceſſifs, il ne devroit y avoir qu'une ſeule quille : les premieres molécules ayant commencé à ſe réunir pour former un premier compoſé, les loix du mouvement & de l'attraction doivent naturellement y porter, y appliquer toutes celles que le terrein ournira de nouveau, & accroître ainſi cette premiere maſſe. Si quelque cauſe accidentelle arrête e flux de molécules criſtallines dans leur cours, les oblige de former un nouveau compoſé, au noins ces aggrégats ſeront inégaux, ou porteont quelque autre marque du haſard qui préſide à eur formation. Mais ſi les quilles d'une même ſpece de criſtal ſont toutes d'une même figure, & 'une même groſſeur dans tous les endroits qui les roduiſent, ſi elles croiſſent toutes ſéparément, ſans e confondre en une ſeule, malgré leur contiguié, ce qui eſt atteſté par l'expérience journaliere, n ne peut rapporter ce triple phénomene qu'à l'invariabilité des germes conſervateurs de la figure qui y fut dessinée dès le commencement très en petit, & doués d'une certaine force d'extension qui borne leur accroissement à tel degré de grosseur, & retient chaque individu dans la sphere de son énergie.

Oui, l'intérieur des cristaux est tissu d'une infinité de tuyaux différemment figurés, calibrés, repliés, qui comme autant de filieres, épurent, façonnent, affinent les matieres nourricieres. Chaque fibre, chaque fibrille est elle-même très en petit une machine qui en exécutant des préparations analogues, s'approprie les sucs alimentaires, & leur donne l'arrangement qui convient à sa forme & à ses fonctions. La machine entiere n'est en quelque sorte que la répétition de toutes ces machinules dont les forces conspirent au même but général. Si cette derniere assertion est vraie des machines végétales & animales ; elle l'est bien davantage des machines cristallines, de l'aveu même du savant qui en nie l'organisation. Car, selon Mr. Bonnet, le cristal est formé de la répétition d'une infinité de petits corps réguliers & pyramidaux qui représentent, en quelque sorte, le tout très en raccourci ; & selon lui encore, chaque fibre du corps animal est une très-petite machine ; & l'animal entier n'est que la répétition de toutes ces machinules. On ne s'attendoit pas que cette analogie, cette ressemblance de structure portât ce Naturaliste à conclure que le cristal étoit un composé formé sur un plan tout-à-fait contraire à l'organisation de l'animal.

„ On sent à-présent combien il y a loin du fossile le plus régulier à la machine organique „ la plus simple, d'un sel, d'un cristal, par „ exemple, à un lychen, à un polype ; & „ combien le Physicien estimable à qui nous „ devons les connoissances les plus appro- „ fondies sur la formation des sels & des „ cristaux, avoit abusé des termes, en nous „ les présentant comme des especes de pro-

„ ductions organiques, placées dans l'échel-
„ le entre le végétal & le minéral."

J'ignore ce qui se passe dans l'esprit des autres. Pour moi, je ne sens point cette distance énorme, ou plutôt cette différence essentielle que l'on veut établir entre le fossile le plus régulier & la machine organique la plus simple, entre un sel & un lychen, un cristal & un polype. Je retrouve dans tous ces individus ce dessein général qui embrasse toutes les parties de la création terrestre, & d'après lequel tous les Etres ont été formés avec les variations convenables aux degrés différens qu'ils occupent dans l'échelle universelle. Je ne vois point que le célebre Professeur Bourguet ait abusé des termes en nous représentant les sels & les cristaux comme des especes de productions organiques. La lecture de son Livre (*) a fait une tout-autre impression sur moi: elle m'a confirmé de plus en plus dans le sentiment où j'étois de l'organisation de ces fossiles. Quelle satisfaction pour ceux qui l'ont embrassé, de penser que ce Philosophe y avoit été amené par les profondes connoissances qu'il avoit acquises sur la formation des sels & des cristaux. Voici en peu de mots le résultat de ses recherches pénibles & de ses observations aussi exactes qu'assidues. Je rapporterai ses propres termes.

„ S'éloigneroit-on beaucoup de la vérité, si l'on
„ disoit que les molécules qui sont de figure trian-
„ gulaire dans le cristal, dans le nitre, dans le dia-
„ mant, & dans plusieurs autres pierres précieu-
„ ses; rhomboïdale dans le sélénite, cubique dans
„ le sel; rhomboïde dans le vitriol; pyramidale dans
„ l'alun; & d'autres figures déterminées dans tou-
„ tes les masses simples, sont des corps organisés de

(*) Lettres philosophiques sur la formation des sels & des cristaux, &c.

„ diverses classes qui varient entre elles, autant que „ celles qui sont connues sous le nom de plantes, „ d'insectes, d'oiseaux, de poissons & d'animaux; „ & que comme la fonction des premiers est infini- „ ment différente de celle des derniers, leur orga- „ nisation est aussi infiniment plus simple, quoi- „ qu'accompagnée d'un principe de force, qui pro- „ duit les petits mouvemens d'adhésion entre ceux „ de même espece, qui mêlés ensuite avec d'autres „ corpuscules font des masses plus ou moins solides „ & régulieres, selon que leurs figures & leurs „ mouvemens s'accordent ensemble? Ceux à qui „ la physique est bien connue ne trouveront pas „ fort étrange ce que je viens d'avancer, puis- „ qu'ils n'ignorent pas qu'il y a une gradation en- „ tre les corps organisés, qui va en descendant du „ plus composé au plus simple, depuis l'homme „ jusques au moindre insecte; au plus chétif zoo- „ phyte, & à la moindre plante. Et sans aller si „ loin, les cheveux, le poil, les ongles & les „ dents du corps humain, nous fournissent l'exem- „ ple de corps qui végetent, qui ont une figure „ déterminée, & dont l'organisation est très-peu „ composée.

„ Ainsi il seroit vrai de dire que tout est orga- „ nisé dans la matiere, & que l'irrégularité & l'in- „ organisation que nous voyons dans une infinité „ d'amas, ne sont qu'apparentes, parce que nous „ ne saurions appercevoir que de loin, le régulier „ & l'organisé. Il nous arrive à cet égard ce qui „ arriveroit à un homme qui regarderoit une ar- „ mée du haut d'une montagne. Il verroit en gros „ un amas plus ou moins régulier, mais il n'ap- „ percevroit pas les soldats qui le composent, ni „ l'ordre qui y est observé. Ces corpuscules in- „ visibles & impalpables, sont comme dans un é- „ loignement infini pour nos sens & pour notre „ imagination; cependant dès que leur activité & „ leur accord les met dans un certain point, alors

„ nous pouvons les imaginer, les voir ensuite avec „ un microscope, & enfin les appercevoir à la simple vue. (*)"

„ Les sels, les cristaux, & tous les autres fossiles „ de ce genre ne sont pas plus organisés „ qu'un obélisque ou un portique. L'art „ assemble des matériaux pour construire „ un obélisque, il sait les tailler sous certaines proportions, & les arranger suivant „ certaines regles. La Nature en use à peu „ près de la même maniere dans la construction de ces petits obélisques que nous nommons des sels ou des cristaux. Elle les „ construit d'une infinité de petits corps réguliers, taillés sur des principes invariables, & qui sont les matériaux de ces édifices."

Quoi qu'on en dise, il y a toujours une grande différence entre les productions de la Nature & les ouvrages de l'art. Prétendre que la Nature fait une quille de cristal comme les hommes construisent un obélisque, c'est vouloir que la Nature fasse un homme comme un sculpteur taille une statue. En vérité, propose-t-on sérieusement de pareilles idées?

„ D'autres fois elle ne se pique pas de tant de „ régularité & de symmétrie: elle amasse „ pêle-mêle des matériaux de différens genres, qu'elle ne se met pas en peine de „ tailler, & dont elle compose des masses „ plus ou moins irrégulieres. Quantité de „ pierres, de cailloux, de minéraux sont „ des ouvrages de cette sorte. Elle met,

(*) Là-même, Lettre II.

„ sans doute, beaucoup d'art dans la formation
„ des métaux, & surtout dans celle des métaux
„ les plus parfaits : mais cet art est fort ca-
„ ché : il ne se manifeste guere au dehors,
„ & nous n'en jugeons un peu que par quel-
„ ques effets & quelques propriétés qui en
„ résultent."

Si les sels & les cristaux sont formés de parties régulieres composées elles-mêmes d'autres particules régulieres semblables beaucoup plus petites, c'est que la Nature les a taillées sur des principes invariables pour en construire ces petits édifices. Si quantité de pierres, de cailloux & de minéraux sont des touts irréguliers composés de matériaux de différens genres, & de différentes figures, c'est que la Nature ne s'est pas mis en peine de les tailler; elle les assembla pêle-mêle pour en faire des masses plus ou moins irrégulieres. Cela est bientôt dit. Mais n'est-ce pas substituer la maniere de l'art à celle de la Nature? Et lorsqu'on demande ce qui opere la taille des cubes du sel commun, des rhombes du vitriol, des octaëdres de l'alun de roche, & des exagones du nitre; ce qui assemble les élémens réguliers & homogenes des sels & des cristaux; ce qui amasse les élémens hétérogenes & irréguliers de quantité de pierres & de cailloux; ce qui les tient plus ou moins fortement liés; ce qui empêche les composés les plus irréguliers de passer une certaine mesure fixée pour chaque espece; ce qui donne à tous les individus de la même sorte la même figure, à l'exception de quelques différences légeres produites par des accidens; est-il bien satisfaisant de répondre que tous ces phénomenes s'operent par les loix du méchanisme universel: mot qui ne signifie rien, si l'on n'entend pas par-là un méchanisme organique; & s'il s'agit d'un méchanisme organique, on conçoit que les machines produites par une force organique sont des machines organisées.

„ Les caſſures de certains métaux offrent des
„ grains qui affectent une ſorte de régularité
„ ou d'uniformité, & qui peuvent ſervir à carac-
„ tériſer les eſpeces d'un même genre. La mal-
„ léabilité & la ductilité de l'or tiennent du
„ prodige, & ſuppoſent dans les élémens de
„ ce métal, une homogénéité, une configura-
„ tion, un arrangement, une liaiſon que nous
„ admirerions, comme nous admirons le
„ travail qui brille dans certains foſſiles, s'il
„ nous avoit été donné de pénétrer ce myſ-
„ tere, & d'en dévoiler les merveilles."

J'ai déja remarqué (*) que, dans l'étain & le zinc, les fils ou poils ſont très-finement & très-fortement criſpés ; qu'ils ſemblent ſe replier preſqu'à chaque point : ce qui leur donne la forme ſenſible de grains accolés dont chacun eſt applatti par ſes côtés par la preſſion des grains voiſins, le tiſſu total étant fort ſerré ; que les fibres transverſales adherent aux autres préciſément aux points où celles-ci ſe briſent. Voilà d'où vient la régularité ſenſible des grains à facettes de l'étain & du zinc, que l'on apperçoit en caſſant ces métaux. Mais cette ſtructure eſt organique.

On voit l'or & l'argent s'élever en filamens ſur les mines ou ſur les rognons dont ils ſortent. Les moiſſonneurs en trouvent ſous leur faucille, qui a pouſſé hors de terre : cela n'eſt point rare en Hongrie, comme tant d'auteurs l'ont obſervé avant moi, & l'on y voit auſſi de petits métaux qui végetent dans la moëlle des arbres. Un particulier fit préſent à l'Empereur Rodolphe de pluſieurs épis de bled, chargés de corps métalliques ramifiés. Un Profeſſeur d'hiſtoire à Nuremberg a trouvé de petits argens qui s'étoient moulés dans des morilles : ils en avoient la figure intérieure. Les cabinets

(*) Voyez Tome II. Partie II. Chap. XV.

des curieux ſont pleins d'arbriſſeaux de métal qui ſe ſont étendus ſous la forme de plante dans des ſubſtances criſtallines, pierreuſes, même métalliques hétérogenes. Mr. Henckel (*) n'héſite pas à attribuer leur extenſion à un ſuc nourricier qui en s'y incorporant les fait croître à la maniere des plantes & des animaux. On me pardonnera d'avoir répeté ici ces faits que j'ai rapportés ailleurs (†). Ce ſont des démonſtrations de la végétation & conſéquemment de l'organiſation de l'or & de l'argent.

„ D'autres corps ne compoſent point des maſ-
„ ſes liées ; ils ſont répandus par couches,
„ formées de grains peu adhérens les uns
„ aux autres, & dont les figures n'ont rien
„ de régulier. Tels ſont les ſables & les
„ terres. Les ſables, vus à la loupe, pré-
„ ſentent un amas de rocailles ou de cail-
„ loux, ſouvent demi-tranſparens, diverſe-
„ ment figurés & colorés. Les terres ſont
„ des amas de grains ou de molécules ſpon-
„ gieuſes qui en s'imbibant de l'humidité,
„ augmentent conſidérablement de volume,
„ & font effort contre les obſtacles qui s'op-
„ poſent à leur extenſion."

Cette expanſion des molécules terreuſes eſt véritablement organique : elle prouve que ces molécules ſont tiſſues d'une infinité de petits tuyaux affaiſſés lorſqu'ils ſont vuides, & qui ſe renflent en ſe rempliſſant d'eau.

„ Enfin les fluides, comme l'eau, l'air, le feu,
„ paroiſſent formés de molécules qui ne ſont

(*) Dans ſon Traité de l'Appropriation.
(†) Tome I. Partie II. Chapitre XV.

„ que se toucher. On se représente communément ces molécules, sous l'image de „ très-petites spheres, extrêmement lisses, „ qui cedent à la moindre force qui tend à les „ séparer. Mais il y a lieu de douter si la „ composition de tous ces fluides est aussi „ simple que nous l'imaginons. Ils nous „ montrent divers phénomenes qui semblent „ résulter d'une méchanique assez recher„ chée."

Et probablement d'un organisme dont la finesse échappe à nos yeux & à nos instrumens.

„ En perdant la fluidité, en devenant glace, „ l'eau ne change pas de nature; ses molé„ cules prennent seulement de nouveaux ar„ rangemens, de nouvelles positions respec„ tives. Elles tracent diverses figures, où „ l'imagination se plaît à trouver des imita„ tions assez exactes de différens objets: ce „ sont ordinairement de longues aiguilles, „ implantées les unes sur les autres, & qui „ forment des angles plus ou moins aigus. „ Aujourd'hui l'on épluche tout: on a été „ agréablement surpris de voir qu'ils étoient „ la plupart de 60 degrés. Cette proportion „ assez constante & si remarquable dépend ap„ paremment de quelque chose de particu„ lier dans la nature ou dans la configura„ tion des molécules."

Oui, elle dépend de la nature & de la configuration organiques des molécules aqueuses. La métamorphose de l'eau en glace, n'a rien de plus étrange, ni de plus mystérieux que celle de plusieurs insectes qui sont successivement vers, crysalides, & papillons. Toutes ces transformations se font vraisemblablement par un méchanisme semblable, ou du moins analogue.

„ Celles (les molécules) de l'air renferment „ probablement des particularités plus re- „ marquables encore. Son élasticité & la „ maniere dont il la perd & dont il la re- „ couvre, son aptitude à transmettre le son, „ & à propager avec la plus grande préci- „ sion tous les tons & tous les accords, in- „ diquent dans la composition de ce fluide un „ art secret & très-savant."

Elles indiquent un organisme secret & très-savant. Il n'y a point de ressort sans organisation. La faculté de transmettre le son & de propager avec la plus grande précision tous les tons & tous les accords, ne sauroit se trouver dans des molécules tout-à-fait brutes & inorganiques.

„ Il n'y a pas moins d'art dans la formation d'un „ rayon solaire : grace au Génie immortel qui „ osa le premier en faire la dissection, nous „ savons qu'il est composé originairement de „ sept rayons principaux, essentiellement „ différens & qui ont chacun leur réfrangi- „ bilité propre, résultat naturel de la diver- „ sité spécifique des molécules qui entrent „ dans leur composition. Que de merveil- „ les cachées dans l'abîme d'un rayon de „ lumiere! Mais combien l'œil de la mitte, „ qui rassemble cette lumiere, est-il un abîme „ plus profond!"

Il ne nous est pas permis de décider si l'œil d'une mitte contient plus de merveilles qu'un rayon solaire; & l'on peut raisonnablement conjecturer que la diverse réfrangibilité des sept rayons est le résultat naturel de leur différente organisation. La matiere de la lumiere est celle de la transpiration du soleil, matiere organique comme celle que transpirent les corps animaux terrestres.

Nous pouvons juger à-présent de la foiblesse des raisons alléguées pour prouver l'existence d'une matiere brute dont les particules, rassemblées par le hasard, sont supposées très-gratuitement former des corps bruts & sans organisation quelconque.

CHAPITRE V.

De la différence qu'il y a entre les productions de la Nature & les ouvrages de l'art. Parallele de la méchanique artificielle, & du méchanisme organique.

L'ART assemble, & la Nature organise. Voila ce qui distingue les produits de l'une, des ouvrages de l'autre.

On ne doit jamais perdre de vue ce grand principe lorsque l'on traite des Etres naturels. C'est faute de l'avoir présent à l'esprit que l'on compare les fossiles à des ouvrages de marqueteries, à un obélisque, à un portique, & la Nature à un artisan.

Il y a un organisme universel qui caractérise les produits naturels. L'art taille les matériaux qu'il veut employer: il les arrange les uns à côté des autres, ou les uns sur les autres, il les engraine, il les soude, il les cimente. L'homme a trouvé les loix de la méchanique, mais d'une méchanique artificielle & toute extérieure. Il en a tiré un merveilleux parti pour la construction des ouvrages qu'il exécute soit en grand ou en petit: mais toutes ses machines sont inorganiques, & les vastes édifices où il est comme perdu, sont des masses sans vie, sans jeu, sans action. Au contraire, tout vit dans la Nature, tous les Etres qu'elle produit sont esſentiellement organiques : ils ſe nourriſſent, croiſſent & ſe développent par une intuſſuſception de matiere organique qu'ils incorporent à leur ſubſtance. Le méchaniſme artificiel conſiſte à aſſembler des matériaux les uns avec les autres, à les coller, à les cimenter enſemble, à les attacher avec d'autres matériaux taillés pour cet effet, de ſorte qu'il n'agit jamais qu'à la ſurface des corps. Le méchaniſme organique élabore & prépare la matiere nourriciere qui doit ſervir à l'accroiſſement de l'individu : il porte cette matiere préparée dans l'intérieur des organes déja formés, pour en augmenter ainſi le diametre & la longueur. Il n'y a pas ici une ſimple juxta-poſition ou ſupra-poſition : c'eſt une pénétration intime, une incorporation qui ſe fait dans tous les points de la ſubſtance de l'Etre ; de ſorte que le méchaniſme organique agit dans l'intérieur même des ſubſtances. L'Etre organique eſt en petit ce qu'il eſt en grand : il n'acquiert point de nouvelles parties, il les avoit toutes dès le commencement, mais elles étoient abrégées, raccourcies dans toutes leurs parties ; & l'effet du méchaniſme organique eſt de les développer, de les étendre juſqu'à leur parfait accroiſſement. Les ouvrages de l'art ne croiſſent point : on les forme par parties ; chaque partie eſt toute faite quand on la joint aux autres. Ils ne peuvent être d'abord en petit & puis exiſter en grand, car ils n'ont aucune force d'extenſion. L'art ne peut faire un germe-obéliſque, par exemple, lequel croiſſe & ſe développe juſqu'à un certain point ; au lieu que tous les produits naturels commencent d'exiſter ſous la forme de germes. Mais l'art peut faire un obéliſque plus ou moins haut ſur une baſe plus ou moins large ; au lieu que la grandeur des produits naturels eſt déterminée, ainſi que toutes leurs autres dimenſions, par l'énergie particuliere de chaque germe : car l'organiſme univerſel eſt modifié & réglé par la ſtructure des machines particulieres &

par l'artifice de leurs organes. Les ouvrages de l'art n'en produisent point de semblables : on n'a point encore vu de maison produire une autre maison : la méchanique artificielle n'a pas été portée à ce degré de perfection, & il n'est pas à espérer qu'elle le soit jamais. Un effet naturel de l'organisme naturel, c'est de faire produire aux Etres organiques, d'autres Etres semblables. Enfin tous les produits de la Nature sont entiers, & l'art n'exécute aucun ouvrage que par parties.

CHAPITRE VI.

La matiere est essentiellement organique.

Toute la matiere n'est que semence, graine ou germes.

Je regarde l'organisation comme une qualité essentielle à la matiere, qualité aussi essentielle que l'étendue ; & j'en fais la base des facultés communes à tous les Etres, qui sont celles de se nourrir, de croître & d'engendrer. On peut diviser, briser, hacher les Etres organiques : on détruira la forme & la structure totale, sans détruire l'organisation des parties ; on ne peut la leur enlever : tant qu'elles sont matiere, elles demeurent organiques, dans quelqu'état qu'elles soient, & conservent la faculté de se nourrir, de croître & d'engendrer, pour la déployer quand les circonstances seront favorables. Car toute la matiere est germe & peut se résoudre en germes. Il est vrai qu'ils ne sont pas tous développés à la fois & que les germes développés contiennent tous ceux qu'ils se sont assimilés comme nourriture propre à leur accroissement. Il est vrai qu'un germe quelconque est composé d'autres germes, & cela dans une progreſſion deſcendante inépuiſable, de ſorte qu'un germe développé, un corps parfait ſe réſout en d'autres germes, lorſque nous diſons qu'il meurt, qu'il ſe corrompt & tombe en pourriture. Il eſt vrai encore que les germes ne ſeront jamais tous développés, parce que la ſomme en eſt inépuiſable. Le produit immédiat de la cauſe créatrice a été la ſemence des choſes ; & toute la matiere n'eſt que ſemence, graine ou germe, & ne ſauroit être autre choſe. Quelque forme que l'art lui donne, quels que ſoient les compoſés qu'il en fait, cette matiere eſt toujours organique & germe : ſeulement l'effet de ſon organiſme eſt ſuſpendu. Mais cet organiſme n'eſt point détruit, & ne ſauroit l'être. Quand un germe développé juſqu'à ſon terme périt, toutes ſes parties diſſoutes conſervent leur organiſme particulier, & tout cela doit moins s'appeller une deſtruction qu'une génération; puiſque les parties détachées acquierent par-là plus de diſpoſition à leur développement particulier, ... que toute génération n'eſt qu'un développement.

Du moins l'organiſme du germe diſſout eſt détruit?.. C'eſt ce que je n'oſerois aſſurer: je conçois cette diſſolution comme la perfection de cet organiſme qui ſemble ſe détruire, & qui réellement ſe reproduit avec avantage en ſe transformant en pluſieurs autres organiſmes. Cette queſtion au reſte eſt une pure ſubtilité; les formes paſſent; les compoſés ſe décompoſent, non en des molécules ſimples & brutes, mais en d'autres compoſés organiques. Le point eſſentiel eſt que, quoi qu'il arrive à la matiere, elle reſte toujours germe, toujours capable de croître & d'engendrer des Etres ſemblables à leur mere.

Les maiſons que nous habitons avec tous les matériaux dont elles ſont bâties, pierres, métaux, ſable, ciment, &c. les meubles dont nous ornons ces maiſons autant pour le luxe que pour l'utilité; les ustenciles dont nous nous servons; les habits que nous portons : tout cela est de la matiere organique, des germes propres à être fécondés, destinés à perpétuer la Nature. C'est pour cela que les villes sont englouties & réduites en cendres dans les vastes flancs de la terre. Là se dissolvent tous ces ouvrages de l'art & reviennent peu-à-peu à leur état naturel. La terre se nourrit de leurs débris. Il s'en forme un suc qui sert de nourriture aux minéraux & aux végétaux. Les végétaux & les minéraux servent eux-mêmes d'alimens aux animaux. Ainsi la matiere devient successivement métal, pierre, plante, animal. Que dis-je? elle passe encore par tous les composés artificiels auxquels l'industrie humaine l'emploie. Tant de métamorphoses ne changent rien à son essence, & ne lui enlevent point l'organisme qui lui est inhérent.

CHAPITRE VII.

COROLLAIRE.

La matiere est essentiellement animale.

NOUS venons de poser que la matiere est essentiellement douée de la faculté de se nourrir, de croître & d'engendrer. Nous avons vu aussi que cette triple faculté étoit le caractere distinctif de l'animalité. Concluons donc que la matiere est essentiellement animale.

Un germe est un Etre replié, contracté, réduit au moindre terme de son existence. C'est de cette contraction que lui vient sa force évolutive, en vertu de laquelle il se nourrit & croît par l'intussusception des alimens propres à son développement, lesquels ne lui sont propres & analogues que parce qu'ils contiennent d'autres germes semblables, ou presque semblables. Le méchanisme de la nutrition porte ces germes dans les réservoirs qui leur sont destinés, & où ils abondent dans l'âge de puberté. Cette abondance produit une irritation, une énergie, qui est une vraie force génératrice & qui ne manque pas d'avoir son effet, selon les loix & la maniere prescrites par la structure particuliere de chaque individu, pour l'exercice de cette faculté.

Fin du troisieme Livre.

TRAITÉ DE L'ANIMALITÉ.

LIVRE QUATRIEME.

ESSAI DE RE'PONSES A' QUELQUES QUESTIONS CONCERNANT LA DIVISION DE LA MATIERE EN MATIERE MORTE ET EN MATIERE VIVANTE.

CHAPITRE I.

Questions.

I.

„ Si les phénomenes ne sont pas enchaînés les „ uns aux autres, il n'y a point de philosophie. Les „ phénomenes seroient tous enchaînés, que l'état „ de chacun d'eux pourroit être sans permanence. „ Mais si l'état des Etres est dans une vicissitude „ perpétuelle, si la Nature est encore à l'ouvrage, „ malgré la chaîne qui lie les phénomenes, il n'y a „ point de philosophie. Toute notre science natu„ relle est aussi transitoire que les mots. Ce que „ nous prenons pour l'histoire de la Nature n'est „ que l'histoire très-incomplette d'un instant. Je

„ demande donc si les métaux ont toujours été & „ seront toujours tels qu'ils sont ; si les plantes ont „ toujours été & seront toujours telles qu'elles „ sont; si les animaux ont toujours été & seront „ toujours tels qu'ils sont, &c. ? Après avoir mé„ dité profondément sur certains phénomenes, un „ doute qu'on vous pardonneroit, ô Sceptiques, „ ce n'est pas que le monde ait été créé, mais „ qu'il soit tel qu'il a été & qu'il sera.

II.

„ De même que dans les regnes animal & vé„ gétal, un individu commence, pour ainsi dire, „ s'accroit, dure, dépérit & passe; n'en seroit-il pas „ de même des Especes entieres? Si la Foi ne nous „ apprenoit que les animaux sont sortis des mains „ du Créateur tels que nous les voyons, & s'il „ étoit permis d'avoir la moindre incertitude sur „ leur commencement & sur leur fin, le philoso„ phe abandonné à ses conjectures ne pourroit-il „ pas soupçonner que l'animalité avoit de toute „ éternité ses élémens particuliers épars & confon„ dus dans la masse de la matiere; qu'il est arrivé „ à ces élémens de se réunir, parce qu'il étoit pos„ sible que cela se fit; que l'embryon formé de ces „ élémens a passé par une infinité d'organisations, „ & de développemens; qu'il a eu par succession, „ du mouvement, de la sensation, des idées, de „ la pensée, de la réflexion, de la conscience, „ des sentimens, des passions, des signes, des „ gestes, des sons, des sons articulés, une lan„ gue, des loix, des sciences, & des arts; qu'il „ s'est écoulé des millions d'années entre chacun „ de ces développemens; qu'il a peut-être encore „ d'autres développemens à subir, & d'autres ac„ croissemens à prendre, qui nous sont inconnus; „ qu'il a eu ou qu'il aura un état stationaire; qu'il „ s'éloigne, ou qu'il s'éloignera de cet état par un „ dépérissement éternel, pendant lequel ses facul-

„ tés sortiront de lui comme elles y étoient entrées; „ qu'il disparoîtra pour jamais de la Nature ; ou „ plutôt qu'il continuera d'y exister, mais sous une „ forme & avec des facultés tout autres que cel- „ les qu'on lui remarque dans cet instant de la du- „ rée? La Religion nous épargne bien des écarts & „ bien des travaux. Si elle ne nous eût point é- „ clairés sur l'origine du monde, & sur le systême „ universel des Etres, combien d'hypotheses dif- „ férentes que nous aurions été tentés de prendre „ pour le secret de la Nature? Ces hypotheses „ étant toutes également fausses, nous auroient „ paru toutes à-peu-près également vraisemblables. „ La question, *Pourquoi il existe quelque chose*, est „ la plus embarrassante que la Philosophie pût se „ proposer, & il n'y a que la Révélation qui y „ réponde.

III.

„ Si l'on jette les yeux sur les animaux & sur la „ terre brute qu'ils foulent aux pieds; sur les mo- „ lécules organiques & sur le fluide dans lequel el- „ les se meuvent; sur les insectes microscopiques, „ & sur la matiere qui les produit & qui les envi- „ ronne; il est évident que la matiere en général est „ divisée en matiere morte & en matiere vivante. „ Mais comment se peut-il faire que la matiere ne „ soit pas une, ou toute vivante, ou toute morte? „ La matiere vivante est-elle toujours vivante? Et „ la matiere morte est-elle toujours & réellement „ morte? La matiere vivante ne meurt-elle point? „ La matiere morte ne commence-t-elle point à „ vivre?

IV.

„ Y a-t-il quelqu'autre différence assignable en- „ tre la matiere vivante, que l'organisation, & que „ la spontanéité réelle ou apparente du mouve- „ ment.

V.

„ Ce qu'on appelle matiere vivante, ne seroit-
„ ce pas seulement une matiere qui se meut par el-
„ le-même? Et ce qu'on appelle une matiere mor-
„ te, ne seroit-ce pas une matiere mobile par une
„ autre matiere?

VI.

„ Si la matiere vivante est une matiere qui se
„ meut par elle-même, comment peut-elle cesser
„ de se mouvoir sans mourir?

VII.

„ S'il y a une matiere vivante & une matiere
„ morte par elles-mêmes, ces deux principes suf-
„ fisent-ils pour la production générale de toutes les
„ formes & de tous les phénomenes?

VIII.

„ En Géométrie une quantité réelle jointe à une
„ quantité imaginaire donne un tout imaginaire:
„ dans la Nature si une molécule de matiere vivan-
„ te s'applique à une molécule de matiere morte,
„ le tout sera-t-il vivant, ou sera-t-il mort?

IX.

„ Si l'aggrégat peut être ou vivant, ou mort,
„ quand & pourquoi sera-t-il vivant? Quand &
„ pourquoi sera-t-il mort?

X.

„ Mort ou vivant, il existe sous une forme.
„ Sous quelque forme qu'il existe, quel en est le
„ principe?

XI.

„ Les Moules font-ils principes des formes ? „ Qu'eft-ce qu'un moule ? Eft-ce un Etre réel & „ préexiftant ? Ou n'eft-ce que les limites intelli- „ gibles de l'énergie d'une molécule vivante unie à „ la matiere morte ou vivante ; limites détermi- „ nées par le rapport de l'énergie en tout fens, „ aux réfiftances en tout fens ? Si c'eft un Etre „ réel & préexiftant, comment s'eft-il formé ?

XII.

„ L'energie d'une molécule vivante varie-t- „ elle par elle-même ? Ou ne varie-t-elle que fe- „ lon la quantité, la qualité, les formes de la ma- „ tiere morte ou vivante à laquelle elle s'unit ?

XIII.

„ Y a-t-il des matieres vivantes fpécifiquement „ différentes des matieres vivantes ? ou toute ma- „ tiere vivante eft-elle effentiellement une & propre „ à tout ? J'en demande autant des matieres mor- „ tes.

XIV.

„ La matiere vivante fe combine-t-elle avec de „ la matiere vivante ? Comment fe fait cette com- „ binaifon ? Quel en eft la réfultat ? J'en demande „ autant de la matiere morte.

XV.

„ Si l'on pouvoit fuppofer toute la matiere vi- „ vante, ou toute la matiere morte, y auroit-il „ autre chofe que de la matiere morte, ou que de „ la matiere vivante ? ou les molécules vivantes „ ne pourroient-elles pas reprendre la vie après „ l'avoir perdue, pour la reprendre encore & ainfi „ de fuite à l'infini ?"

Ces questions terminent un ouvrage très-philosophique intitulé, *Pensées sur l'interprétation de la Nature;* je ne me les propose ici à résoudre que par le rapport qu'elles peuvent avoir avec mes idées sur le systême universel des Etres matériels, qui n'est autre que le systême de l'animalité, & je ne les envisagerai que sous ce rapport. L'essai de réponse que je vais en donner me fournira l'occasion de développer plusieurs points d'une très-grande importance dans cette matiere.

CHAPITRE II.

Réponse à la premiere Question. De la succession naturelle des Etres.

QUESTION.

„ *Si les phénomenes ne sont pas enchaînés les uns aux „ autres, il n'y a point de Philosophie. Les phénomenes seroient tous enchaînés, que l'état de chacun „ d'eux pourroit être sans permanence. Mais si l'état „ des Etres est dans une vicissitude perpétuelle; si „ la Nature est encore à l'ouvrage, malgré la chaîne qui lie les phénomenes, il n'y a point de philosophie. Toute notre science naturelle est aussi „ transitoire que les mots. Ce que nous prenons pour „ l'histoire de la Nature n'est que l'histoire très incomplette d'un instant. Je demande donc si les métaux „ ont toujours été & seront toujours tels qu'ils sont; „ si les plantes ont toujours été & seront toujours „ telles qu'elles sont; si les animaux ont toujours été „ & seront toujours tels qu'ils sont, &c.? Après „ avoir médité profondément sur certains phénomenes, un doute qu'on vous pardonneroit, ô Sceptiques, ce n'est pas que le monde ait été créé, mais „ qu'il soit tel qu'il a été & qu'il sera.*"

REPONSE.

L'EXISTENCE de la Nature est nécessairement successive. La Nature n'existe point totalement, mais en détail. L'état de permanence ne lui convient point. Les germes créés tous ensemble, ne se développent point tous ensemble. La loi des générations, ou des manifestations, amene ces développemens à la suite les uns des autres. On sent aussi que chaque développement est successif, & qu'il se fait dans la plus petite mesure possible, afin que la Nature ait toutes les manieres d'être possibles. Dans cette vicissitude continuelle, il n'y a pas deux points de son existence précisément semblables en tout, ou en partie. Quoique toujours la même, elle est toujours différente. Je réponds donc affirmativement que jamais la Nature n'a été & ne sera précisément telle qu'elle est à l'instant où je parle; que jamais les minéraux n'ont été & ne seront tels qu'ils sont; que jamais les plantes n'ont été & ne seront telles qu'elles sont; que jamais les animaux n'ont été & ne seront tels qu'ils sont, &c. Que dis-je? je ne doute pas qu'il n'y ait eu un temps où il n'y avoit encore ni minéraux, ni aucun des Etres que nous appellons animaux; c'est-à-dire un temps où tous ces individus n'existoient encore qu'en germes, sans qu'il y en eût un seul d'éclos. Peut-être qu'au commencement il n'y eut qu'un seul germe développé, lequel absorba tous les autres comme matiere nécessaire à son développement. Peut-être aussi y a-t-il toujours eu une quantité innombrable de développemens simultanés. Au moins il paroît sûr que la Nature n'a jamais été, n'est point, & ne sera jamais stationaire, ou dans un état de permanence: sa forme est nécessairement passagere. Elle a toujours été & sera toujours, mais toujours avec une maniere d'être différente. La Nature est toujours à l'ouvrage, toujours en travail, en ce sens qu'il s'y fait sans cesse des développemens, des générations.

Mais si l'état des Etres est dans une vicissitude perpétuelle; si la Nature est encore à l'ouvrage, malgré la chaîne qui lie les phénomenes, il n'y a point de philosophie. Toute notre science naturelle est aussi transitoire que les mots. Ce que nous prenons pour l'histoire de la Nature n'est que l'histoire très-incomplette d'un instant....

Dire qu'il n'y a point de philosophie, si la Nature n'est pas dans un état de permanence, il me semble que c'est outrer les choses. La science naturelle est la connoissance de la Nature, telle qu'elle est. Si la Nature est dans une vicissitude perpétuelle, on peut observer ses changemens, les connoître; & cette connoissance sera une science naturelle. Si la Nature est encore à l'ouvrage, on peut étudier ses opérations, en suivre la marche & l'enchaînement, les contempler & les connoître; & cette connoissance sera une science naturelle. Il est nécessaire que la science des choses soit transitoire comme les choses même. Notre globe a subi des révolutions, il a changé de face: ce qui étoit mer est devenu terre, & ce qui étoit terre est devenu mer: de vastes marais ont été desséchés, & les hommes ont élevé de superbes villes, où de vils reptiles avoient établi leurs demeures. Ces changemens du globe ont fait réformer plusieurs fois la géographie. S'ensuit-il qu'il n'y ait point de géographie? Il s'ensuit seulement que la description de la terre doit changer à chaque révolution sensible. Il en est de même de l'astronomie & de toutes les autres parties de l'histoire naturelle. Le monde moral est également transitoire, les hommes changent de principes, de religions, de mœurs; mais ce n'est pas ici le lieu d'en parler. L'histoire de la Nature n'est que l'histoire très-incomplette de quelques instans. Cela ne sauroit être autrement, vu la viissitude continuelle des choses. Il faut pourtant bserver que le changement que subit le systê-e total d'un instant à l'autre, ne nous est pas sen-ble; qu'il faut un très-grand nombre de ces chan-emens accumulés pour en former un dont nous ous appercevions; qu'il faut bien des siecles pour pérer un changement qui renverse de fond en com-le l'édifice de la science naturelle & oblige des avans à le rebâtir de nouveau sur d'autres fonde-ens; de sorte que les observations, les expérien-es, les vues, en un mot la science réelle d'un emps, sont encore applicables à un autre temps, à eu de chose près, à moins que ces temps ne oient extrêmement éloignés.

CHAPITRE III.

éponse à la seconde question. Des prétendues especes.

QUESTION.

„ *De même que dans les regnes animal & végétal, un*
„ *individu commence, pour ainsi dire, s'accroît, du-*
„ *re, dépérit & passe; n'en seroit-il pas de même*
„ *des especes entieres? Si la foi ne nous apprenoit*
„ *que les animaux sont sortis des mains du Créateur*
„ *tels que nous les voyons, & s'il étoit permis d'a-*
„ *voir la moindre incertitude sur leur commencement*
„ *& sur leur fin, le philosophe abandonné à ses con-*
„ *jectures ne pourroit-il pas soupçonner que l'animali-*
„ *té avoit de toute éternité ses élémens particuliers*
„ *épars & confondus dans la masse de la matiere;*
„ *qu'il est arrivé à ces élémens de se réunir, parce*
„ *qu'il étoit possible que cela se fît; que l'embryon*
„ *formé de ces élémens a passé par une infinité d'or-*
„ *ganisations & de développemens; qu'il a eu par*
„ *succession, du mouvement, des idées, de la réfle-*

„ *xion, de la conscience, des sentimens, des passions* „ *des signes, des gestes, des sons, des sons articulés,* „ *une langue, des loix, des sciences & des arts; qu'il* „ *s'est écoulé des millions d'années entre chacun de ces* „ *développemens; qu'il a peut-être encore d'autres développemens à subir, & d'autres accroissemens à* „ *prendre, qu'il a eu ou qu'il aura un état stationnaire; qu'il s'éloignera de cet état par un dépérissement éternel pendant lequel ses facultés sortiront de* „ *lui comme elles y étoient entrées; qu'il disparoîtra* „ *pour jamais de la Nature; ou plutôt qu'il continuera d'y exister, mais sous une forme & avec des* „ *facultés tout autres que celles qu'on lui remarque* „ *dans cet instant de la durée? La Religion nous* „ *épargne bien des écarts & bien des travaux. Si elle* „ *ne nous eût point éclairés sur l'origine du monde & sur* „ *le systéme universel des Etres, combien d'hypothèses différentes que nous aurions été tentés de prendre pour le secret de la Nature? Ces hypothèses* „ *étant toutes également fausses nous auroient paru* „ *toutes à-peu-près également vraisemblables. La* „ *question,* Pourquoi il existe quelque chose, *est* „ *la plus embarrassante que la Philosophie pût se proposer, & il n'y a que la Révélation qui y réponde.*"

REPONSE.

Il n'y a que des individus & point d'especes. Ainsi il est inutile de demander si les especes entieres commencent, s'accroissent, durent, dépérissent & passent comme les individus. Toute la matiere n'est que germes. Un germe est fécondé, il éclôt, il croît, se développe, & finalement se dissout en particules germes qui éclosent à leur tour & se développent dans les circonstances favorables à leur développement, pour se dissoudre elles-mêmes en d'autres germes. Il en est ainsi de tous les germes, c'est-à-dire de tous les Etres. Ils passent tous, & pas un ne ressemble précisément à l'autre.

Ce que l'on dit donc des especes & de leur permanence est une vaine imagination, fondée sur des apparences abusives. La différence d'un Etre à l'autre étant la même tout le long de l'échelle naturelle, on n'a point de raison suffisante pour faire une espece particuliere d'une suite partielle de quelques individus, à l'exclusion des autres; les deux Etres contigus à cette espece prétendue, c'est-à-dire celui qui touche au commencement, & celui qui en suit la fin, ont tout autant de droit d'y être compris que le second & le pénultieme de l'espece. En effet le second de l'espece ne ressemble pas plus au premier que le premier ne ressemble à celui qui le précede & qui pourtant est placé dans une autre espece; de même l'individu qui suit immédiatement le dernier de l'espece n'en differe pas plus que ce dernier ne differe du pénultieme. En faisant réflexion que, puisqu'il n'y a pas de raison suffisante pour exclure de l'espece supposée les deux Etres qui lui sont contigus d'un côté & de l'autre, il faut les y admettre, & que ces deux-ci y étant admis, on sera forcé par la loi de l'induction à y recevoir aussi ceux qui les touchent immédiatement, on sentira que cette loi nous mene nécessairement à y comprendre la collection universelle des Etres: & ne reconnoître qu'une espece, c'est la même chose que de n'en point reconnoître du tout.

Le philosophe ne se contentera pas de soupçonner que l'animalité avoit de toute éternité ses élémens particuliers épars & confondus dans la masse de la matiere; qu'il est arrivé à ces élémens de se réunir parce qu'il étoit possible que cela se fît; que l'embryon formé de ces élémens a passé par une infinité d'organisations & de développemens: il lira dans le grand livre de la Nature, que l'animalité est essentielle à la matiere, que la matiere essentiellement animale est originairement divisée en germes qui se développent par succession, chacun dans son temps; que toutes les organisations & tous les développemens, dont la somme est inépuisable, sont intimément liés, étroitement serrés, sans vuide & sans lacune; que dans l'échelle des Etres aussi finement graduée qu'il est possible, l'organisation de tous les individus ne comporte pas la même perfection, les mêmes puissances, ni les mêmes actions, parce qu'elle ne se produit pas sous la même forme totale, & que c'est cette forme, tant intérieure qu'externe, qui modifie la force organique universelle dont la matiere est douée.

Quant à l'ordre des développemens, je crois bien que la Nature a toujours procédé du moins composé au plus composé. L'organisation la plus compliquée que nous connoissions est celle de l'homme, aussi produit-elle plus de phénomenes qu'aucune autre. Il y aura eu des temps où aucun germe humain n'étoit développé. Mais combien falloit-il de millions d'années ou de siecles pour faire mûrir la graine humaine? Combien falloit-il de manifestations pour amener celle-là? Nous ne sommes pas en état de le dire. Il n'y a point d'intervalle, ni grand, ni petit, entre deux développemens successifs & voisins. La Nature passe de l'un à l'autre sans discontinuité. Lorsque nous croyons appercevoir de l'interruption, une solution de continuité, c'est que les nuances intermédiaires nous échappent.

Les facultés étant attachées aux formes, comme nous venons de l'expliquer, la succession des unes doit être accompagnée de celle des autres. S'il y a des formes qui passent, les facultés qui en résultent doivent passer avec elles. Comme la forme totale d'un germe développé s'évanouit, lorsque cet Etre parfait se dissout en d'autres germes, aussi ses facultés périssent. Il pourra y avoir un temps auquel il n'y ait pas un seul Etre conformé comme ceux que nous voyons à cet instant de la durée des choses: alors il n'y aura aucune des

des facultés qui sont à présent. Elles auront abandonné la matiere, parce que la matiere aura pris d'autres formes, & que d'autres formes donnent d'autres facultés. La vicissitude perpétuelle des choses créées le veut ainsi. Ce dépérissement n'a pourtant lieu que par rapport aux facultés accidentelles, comme j'ai fait voir que l'animalité n'avoit point de forme qui lui fût essentielle : car, pour ce qui est du caractere de l'animalité, il est attaché à la matiere même, & non aux formes qu'elle peut revêtir ou quitter sans cesser d'être animale (*).

La question *Pourquoi il existe quelque chose*, est la plus embarrassante que la Philosophie pût se proposer... J'en conviens, & j'ai taché d'y répondre philosophiquement dans le Tome IIIme. de cet Ouvrage.

CHAPITRE IV.

Réponse à la troisieme Question. Toute la matiere est vivante. De la vie des germes.

QUESTION.

„ *Si l'on jette les yeux sur les animaux & sur la terre brute qu'ils foulent aux pieds; sur les molécules organiques & sur le fluide dans lequel elles se meuvent; sur les insectes microscopiques & sur la matiere qui les produit & qui les environne; il est évident que la matiere en général est divisée en matiere morte & en matiere vivante. Mais, comment se peut-il faire que la matiere ne soit pas une, ou toute morte, ou toute vivante? La matiere vivante est-elle toujours vivante? Et la matiere*

(*) Ci-devant Livre II. Chapitre II. & suiv.

„ *morte est-elle toujours & réellement morte? La matiere vivante ne meurt-elle point? La matiere morte ne commence-t-elle point à vivre?*

REPONSE.

Je doute que le spectacle de la Nature bien étudiée nous porte à regarder comme une vérité certaine & évidente, que la matiere en général est divisée en matiere morte & en matiere vivante. La terre que les animaux foulent aux pieds se régénere & produit sans cesse: ce qui n'est pas le propre d'une matiere brute & morte. Le fluide, où se meuvent les animalcules spermatiques, n'est lui-même qu'un amas d'autres animalcules, ou germes plus petits, dont le mouvement seroit sensible vu par de meilleurs instrumens. Toute la matiere n'est que germes; & un germe est un Etre organique doué d'une vie particuliere qui ne consiste probablement que dans un mouvement rapide. La vivacité du mouvement des animalcules découverts dans toutes les semences, nous le fait ainsi juger. Un effet de ce mouvement très-preste, est de former différens grouppes d'animaux germes que l'on voit se briser ensuite pour composer d'autres amas. La vie des germes n'est point semblable à la vie de développement. Les germes ne se nourrissent point, ne croissent point, n'engendrent point. On pourroit croire néanmoins qu'ils acquierent quelque sorte de perfectionnement qui les amene insensiblement au point de leur premier développement: car les supposer dans un état précisément le même tout le temps qu'ils restent germes, c'est ce que ne permet pas la vicissitude des choses créées. La grande agitation, où sont les germes & qu'ils se donnent, est un effort qui tend au développement, ce qu'il est aisé d'imaginer dans la contraction qu'ils souffrent. Ces efforts multipliés, la seule action dont ils soient capables entant que germes, augmentent

& perfectionnent leur vertu évolutive, qui se trouve ainsi exaltée au plus haut degré, lorsque des circonstances combinées dès le commencement favorisent leur fécondation. Les germes ont donc une vie réelle; & toute la matiere étant germe, elle est toute vivante. Seulement il y a deux especes de vie, celle des germes, & celle des Etres développés; mais ces deux n'en font proprement qu'une; la premiere est le commencement de la seconde; celle-ci est amenée par l'autre, comme l'enfance amene la jeunesse, la jeunesse l'âge mûr, & l'âge mûr la vieillesse: ce qui donne cinq périodes à la vie naturelle de tout Etre.

J'ai fait voir ci-dessus les inconvéniens & les inconséquences du systême qui admet une matiere morte, & une matiere vivante. On ne peut alléguer une bonne raison pourquoi la matiere n'est pas une; & on démontre très-bien qu'une matiere brute, inorganique, morte, répugne en soi & au systême présent de la Nature. La matiere essentiellement vivante est toujours vivante.

CHAPITRE V.

Réponse à la quatrieme Question. De la différence qu'il y a entre la matiere vivante, & la matiere prétendue morte.

QUESTION,

„ *Y a-t-il quelqu'autre différence assignable entre la* „ *matiere morte & la matiere vivante, que l'organisation, & que la spontanéité réelle ou apparente du mouvement?*"

REPONSE.

APRÈS la solution que l'on a donnée des questions précédentes, celle-ci tombe d'elle-même. La différence qu'il y a entre la matiere morte & la matiere vivante, c'est que la matiere morte est une pure imagination, une chimere, une impossibilité, au lieu que la matiere vivante est une réalité qui existe & qui a toujours existé.

CHAPITRE VI.

Réponse à la cinquieme Question. Toute la matiere a la faculté de se mouvoir elle-même.

QUESTION.

„ *Ce qu'on appelle matiere vivante ne seroit-ce pas seulement une matiere qui se meut par elle-même? Et* „ *ce qu'on appelle une matiere morte ne seroit-ce pas* „ *une matiere mobile par une autre matiere?*"

REPONSE.

TOUTE la matiere, entant qu'organique & vivante, a la faculté de se mouvoir elle-même. Cette spontanéité de mouvement lui est inhérente; les effets en sont réglés & déterminés par les besoins naturels de chaque Etre. Les germes n'ont d'autre besoin que celui d'exalter tellement leur force évolutive, qu'elle parvienne au degré nécessaire pour procurer leur développement dans les circonstances favorables, aussi tout le mouvement spontané des germes se réduit à une exagitation continuelle qu'ils se donnent pour cet effet.

CHAPITRE VII.

Réponse à la sixieme Question. La matiere ne perd jamais la faculté de se mouvoir.

QUESTION.

„ *Si la matiere vivante est une matiere qui se meut* „ *par elle même, comment peut-elle cesser de se mouvoir sans mourir?*"

REPONSE.

IL est évident que la matiere essentiellement vivante a essentiellement la faculté de se mouvoir par elle-même, & qu'elle ne peut pas plus perdre cette faculté qu'être dépouillée de son essence. Je ne dis pas seulement que la mobilité est essentielle à la matiere, j'ajoute que la matiere est dans un mouvement perpétuel, toujours en action, & jamais dans un repos parfait. Son organisme s'exerce toujours d'une façon ou d'autre. Que ce mouvement soit sensible ou insensible, local ou non local, peu importe, il est toujours réel. La matiere ne pourroit cesser de se mouvoir sans mourir; mais la matiere essentiellement vivante ne meurt point. Un germe ne meurt point, c'est-à-dire, il ne devient point une matiere brute & inorganique. Toutes ses parties détachées ne font plus un seul composé; mais elles vivent toujours chacune à part. Lorsqu'on a coupé un polype en quatre morceaux, & que ces quatre parties régénérées font quatre polypes vivans, peut-on dire que le premier polype soit mort? Non, sans doute. La section ne l'a point fait mourir, elle l'a transformé seulement en quatre autres polypes que sa forme recouvroit. La chenille métamorphosée en papillon n'est point morte: elle n'a fait que changer de figure.

CHAPITRE VIII.

Réponse à la septieme Question. Une matiere vivante suffit pour la production de toutes les formes & de tous les phénomenes du monde materiel, & une matiere morte en dérangeroit l'économie.

QUESTION.

„ *S'il y a une matiere morte & une matiere vivante* „ *par elle-même, ces deux principes suffisent-ils* „ *pour la production générale de toutes les formes &* „ *de tous les phénomenes?*"

REPONSE.

Il n'y a point de matiere morte. Une matiere organique, active & vivante par elle-même est un principe suffisant pour la production générale de toutes les formes & de tous les phénomenes du monde matériel. En reconnoissant que toute la matiere est organique, active & vivante, on n'a plus besoin de recourir à des natures plastiques, à des ames formatrices, à des intelligences rectrices, pour leur faire organiser une matiere qui ne seroit pas susceptible d'organisation, si elle étoit réellement brute. Il n'y a point, dans la Nature, d'autre principe de vie, d'autre principe actif, que l'activité même des germes, dont les développemens constituent tous les phénomenes du système universel, où toute production n'est que développement & transformation.

La matiere morte répugne à l'économie actuelle: elle romproit la chaîne des Etres; elle troubleroit la marche & les opérations de la Nature (*).

(*) Voyez ci-devant Livre III. Chapitre II.

CHAPITRE IX.

Réponse à la huitieme Question. Fausse supposition. Composé bisarre d'individus incompatibles.

QUESTION.

„ *En géométrie, une quantité réelle jointe à une quantité imaginaire donne un tout imaginaire : dans la Nature, si une molécule de matiere vivante s'applique à une molécule de matiere morte, le tout sera-t-il vivant, ou sera-t-il mort?*"

REPONSE.

PUISQU'IL n'y a point de molécule de matiere morte, on ne peut pas supposer qu'une molécule de matiere vivante s'applique à une molécule de matiere morte. Et comment la matiere morte pourroit-elle être jointe à la matiere vivante, qui l'exclut & qui n'a aucune sorte d'analogie avec elle? Cela feroit un composé bisarre, un Etre moitié mort & moitié vivant: car, quoiqu'en géométrie une quantité réelle jointe à une quantité imaginaire donne un tout imaginaire; dans la Nature, une molécule morte appliquée à une molécule vivante n'auroit point la vertu de faire mourir celle-ci dont l'essence est de vivre; & de même une molécule vivante appliquée à une molécule morte n'auroit point le pouvoir de faire vivre celle-ci dont l'essence seroit d'être morte.

CHAPITRE X.

Réponse à la neuvieme Question. Demande superflue.

QUESTION.

„ *Si l'aggrégat peut être ou vivant ou mort, quand „ & pourquoi sera-t-il vivant, quand & pourquoi „ sera-t-il mort?"*

REPONSE.

MAIS si l'aggrégat répugne, il est superflu de demander quand & pourquoi il sera ce qu'il ne peut pas être.

CHAPITRE XI.

Réponse à la dixieme Question. Du principe des formes.

QUESTION.

„ *Mort ou vivant, il existe sous une forme. Sous „ quelque forme qu'il existe, quel en est le principe?"*

REPONSE.

JE ne connois point d'autre principe des formes que les germes où elles sont dessinées en petit, en infiniment petit, si l'on veut. L'énergie des germes secondée des circonstances favorables à leur développement, suffit pour produire les formes dans toute leur perfection. La forme est dessinée dans le germe, comme le corps parfait y est ébauché ou esquissé. Le germe n'a que les parties élémentaires du corps développé, & il n'a de même que les élémens de la forme parfaite. Le germe est l'individu réduit à ses moindres dimensions possibles : & l'esquisse de la forme dans le germe, est la derniere réduction possible de cette forme.

CHAPITRE XII.

Réponse à la Question onzieme. Des moules.

QUESTION.

„ *Les moules sont-ils principes des formes ? Qu'est-ce*
„ *qu'un moule? Est-ce un Etre réel & préexistant?*
„ *Ou n'est-ce que les limites intelligibles de l'énergie*
„ *d'une molécule vivante unie à la matiere morte ou*
„ *vivante; limites déterminées par le rapport de l'é-*
„ *nergie en tout sens, aux résistances en tout sens?*
„ *Si c'est un Etre réel & préexistant, comment*
„ *s'est-il formé?"*

REPONSE.

Il suit du Chapitre précédent qu'il n'y a point d'autres moules que les germes même, dans lesquels se moule réellement toute la matiere que les individus absorbent lorsqu'ils commencent à se développer, & dans la suite de leur développement. Toute la matiere absorbée par un germe qui croît & se dilate, entre dans la sphere de son organisme pour en subir les loix: & suivant ces loix, cette matiere alimentaire est assimilée à la machine dominante.

Les germes ne se sont point formés, & ne se forment point. Ils sont la production immédiate du Créateur.

CHAPITRE XIII.

Réponse à la douzieme Question. Influence de la matiere du développement des germes sur l'exercice de leur énergie.

QUESTION.

„ *L'énergie d'une molécule vivante varie-t-elle par elle-„ même, ou ne varie-t-elle que selon la quantité, la „ qualité, les formes de la matiere morte ou vivante à „ laquelle elle s'unit?"*

REPONSE.

La force évolutive des germes domine la matiere de leur développement. Celle-ci soumise & subordonnée au systême organique dans lequel elle entre, lui obéit & s'y prête d'autant plus facilement qu'elle lui est très-analogue. L'énergie du germe ou sa force organique agit donc en souveraine sur les molécules nourricieres pour opérer leur assimilation; l'affinité de ces molécules avec la structure du germe seconde heureusement son organisme. Ainsi l'on peut dire que les conditions qui déterminent l'assimilation des molécules, ou le développement du germe, se trouvent dans celui-ci & dans les autres: c'est, du côté des molécules, leur affinité avec la constitution particuliere du germe; & du côté du germe, sa force organique qui leur fait prendre l'arrangement d'où suit leur incorporation. La force évolutive agit par elle-même, selon une certaine mesure & dans des bornes réglées, par sa propre nature. Il n'est pas douteux, aussi que son action ne soit modifiée jusqu'à un certain point par la quantité & la qualité des molécules qu'elle s'approprie. De-là les développemens précoces ou tardifs, bien ou mal conditionnés. Puisqu'un germe ne se développe que par l'intussusception d'une matiere qu'il s'incorpore, il est nécessaire que l'espece de cette matiere influe sur son développement. Le germe rejette les molécules qui ne lui conviennent pas; & lorsqu'elles y sont entrées, elles troublent son opération, il cherche à s'en débarrasser, & il souffre jusqu'à ce qu'il les ait chassées au dehors; il souffre plus ou moins, selon qu'elles sont plus ou moins contraires à sa nature. Il peut arriver qu'il succombe dans les efforts qu'il fait pour s'en délivrer. Toutes ces combinaisons, tous ces accidens entrent dans le plan immense de la manifestation des choses.

CHAPITRE XIV.

Réponse à la treizieme Question. Variété des germes.

QUESTION.

„ *Y a-t-il des matieres vivantes spécifiquement diffé-*
„ *rentes des matieres vivantes? ou toute matiere vi-*
„ *vante est-elle essentiellement une, & propre à tout?*
„ *j'en demande autant des matieres mortes.*"

REPONSE.

Il n'y a pas deux particules de matiere semblables, à quelque division que ce soit: il n'y a pas deux germes semblables. Il y a, entre les germes, une variété analogue à celle qui est entre les individus développés & parfaits, puisque l'une est l'élément de l'autre. La Nature est trop riche pour se répéter. Que dis-je? Sa marche nécessairement graduée ne lui permet pas de s'arrêter à faire un double d'aucun Etre. Il n'y a d'Etres similaires que pour les yeux qui ne savent pas en saisir les différences.

Toute matiere vivante n'est pas essentiellement propre à tout. Aucune matiere vivante n'est essentiellement propre à tout. Toute matiere n'est pas convenable au développement d'un germe quelconque. Il n'y a que certains germes les plus voisins les uns les autres dans l'orde naturel, qui puissent se servir mutuellement à cet usage. Nous avons soupçonné plus haut, en parlant de la génération (*), que la copulation est féconde entre les individus les plus voisins les uns des autres, tant que les différences individuelles sont trop foibles pour en empêcher l'effet; c'est-à-dire lorsque la somme des rapports & des analogies de leur organisation respective est plus grande que celle des différences individuelles. De même, les germes peuvent servir de matiere de développement les uns aux autres tant que leur structure a plus d'analogie que de différence; & cette propriété ne cesse que quand les individus commencent à être si éloignés les uns des autres dans la suite naturelle, que les différences l'emportent sur les rapports d'organisation.

CHAPITRE XV.

Réponse à la quatorzieme Question. De la combinaison de la matiere vivante avec la matiere vivante.

QUESTION.

„ *La matiere vivante se combine-t-elle avec la matie-*
„ *re vivante? Comment se fait cette combinaison?*
„ *Quel en est le résultat? J'en demande autant de*
„ *la matiere morte.*"

(*) Page 16.

REPONSE.

La matiere vivante ne se combine qu'avec la matiere vivante, puisqu'il n'y en a pas d'autre. Le germe fécondé aspire en s'ouvrant la matiere nourriciere qui doit servir à son accroissement, & par la force de son organisme il la combine avec sa propre substance à laquelle il l'incorpore. Cette combinaison est l'appropriation de la matiere vivante alimentaire, à la matiere vivante qui s'en nourrit; le résultat de cette appropriation est l'accroissement & le développement de la machine dominante qui ayant forcé toutes les autres petites machines d'entrer dans son systême organique, les fait concourir toutes à l'extension de son être particulier.

CHAPITRE XVI.

Réponse à la quinzieme & derniere question. Si la matiere passe successivement par un état de vie & de mort?

QUESTION.

„ *Si l'on pouvoit supposer toute la matiere vivante,* „ *ou toute la matiere morte, y auroit-il autre chose* „ *que de la matiere morte, ou que de la matiere* „ *vivante? Ou les molécules vivantes ne pourroient-* „ *elles pas reprendre la vie après l'avoir perdue,* „ *pour la reperdre encore, & ainsi de suite à l'in-* „ *fini?*"

REPONSE.

Toute la matiere est vivante: il n'y a que de la matiere vivante dans le systême matériel. La matiere ne sauroit perdre sa vie ni son organisme.

Lorſqu'un tout organique & vivant ſe diſſout en d'autres Etres organiques & vivans, il n'y a pas plus de matiere morte après cette diſſolution qu'il n'y en avoit auparavant: c'eſt un composé vivant qui ſe décompoſe en d'autres compoſés vivans qui ſe décompoſeront eux-mêmes à leur tour en d'autres compoſés vivans, ſans que jamais il y ait la moindre parcelle de matiere qui meure dans toutes ces décompoſitions. Le paſſage de la matiere de l'état de vie à l'état de mort & ſon retour de l'état de mort à l'état de vie, ne peuvent pas avoir lieu, la vie étant eſſentielle à la matiere.

CHAPITRE XVII.

Récapitulation.

Idée du ſyſtême phyſique de l'univers.

TOUTE la matiere eſt organique, vivante, animale. Toute la matiere eſt germe, mais tous les germes ont des différences individuelles; c'eſt-à-dire que leur vie, leur organiſme, leur animalité ont des nuances qui diſtinguent chacun d'eux de tous les autres. Il n'y a point d'autres élémens que les germes: tous les élémens ſont donc hétérogenes. Ces élémens ne ſont point des Etres ſimples: la ſimplicité n'eſt pas un attribut compatible avec la matiere. Les élémens ſont compoſés d'autres élémens, ou les germes ſont compoſés d'autres germes. Il n'y a point de combinaiſon naturelle, ni de combinaiſon artificielle qui puiſſe porter un élément, un germe, à ſa derniere diviſion poſſible. Les germes, comme germes, ſont indeſtructibles. Ils ne peuvent être diſſous en d'autres germes qu'après leur développement parfait ou commencé; dans l'état de germe ils ne donnent priſe à aucune diviſion.

Dans la résolution d'un germe développé en plusieurs autres germes, il n'y a point de matiere qui meure. Elle reste toute vivante : elle change seulement de forme & de combinaison. Les germes considérés comme moules ou formes, passent. Considérés comme matiere organique & vivante, ils ne passent point. C'est-à-dire qu'il n'y a point de destruction dans la Nature ; mais une métamorphose continuelle. L'idée de succession entre nécessairement dans la définition de la Nature ; la Nature est la somme successive des phénomenes qui résultent du développement des germes. Combien y a-t-il de germes développés depuis le commencement jusqu'au moment présent ? Combien en reste-t-il encore qui doivent se développer dans la suite des temps futurs ? La série en est inépuisable tant en remontant dans le passé, qu'en descendant dans l'avenir. Un germe qui a commencé à se développer & qui trouve un obstacle insurmontable à continuer son développement ne retrograde point pour revenir à son premier état. Il lutte contre cet obstacle jusqu'à ce que ses efforts inutiles amenent sa dissolution, comme son développement parfait l'auroit naturellement amenée.

Défaisons-nous donc de ces idées de matiere morte, brute, inorganique. Croyons que c'est mal raisonner que de dire, il n'y a point de vie où nous n'en appercevons pas. C'est le premier moyen pour parvenir à en appercevoir partout.

Fin du Livre quatrieme.

TRAITÉ DE L'ANIMALITÉ.

LIVRE CINQUIEME.

DE L'ANIMALITE' DES PLANTES.

CHAPITRE I.

Vue générale de l'Animalité des Plantes.

Les plantes sont des animaux destinés par la Nature à passer leur vie sur le point de la surface du globe où elles naissent, sans avoir la faculté de changer de place; nous avons vu que cette faculté n'étoit point essentielle à l'animalité. Leur organisation n'est pas moins merveilleuse que celle des autres animaux. L'une nous offre, comme l'autre, un système de solides arrosés par des fluides. La seve ou le suc nourricier des plantes est porté dans toutes leurs parties, & jusques à l'extrémité des moindres ramifications de celles-ci, par une multitude de vaisseaux qui y sont distribués pour cet usage; & cette distribution de la seve y équivaut à la circulation du sang dans les autres animaux. Pour que l'analogie d'animalité se soutienne entre les plantes & les animaux, il n'est point du tout nécessaire de prouver que la seve circule réellement dans la la plante comme le sang circule dans l'animal; il n'est point nécessaire que la seve monte de la racine dans & le long de la tige par les fibres du bois, pour descendre du sommet de la tige vers la racine par les fibres de l'écorce (*). Combien d'animaux où il n'y a point de véritable circulation de fluide! Il n'y en a point dans le polype, dans le tænia, & une infinité d'autres. Le cours du fluide dans la machine qu'il nourrit peut être indifféremment, ou un simple arrosement, ou un balancement de bas en haut & de haut en bas qui le fasse passer & repasser librement sans aucun obstacle qui en arrête l'ascension & la retrogradation, ou une circulation improprement dite, ou une circulation parfaite. Aucune de ces variations d'économie n'est essentielle à l'animalité. Elle s'accommode volontiers de l'une ou de l'autre sans inconvénient, selon le degré de l'échelle où les individus se trouvent placés. Quant aux plantes, l'expérience paroît indiquer que la seve a un mouvement de balancement tant dans l'écorce que dans le bois.

Les feuilles des plantes, les tiges, les pétales, les calices, les fruits, sont des composés de vaisseaux qui se ramifient en tout sens, s'anastomosent, s'abouchent ou se communiquent tous ensemble. Les plantes ont leurs muscles, leurs nerfs, leurs glandes, leurs fibres, leurs poils. Leur écorce est une véritable peau qui les couvre: la surface en est raboteuse & guillochée, comme celle de plusieurs animaux est chagrinée. Les plantes respirent & transpirent aussi-bien que les animaux.

Les plantes tirent leur nourriture des entrailles de la terre, comme les animaux trouvent la leur à sa surface. On peut même dire qu'elles ont de la premiere main des sucs que nous n'avons que sous une forme étrangere, & avec beaucoup de mé-

(*) Dissertation sur la circulation de la seve dans les plantes.

mélange. La Nature ne leur a pas seulement donné une bouche, comme à nous : cet organe est multiplié chez elles autant que la racine a de branches, & ces branches sont proportionnées en nombre comme en grosseur, à la grandeur de la plante, & à la quantité de nourriture qu'exige son accroissement. Comme chaque plante est attachée à l'endroit où elle naît, ses racines s'allongent proportionnellement à ses besoins pour aller lui chercher cette nourriture.

Ce qui complette le parallele, c'est la multiplication ou génération des plantes, encore plus admirable que tout ce que je viens de dire. Les plantes ne peuvent s'aller chercher les unes les autres : aussi elles sont toutes ou presque toutes hermaphrodites, toutes chargées d'étamines, d'ovaires & de trompes. C'est une attention que la Nature leur devoit, de les pourvoir de fleurons mâles & de fleurons femelles, en réunissant les deux sexes dans chaque individu.

Les plantes beaucoup plus avantagées que l'homme à certains égards, surtout du côté de la fécondité, sont sujettes à bien moins de maux. Elles ont pourtant leurs maladies. Les unes qui prennent une trop grande quantité de suc nourricier, sont sujettes à une pléthore qui produit des épanchemens, des suffocations, des obstructions. Ces maladies sont communes à quelques especes de pins, à ceux surtout qui distillent naturellement une liqueur appellée térébenthine lorsqu'elle est fluide, & galipot ou résine lorsqu'elle devient solide. Si ce suc, faute de vîtesse, se grumelle dans ses propres tuyaux, ce qui peut encore arriver par l'affaissement de quelque partie de leurs parois, il se répand peu-à-peu dans les trachées qui servent de poumons aux plantes, il interrompt le commerce de l'air ; & la respiration étant interceptée, les arbres sont suffoqués. On voit des plantes languir, leurs feuilles se dessèchent en jaunissant & tomber avant la saison. Cette langueur ou consomption, peut avoir plusieurs causes. Elle peut venir d'une espèce de dégoût, produit par des humeurs aigries, lequel empêche les plantes de prendre la nourriture dont elles ont besoin. Souvent le suc qu'elles tirent est vicieux, mêlangé de particules crues & malfaisantes; de-là les indigestions. Quels arbres ne sont pas sujets à la gangrene & à la lepre qui est cette mousse qui s'amasse autour de leur écorce? On sait les ravages que faisoit en 1728 une maladie contagieuse entre les arbres du Gatinois, & surtout entre les saffrans qui périrent presque tous. Les arbres souffrent des froids & des gelées. Les vers les piquent, les rongent, les endommagent: il est du destin de tous les Etres de s'entremanger les uns les autres.

Il ne manque aux plantes aucun des appanages de l'animalité. Il se rencontre parmi elles des productions bisarres, extraordinaires, monstrueuses. Outre les accidens naturels en ce genre, l'Art est parvenu à forcer la Nature de lui donner des monstres selon ses caprices. Ce n'est plus une merveille de voir un arbre chargé des fruits d'un autre ou de plusieurs autres arbres, de voir la moitié d'une orange accolée à la moitié d'un limon: & cet alliage passer jusques dans la feuille, les branches, le tronc, & ce tout composé d'individus dissemblables, croitre, végéter, vivre, ce qui est rare dans les animaux monstrueux.

J'écrivois ceci en 1760, & ces réflexions étoient le résultat des différens Ouvrages que j'avois lus sur l'anatomie des plantes, leur économie, leur nutrition, leur accroissement, leur génération, leur respiration, leur état de veille, leur sommeil, &c. Car tous ces points ont été savamment discutés & éclaircis par les plus habiles physiciens, & toutes leurs recherches constatent l'animalité des plantes. Il seroit inutile de répéter ici ce qu'on trouve ailleurs suffisamment développé. Je me contenterai de donner sur quelques-uns de ces points des observations qui m'ont paru moins communes & non moins décisives.

CHAPITRE II.

Il y a plus d'analogie entre certaines Plantes & certains Animaux qu'entre ceux-ci & d'autres Animaux ; & de même il y a plus d'analogie entre certains Animaux & quelques Plantes qu'entre celles-ci & d'autres Plantes.

Un coup d'œil général jetté sur l'ensemble des plus grandes machines animales comparées aux machines dites simplement végétales, suffit pour nous convaincre que souvent il y a plus d'analogie apparente entre certaines plantes & certains animaux, qu'entre ceux-ci & d'autres animaux. Que l'on examine en gros le corps de l'homme, il offre une peau qui comme un sac sert d'enveloppe à une quantité de divers paquets de tuyaux de toutes les grandeurs, des arteres, des veines, de moindres fibres & fibrilles, où coule & circule une liqueur qu'on appelle sang : ces parties molasses sont soutenues par des pieces plus dures, des os emboités les uns dans les autres, ou attachés les uns aux autres par de fortes ligatures. Outre cela, il y a encore un cerveau, une moëlle épiniere, une moëlle dans les os ; & le sac qui recouvre le tout est lui-même un assemblage de tuyaux très-subtils également arrosés par le sang. C'est dans le jeu des solides & la circulation de la liqueur que consiste la vie de l'animal.

L'arbre est un composé fort analogue. Une écorce enveloppe le tronc, les racines & les branches ; mais le tronc, les racines, les branches, en un mot toutes les parties de l'arbre sont tissues d'une quantité innombrable de tuyaux plus ou moins subtils, où coule une liqueur qu'on appelle seve qui équivaut au sang de l'animal. Ces fibres sont les arteres & les veines de la plante; elles sont plus grosses ou plus petites, disposées & entrelacées de diverses manieres, selon la diversité des machines végétales: entrelacement qui équivaut sans-doute aux visceres de l'animal, lesquels ne sont formés que de tuyaux conglomérés. Les plantes branchues ont une moëlle, & cette moëlle est l'analogue du cerveau & de la moëlle de l'animal. L'écorce ou la peau est elle-même un tissu de fibres très-fines qu'arrose aussi la seve. C'est de l'action des fibres & du cours de la seve que dépend la vie de l'arbre (*).

Combien d'animaux qui, comparés ensemble, n'offriroient pas tant d'analogie! En trouveroit-on autant entre le priapus décrit ci-dessus & un animal quelconque pris à volonté parmi les quadrupedes? Aussi je pense qu'il se pourroit bien que nos méthodistes eussent fait d'étranges transpositions dans le rang qu'ils ont assigné aux Etres. Il pourroit bien y avoir quelques-uns des individus qu'ils nomment plantes qui précédassent, dans l'échelle naturelle, quelques autres de ceux qu'ils appellent animaux.

Imaginez que les deux cuisses, les jambes & les pieds de l'homme se réunissent sous une même enveloppe; que les dix doigts des pieds se prolongent en se ramifiant; qu'il en arrive autant aux doigts des mains, & que de plus il sorte de nouvelles branches de chaque articulation tant des doigts que des jointures du poignet & du coude; que les poils de la tête se dressent, grossissent, se consolident & se ramifient aussi; que toute la peau se durcisse en se gerçant & se cannelant, de sorte qu'elle efface les traits de la forme humaine: au lieu d'un hom-

(*) Théophraste, Grew, Malpighi, Colonne, &c.

me vous aurez un arbre. Ou bien, figurez-vous toutes les branches d'un arbre réunies de côté & d'autre en deux grosses seulement, digitées vers l'extrémité, & toutes les feuilles pliées & roulées redescendues vers le centre du tronc sous la forme de deux feuilles pulmonaires; le sommet de l'arbre raccourci, enflé, arrondi avec un étranglement entre cette tête & les deux grosses branches; les racines raccourcies & la partie inférieure du tronc divisée en deux portions égales & également articulées, & vers le point de bifurcation les pistils des divers fleurons suspendus sous la forme d'un seul tube cylindrique; l'écorce ramollie & atténuée en une peau délicate: vous aurez un créature humaine, au lieu d'un arbre. Ces deux formes ne me semblent pas si éloignées l'une de l'autre ni la métamorphose si difficile, qu'on pourroit l'imaginer. Il est sûr que la Nature a passé de l'une à l'autre, par une prodigieuse quantité de degrés, il est vrai, & que c'est faute de saisir tous les points de ce passage, que nous avons de la peine à le croire. Si nous connoissions tous les Etres intermédiaires entre l'homme & un chêne, & que nous fussions en état de saisir les nuances si finement graduées de la métamorphose, sans en échapper une, elle ne seroit plus pour nous un mystere. L'inspection des formes semble encore indiquer qu'il y a moins de distance de l'homme au chêne que du chêne au nostoch.

Le nostoch est un corps d'une figure irréguliere, de couleur verdâtre, transparent comme une gelée épaisse, tremblant au toucher. Il se trouve après de grandes pluies sur les sables & dans des terres arides. Il se fond, ou plutôt il se desseche & périt au vent & au soleil: l'humidité seule le nourrit. Il a été rangé assez tard parmi les plantes, & si, lorsqu'il y a été rangé, on avoit eu autant de connoissance de l'histoire naturelle que l'on en a aujourd'hui, je crois qu'on l'auroit mis d'abord au rang des animaux. Mr. de Reaumur n'y a vu qu'une feuille avide d'eau. Quand elle en est abreuvée, elle paroît dans son état naturel : dès qu'elle commence à sécher, elle se plisse, se chiffonne, n'est plus reconnoissable, ni même facile à appercevoir. La pluie la ressuscite, l'étend, l'enfle, & lui rend sa premiere forme qu'elle perd par la sécheresse pour la reprendre par l'humidité. Le nostoch est sans racines ; il végete à la façon des plantes marines qui n'en ont point aussi & qui s'imbibent, par tous les pores de leur substance, d'une eau qui les nourrit. Le même Naturaliste a observé sur la surface de quelques nostochs, de petits grains ronds de différente grosseur, c'étoit leur semence. Il en a semé dans des vases : les graines ont levé, sans racines, & sous la forme de petites feuilles toutes semblables aux nostochs qu'il avoit cueillis. Elles végétoient également bien, de quelque côté qu'on les retournât sur la terre, même du côté opposé à celui par où elles sembloient y tenir d'abord, gardant indifféremment cette seconde situation, & s'en accommodant fort bien, sans chercher à reprendre la premiere comme lui étant plus naturelle, ce qui est tout-à-fait contraire au génie des plantes qui affectent toujours de reprendre leurs position droite, & la reprennent autant qu'on leur en laisse la liberté (*).

Nous avons vu des animaux enracinés ; voilà maintenant une plante, au moins estimée telle par un habile observateur, qui n'a point de racines, que le vent peut porter & ballotter de tous les côtés, que l'on peut tourner & retourner de tous les sens, que l'on peut même fouler aux pieds, toujours impunément, sans que son organisation, sa végétation & sa vie en souffrent aucun dommage.

(*) Observations sur la végétation du Nostoch, par Mr. de Reaumur, dans l'Histoire de l'Académie Royale des sciences, année 1722.

Cette feuille ressemble bien au polype à forme d'entonnoir ; la terre pourroit bien avoir ses polypes comme l'eau. On a douté quelques instans de l'animalité de ceux-ci : il faut espérer que le temps manifestera aussi celle des autres : elle est déja toute manifestée pour moi. Quoi qu'il en soit, cette prétendue plante a certainement plus d'analogie, même selon la description donnée par Mr. de Reaumur, avec les animaux mous, ou les zoophytes qui sont composés comme elle d'une espece de mucosité épaissie, tels que ceux que j'ai décrits, qu'avec toute autre plante. Que dis-je ? Je la mettrois plutôt au-dessus qu'au-dessous du champignon de mer, du priapus, & de quelques especes de plumes de mer, qui ont ou semblent avoir des racines, un tronc & des branches.

CHAPITRE III.

De la nutrition & de l'accroissement des Plantes.

LA nutrition & l'accroissement des plantes s'operent d'une maniere tout-à-fait semblable à la nutrition & à l'accroissement des animaux. C'est un fait que les matieres alimentaires se dissolvent & s'élaborent dans le corps animal, qu'ainsi élaborées elles se changent en chile, en sang ; & que les vaisseaux sanguins les distribuent dans toutes les parties de la machine, auxquelles elles s'incorporent & s'assimilent, devenant ainsi chair, os, poil, *&c.* Le suc de la terre pompé par les racines, subit dans l'intérieur des plantes des dissolutions & des préparations analogues, quoique probablement en moindre nombre ; & ce suc élaboré porté dans toutes les parties de la machine végétale, s'y assimile & devient bois, feuilles, fruits, graines, &c.

L'accroissement est, dans la plante comme dans l'animal, une extension graduelle des parties en tous sens, opérée par l'action des matieres nourricieres qui en, s'incorporant à la substance de la machine, en étendent le tissu & le font croître.

CHAPITRE IV.

De la génération des Plantes. Faits remarquables. Générations précoces; générations monstrueuses.

J'AI traité amplement de l'infusion des semences végétales, du sexe des plantes; des variétés de la disposition des fleurons mâles & des fleurons femelles; de l'action de ces parties pour la communication des semences; de la fécondation des germes, & des autres points qui concernent la génération des plantes (*). Je n'y ajouterai que des faits particuliers appuyés de bonnes autorités.

La terre & l'eau ne sont pas les seules matrices propres à la fécondation des germes végétaux, & à l'accroissement des embrions. Des semences végétales ont germé dans des substances animales. On a vu un épi de bled germer dans l'estomac d'une femme; un homme jetter de temps en temps une assez grande quantité de petits champignons produits & accrus dans son corps. On a trouvé à côté du rein droit d'un autre homme de cinquante ans, une tige chargée de plusieurs champignons. Je multiplierois facilement ces faits, si je voulois feuilleter les différens journaux d'Angle-

(*) Voyez Tome I. Partie III. & ci-devant Partie VIII. Liv. 2.

terre, d'Allemagne, de France, d'Italie, &c. où l'on en trouve tant de pareils ſuffiſamment conſtatés.

Bartholin (*) rapporte qu'en Dannemarc vers le milieu du ſeizieme ſiecle, une petite fille naquit groſſe d'un autre enfant. Ce fait n'eſt pas unique. Des animaux ont enfanté des petits qui en avoient d'autres dans leur ventre; &, ce qui eſt peut-être plus ſingulier encore, c'eſt qu'on a vu des œufs qui en renfermoient d'autres. (†).

Il y a des générations auſſi précoces dans les plantes. On connoît les fruits dont parlent Cluſius & Gaſpar Bauhin (‡), Ferrarius & Hermann (§), & Tournefort (§§). Ce ſont des citrons qui en renferment d'autres. Dans le Tome ſixieme des nouveaux Commentaires de l'Académie Impériale de Petersbourg, on trouve des Obſervations Botaniques de Mr. Bulffinger, ſur un citron ſemblable qui en produiſoit un autre, & le petit citron commençoit déja à percer la peau du grand pour ſe montrer au dehors. Je rapporterai la relation de cette génération hâtive, dans les termes même de l'Auteur.

Mihi ex Sereniſſimi Domini Ducis noſtri hortis vere regiis, qui nec Italicis cedunt... oblatus eſt citrei fructus, ex quo ipſo illo in loco, ubi ſtili adhuc veſtigium conſpicuum erat, eminebat tantillum parvuli cujusdam fructus, quem altius in medullam matris penetrare conjectatus ſum, adeoque ſectione transverſa duos fere digitos infra locum eminentiæ ad parvulum uſque fructum, ſi quis eſſet, facta, denudare allaborabam, & ecce! fructus prodibat forma fructus citrei, colore etiam eodem inſignitus, in carne alba majoris cubans, quem circum cir-

(*) *Histor. 100. cent. 6.*
(†) Hiſtoire de l'Académie Royale des Sciences an. 1742.
(‡) *Limones prægnantes, alium fructum minorem in ſe continentes.*
(§) *Limon citratus alterum includens.*
(§§) *Limon citratus altero fœtus.*

ea ambiebant loculi fere rotundi, figuris stelliformibus insigniti sed seminibus vacui, qualia nostra tellus etiam in vulgaribus hujus generis fructibus raro profert. Sed & hoc a naturali statu abludit, quod hi loculi, quorum novem fuerint numero, non cohæserint invicem, sed in axi citrei pomi depositi fuerint, uti in citreo vulgari, & quod stellatæ fuerint figuræ loculorum singulæ, stellæ vero octo tantum radiis conflatæ, cum novem præditæ sint in vulgari. Adeoque quod spectat ad loculos seminibus destinatos, novem fructuum hunc fructum sistere adumbrationem fere judices, quorum singulis loculus unus, singulis vero semina deficerent. An ex loculis novem singuli dederunt loculum ad fœtum intra se conclusum formandum? An etiam semina ad illum formandum impensa fuere? Prius punctum verisimile forte reddi posset, si in structuram fœtus illius inquisivissem, quod negotiis aliis distractus omittere coactus fui.

Le doute que Mr. Bulffinger paroît témoigner à la fin de ce rapport, savoir si les semences du citron-mere avoient été employées à former le second citron, se trouve décidé par l'exemple qui suit.

En 1675, Mr. Perrault fit voir à l'Académie Royale des Sciences de Paris, une poire de roussellet qui en enfantoit une autre par la tête: car cette tête s'ouvrant & s'élargissant laissoit sortir une autre petite poire qui ne se montroit qu'à-moitié; & cette seconde poire jettoit de sa tête une branche & plusieurs feuilles. Cette poire ayant été coupée par la moitié, on vit qu'elle n'avoit point de pepins, que la chair en étoit solide partout, & que les fibres ligneuses, que la queue a coutume de jetter dans l'endroit où elle est attachée à la chair, continuoient & passoient outre au travers de l'une & l'autre poire, pour aller produire la petite branche & les feuilles qui sortoient de la tête de la seconde poire. Il étoit aisé d'y remarquer la distinction & la séparation de la chair de la poire-mere d'avec la partie inférieure de la chair de l'autre qui en naissoit & qui n'en étoit pas encore sortie. L'arbre qui avoit porté cette poire en avoit produit aussi une autre plus petite qui n'enfantoit pas une seconde poire, mais seulement une branche & des feuilles. Il faut remarquer qu'en vingt jours vers la fin d'août, ce poirier avoit fleuri, & que ses fruits étoient parvenus à leur maturité. Voilà des marques bien frappantes d'un surcroît de force dans les principes séveux qui, hâtant la fécondation des germes, donna ensemble deux générations dont l'une devoit naturellement suivre l'autre à un an de distance. Sur toutes ces circonstances, Mr. Perrault fait les réflexions suivantes : „ Il a fallu „ non seulement que la force & la fécondité de la „ seve ait été telle que de faire fleurir dès le mois „ d'août, un œil ou bouton qui ne devoit être pro„ pre à fleurir que six mois après, ayant encore be„ soin pour cela de toute l'automne & de tout l'hi„ ver ; & de faire murir en quinze jours un fruit qui „ demande ordinairement six autres mois, savoir „ les trois mois du printemps & les trois de l'été, „ en cette espece de poire qui est le rousselet : mais, „ ce qui est bien plus étonnant, il a fallu que cet„ te force ait suppléé dans la semence de la poire „ qui doit être considérée comme la mere de l'au„ tre & qui a muri si à la hâte, toutes les disposi„ tions nécessaires à germer, & la puissance de pro„ duire immédiatement de soi une autre poire sans „ l'entremise de ses propres racines, de ses bran„ ches, & de sa fleur ; & enfin de toutes les autres „ parties & des autres organes dans lesquels la ma„ tiere de la production ordinaire des fruits doit „ être préparée. Car on ne peut pas dire que „ cette poire qui sortoit de la tête d'une autre, ait „ été produite à la maniere des fruits doubles que „ l'on appelle gemeaux, & qui se forment ainsi ac„ couplés, lorsque deux boutons sortent d'une mê„ me queue, si près l'un de l'autre, que la chair „ de l'un & de l'autre fruit est contrainte de se con-

, fondre, à cauſe de leur trop grande proximité:
, car vu l'ordre & la ſucceſſion directe de ces deux
fruits dans leſquels il étoit viſible que l'un ſortoit
de l'autre, il eſt bien difficile de ne ſe pas imagi-
, giner que la ſeconde poire a été trouvée n'avoir
, point de ſemence: en ſorte qu'il eſt croyable
que la ſemence de la ſeconde poire en auroit pro-
, duit une troiſieme, & celle-ci encore une autre,
, ſi la force de la ſeve y avoit pu ſuffire; & ſi elle
, n'avoit pas été bornée à la production des bran-
, ches & des feuilles (*)."

Le fruit appellé par Tournefort, *Malus sati-a, fructu ſtriato, punctis rubentibus conſperſo*, a of-ert à Mr. Bulffinger, le même Académicien de etersbourg dont j'ai parlé plus haut, une particu-arité auſſi étrange. On lui apporta de Stutgard une omme de cette eſpece, belle & bien formée, mu-e & auſſi parfaite à l'extérieur que ce fruit à cou-ume de l'être. De ſa partie ſupérieure & preſque u milieu du calice ſortoit un bouton, & du bouton eux petites feuilles & cinq fleurons auprès des feuil-es, garnis chacun de leurs étamines & piſtils. L'or-re de la Nature ſembloit ici renverſé; car ordinai-ement les fruits viennent après les fleurs, & ici es fleurs ſuivoient les fruits.

Mr. Bulffinger a encore obſervé une roſe mon-rueuſe, du centre de laquelle s'élevoit une bran-he de roſier, telle que les nouvelles pouſſes ou urgeons des roſiers: autre production ſenſible 'une fécondité prématurée. Les monſtres ne ſont rares parmi les végétaux, que parce qu'on n'y ait pas attention: car ils doivent être d'autant plus

---

(*) Extrait des Regiſtres de l'Académie Royale des Sciences, contenant les obſervations que Mr. Perrault a faites ſur des fruits dont la forme & la production avoient quelque choſe de fort extraordinaire; dans le Journal des Savans an. 1675.

communs, que les sucs peuvent se confondre plus aisément dans les plantes.

L'Histoire de l'Académie Royale des Sciences de Paris, nous fournit un nouvel exemple d'une rose montrueuse. Cette rose sans calice, au lieu du bouton ou pericarpe qui ordinairement termine le pédicule de cette fleur, & où les graines sont contenues, avoit cinq feuilles en côte qui en cet endroit tenoient lieu de ce calice : elles portoient chacune trois feuilles vertes & dentelées en scie à l'ordinaire. Du point de réunion partoient quatorze feuilles bien rangées les unes près des autres, de la figure, couleur & odeur des roses. Au centre, à la place des filets, des sommets & des autres petits corps charnus qui, dans l'état naturel, doivent s'y trouver, il s'élevoit une branche de rosier longue de deux à trois pouces, de couleur verte rougeâtre, & lisse jusques dans son milieu, mais verte & épineuse dans le reste de sa longueur, alternativement garnie par le bas de sept feuilles d'un rouge plus vif que celles de dessous qui composoient la fleur, toutefois plus petites & un peu recoquillées par les bords. La partie supérieure de cette branche n'avoit rien de différent des nouvelles pousses ou bourgeons des rosiers, sinon que la couleur en étoit un peu rougeâtre.

Mais un exemple d'une fécondité bien plus prodigieuse encore, est celui d'une autre rose dont il est parlé dans le Journal des savans. Ce n'étoit pas une seule rose ; c'étoient trois roses qui s'élevoient graduellement l'une sur l'autre le long de la même tige ; c'est-à-dire que la premiere, ou la plus basse & la plus grande, enfantoit une seconde moins grande, & celle-ci une troisieme plus petite encore : cette troisieme produisoit elle-même trois jeunes pousses, ou bourgeons, dont le verd étoit légérement teint de rouge (*).

(*) Journal des Savans, an 1679.

CHAPITRE V.

Conjectures sur le sentiment & la connoissance des Plantes.

Les plantes ne nous donnent aucun signe de sentiment & de connoissance: elles ne témoignent ni plaisir ni douleur, ni amour ni aversion: elles ne manifestent en aucune maniere qu'elles aient quelque connoissance de leur état, de ce qui leur convient & de ce qui leur est nuisible, *&c*....

Quand cela seroit vrai, ce seroit trop peu pour que nous eussions droit de leur refuser toute sorte de sentiment & de connoissance. Considérons à quelle distance de nous elles sont dans l'échelle naturelle, combien leur forme est différente de la nôtre, par combien de nuances & de métamorphoses la Nature a passé d'elles à nous ou de nous à elles, en un mot combien il y a peu de proportion entre nos organes & les leurs, quoiqu'il y en ait quelqu'une; nous comprendrons aisément que nous ne sommes pas dans une position avantageuse pour juger avec quelque certitude de ce qui se passe en elles: cette réflexion est bien propre à modérer la précipitation de nos jugemens sur l'état des plantes; car en général l'expression du sentiment & de la connoissance des autres individus, nous est plus intelligible à mesure qu'ils approchent davantage de nous; elle diminue & s'obscurcir à proportion qu'ils s'en éloignent. De-là il doit arriver qu'à une certaine distance les Etres aient si peu de rapport avec la construction de nos organes, qu'ils ne nous donnent plus que des signes très-équivoques de sentiment, des signes qui ne nous affectent plus, des signes in-intelligibles pour nous, & conséquemment des signes nuls à notre égard. L'homme dont le cœur & l'esprit, les goûts & les idées sympatisent le plus avec les nôtres, ce qui vient d'une organiſation très-analogue entre nos deux individus, c ſurement celui de tous les hommes qui nous exprime mieux ſes ſentimens & ſes penſées, celui qui nous les fait mieux comprendre, celui qui nous en donne un plus grand nombre de ſignes, plus parlans, plus clairs, plus expreſſifs pour nous, des ſignes que nous interpretons avec une juſteſſe admirable, & auxquels nous ne comprendrions rien, au moins que nous n'entendrions pas ſi clairement, ſans cette grande reſſemblance de nos tempéramens. Un homme dont la trempe ſeroit moins analogue à la nôtre ne jouiroit pas du même avantage pour ſe faire entendre de nous; & un troiſieme dont la tournure d'eſprit ſeroit préciſément l'oppoſé de notre façon de penſer, ce qui auroit ſa ſource dans une grande différence de la température du cerveau, ne nous manifeſteroit ſes ſentimens & ſes idées que d'une maniere difficile, obſcure & ſouvent équivoque pour nous.

Si nous paſſons des hommes aux animaux, la gradation ſe ſoutiendra avec le même ſuccès. Un ſinge, un chien, un oiſeau nous rendent encore leurs ſentimens avec un certain degré de clarté par leurs cris & leurs geſtes. En deſcendant plus bas l'expreſſion des ſignes diminue d'énergie, comme les ſignes diminuent eux-mêmes de nombre. L'huître ouvre & ferme ſa coquille, le polype allonge & raccourcit ſes bras, c'eſt à-peu-près à quoi ſe réduit pour nous l'expreſſion du ſentiment dans ces eſpèces inférieures. Il ne ſeroit donc pas fort ſurprenant qu'elle s'obſcurcit encore davantage dans les plantes, & plus encore dans les minéraux qui n'ont que des rapports beaucoup plus éloignés avec nous. On ne pourroit pas dire pour cela que ce fût faute de ſentiment & de connoiſſance, que les plantes ne nous en témoignaſſent point, mais ſeulement faute de moyens & d'organes propres à ſe faire comprendre de nous. Voilà tout ce que l'on devroit conclure de leur ſilence, non une privation totale de ſentiment dans elles, mais une impuiſſance de notre part à être affectés des marques qu'elles en pourroient donner, lesquels deviendroient nulles pour nous manque d'une proportion assez proche avec nôtre organisation.

Cette considération rend aussi raison pourquoi on a tant de peine à admettre l'animalité des plantes. Je ne dois pas me flatter de la rendre aussi sensible que l'est celle d'un chien ou d'un cheval; comme celle du chien & du cheval ne nous est pas aussi sensible que celle de nos semblables, car si elle l'étoit, tant de philosophes n'auroient pas été si empressés & si opiniâtres à travestir les bêtes en machines, ce qu'aucun d'eux ne s'est avisé de faire à l'égard de l'homme. Je sens bien que l'animalité des plantes ne sauroit nous être manifestée qu'autant que le permet l'éloignement où elles sont de nous. Je ne prétends pas lui donner plus d'évidence; mais je veux lui conserver cette évidence, contre ceux qui la lui contestent, & la montrer à ceux qui ne l'ont pas apperçue jusques ici. C'est dans cet esprit que j'ai entamé cette matiere, & c'est dans ce même esprit que je vais continuer.

Est-il bien vrai que les bêtes ne nous donnent aucun signe de sentiment & de connoissance, qu'elles ne témoignent ni plaisir ni douleur, ni amour ni aversion, qu'elles ne manifestent en aucune maniere avoir quelque connoissance de leur état, de ce qui leur convient, & de ce qui leur est nuisible? Il faut que ceux qui soutiennent une opinion si étrange n'aient jamais observé ni étudié les plantes. Je vais proposer à leur examen quelques faits & quelques observations qui me paroissent décider à-peu-près la question.

Je ne m'arrêterai pas à décrire au long les phénomenes de la sensitive dont le nom & les mouvemens prouvent la sensibilité malgré les raisonnemens qui la nient. Une feuille d'une sensitive vigoureuse & bien saine, sent le plus léger attouchement même du vent & de la pluie; elle se ferme au moindre tact, c'est-à-dire que ses deux moitiés, sa grosse nervure étant prise pour son milieu, s'approchent l'une de l'autre jusqu'à ce qu'elles se joignent exactement. Il y a sur les articulations des feuilles, un petit endroit reconnoissable à sa couleur blanchâtre où il paroît que réside sa plus grande sensibilité. Si l'attouchement est un peu fort, non-seulement la feuille touchée se ferme en se retirant, mais la feuille opposée de la même paire en fait autant par sympathie. Le pédicule de la feuille se retire encore & s'approche de la côte d'où il part pour s'y appliquer. La côte même se meut à un attouchement plus fort, & va joindre le rameau d'où elle sort. Enfin la secousse peut être telle que le rameau entier s'en ressente & en donne des marques en se rapprochant de sa grosse branche (*). N'est-ce pas là un animal dont la substance est si délicate que le moindre choc le blesse? Lorsqu'il est heurté par quoi que ce soit, son premier mouvement est de se retirer, de replier ses membres sur lui-même, mouvement de retirement, de fuite, ou d'aversion, toujours proportionné à la violence du choc, à la force du sentiment. Quel est l'homme qui ne s'est jamais trouvé dans le cas de la sensitive? Qu'il se rappelle le mouvement qu'il a fait lorsqu'il est tombé une étincelle de feu sur sa main, ou lorsqu'il a mis le pied dans une eau trop chaude ou trop froide. Il ne retiroit l'une ou l'autre que parce qu'il se sentoit blessé. Il doit interpreter de même les mouvemens de la sensitive qu'il touche, ou dire qu'il ne sentoit pas le feu qui le brûloit & qui lui faisoit retirer la main, ni l'eau qui le glaçoit & qui lui faisoit retirer le pied.

La fleur de l'Isle de Ceylan, que les insulaires nomment Sindrik-mal, commence à s'ouvrir lentement sur les quatre heures du soir, continue gra-

(*) Observations sur la Sensitive par Mr. du Fay, dans les Mémoires de l'Académie Royale des Sciences, an. 1736.

uellement pendant toute la nuit jusqu'au matin u'elle paroît entiérement épanouie : alors elle se eferme & resserre ses feuilles dans la même gra-ation jusqu'à quatre heures du soir. Cela ressem-le bien à un mouvement spontané dont l'agent est ans la fleur même. Si ce mouvement est réglé uniforme sans avoir rien de capricieux, comme eux des gros animaux, surtout ceux de l'homme, 'est que le caprice est le propre de la raison & non de 'animalité. Qu'on me permette de le dire en passant : n remarque que les bêtes ne perdent de l'uniformité e leur instinct pour le transformer en bisarrerie, u'à mesure qu'ils approchent de l'homme, comme s'il eur communiquoit son esprit. Il est sur que les ani-aux domestiques sont plus fantasques que les au-res. La Sindrik-mal sent que la trop grande cha-eur du soleil la blesse : elle ne peut supporter l'é-lat du grand jour ; c'est pourquoi elle se ferme de-uis le matin jusques vers les quatre heures du soir ; lieu qu'elle s'ouvre & s'épanouit à la fraîcheur pendant l'obscurité de la nuit. C'est peut-être le bou ou la chauve-souris des plantes.

Il y a d'autres especes dont les feuilles suivent e cours du soleil par l'attrait du plaisir qu'elles rennent à en recevoir les rayons directs. Vous es voyez présenter la surface supérieure de leurs euilles au soleil levant le matin, & la tenir direc-ement tournée vers cet astre pendant tout le temps de son apparition sur l'horison, de sorte que cet-te même surface regarde le midi vers le milieu du jour, & au soir le couchant. Pendant la nuit, ou lorsque le temps est couvert, les feuilles sont ho-risontales, la surface supérieure tournée en haut : on diroit qu'elles regardent le ciel pour y cher-cher l'astre dont elles desirent la lumiere bienfai-sante, comme tous les autres animaux, par le sentiment de chaleur & de vie qu'il leur commu-nique. Ce mouvement est commun à un très-grand nombre de plantes, seulement avec quelque différences qui naissent de leur diverse structure. L'acacia, par exemple, ne suit point le mouvement du soleil ; mais lorsque ses feuilles sont échauffées par l'ardeur des rayons solaires, elles témoignent la grande impression de chaleur qu'elles ressentent par la maniere dont elles replient leurs bords vers la surface supérieure. Elles les replient en-dessous à la fraîcheur de la nuit & à l'humidité du temps; c'est-à-dire qu'elles font un mouvement contraire pour exprimer une sensation contraire. Cela est dans la nature de l'animal.

Les membres de l'animal enraciné ont une situation propre & naturelle, comme ceux de l'animal ambulant; & l'un & l'autre ont le sentiment de ce bien-être, de sorte que lorsqu'on gêne leurs membres & qu'on les met dans une situation contre nature, ils font effort pour se délivrer de cette contrainte, & se remettre dans leur situation naturelle. Ainsi dans une graine semée à contre-sens, la radicule tournée vers le haut se replie pour rentrer en terre, & la plumule ou tige tournée vers le bas, se recourbe pour s'élever vers la surface de la terre. Ce manege indique assez clairement qu'elle sent le mal-aise de la situation gênante où on l'avoit mise, & que par un mouvement spontané elle reprend son état naturel. Par un même sentiment, dans la rencontre de deux veines de terre, elle choisit celle qui lui convient, & s'éloigne de celle qui lui est contraire ou qui lui convient moins. Par un même sentiment encore, renfermée dans une serre ou une cave, elle se tourne & se dirige vers les fenêtres & les soupiraux comme pour y aller chercher l'air dont elle sent qu'elle a besoin. Ces phénomenes & beaucoup d'autres semblables que je passe sous silence, sont connus de tout le monde; & le Physicien accoutumé à saisir les moindres indices que la Nature laisse échapper malgré le grand soin qu'elle prend pour nous cacher ses merveilles, ne pourra s'empêcher de les regarer comme des marques non-équivoques de sensibiité. Il conviendra sans peine que la rose qui s'oure aux rayons du soleil, ou qui s'épanouit lentenent au souffle amoureux du zéphyre qui la caresse, sent, dans ce moment délicieux, la douceur de on existence par une sorte de chatouillement proortionné à l'espece de sa structure organique ; que, omme dans le moindre insecte l'accouplement est ccompagné d'une sensation très-vive de plaisir, demême l'éjaculation de la poussiere séminale portée vec vivacité des étamines dans les pistils, est trèsvoluptueuse dans les végétaux ; & il est sur que les eurons languissent, se dessechent & tombent après cet acte, comme les insectes languissent & meurent peu après l'accouplement & la ponte. Le Roi des nimaux éprouve lui-même après l'acte de la génération, une longueur, un épuisement, qui ameneroit sans doute sa destruction, si la Nature ne réparoit bientôt les forces dont il a fait une si grande dépense. Avec quelle ardeur les étamines se penhent sur les pistils pour les couvrir de leur semence : les fleurons mâles vont chercher les femelles, & celles-ci ne se refusent point à leurs embrassemens ! Avec quel art le liseron renverse le godet de sa fleur, lorsque les étamines & le pistil sont parvenus à l'âge de puberté. Il sait que sans ce renversement le pistil, plus grand que les étamines, restant toujours au-dessus de leurs sommets, ne pourroit en recevoir la poussiere séminale. Si l'on soutient qu'il l'ignore, & qu'il ne sent pas non plus quand il est en état de produire son semblable, il faudra dire la même chose des animaux, & penser que l'acte de la génération a lieu chez eux sans aucune sensation, ce qui est insoutenable.

Voilà, je crois, un assez grand nombre de faits, & des faits assez parlans. Mais pour ne laisser aucun doute sur cette matiere, s'il est possible, examinons ce que c'est que le sentiment & voyons si nous avons trouvé dans les plantes ce qui le constitue.

Le sentiment est une impression reçue dans un Etre organique, qui lui fait rechercher certains objets, & fuir certains autres objets. L'impression qui lui fait rechercher certains objets lui est agréable, parce que ces objets sont convenables à sa structure, & elle fait le plaisir. L'impression qui porte cet Etre à fuir certains objets est desagréable, parce que ces objets sont contraires & nuisibles à sa structure, & elle fait la douleur. Cette impression reçue dans un Etre organique, capable d'un mouvement extérieur, se manifeste par le mouvement qu'il fait pour s'approcher ou s'éloigner des objets qui font sur lui une impression agréable ou desagréable. L'absence de ce mouvement n'est pas une marque sure d'insensibilité, parce que l'impression peut être toute intérieure. Elle est concentrée au dedans de l'Etre lorsqu'il manque d'organes qui puissent la faire éclater au dehors. Il est réduit à appéter l'objet qui lui convient sans pouvoir s'en approcher, & à fuir l'objet qui lui est contraire sans pouvoir s'en éloigner. Nous verrons dans la suite s'il y a des Etres naturels dans ce cas. Mais ce seroit une contradiction qu'un Etre affectât de rechercher un objet & de s'en approcher, s'il ne l'appétoit pas; ou qu'il affectât de le fuir & de s'en éloigner, s'il ne le haïssoit pas. S'il ne l'appétoit pas & que la jouissance ne lui en fût pas agréable, pourquoi le rechercher & s'en approcher? Ou s'il ne le haïssoit pas & que la présence ne lui en fût pas desagréable, pourquoi le fuir & s'en éloigner? Un Etre vrai n'est pas capable d'un tel caprice, d'une telle fausseté. Il faut donc conclure & regarder comme un principe incontestable, qu'un Etre organique qui recherche certains objets, en reçoit des impressions agréables, & qu'il éprouve un sentiment de plaisir dans leur possession; qu'au contraire un Etre organique qui s'éoigne de certains objets, en reçoit des impressions désagréables, & que leur présence lui cause un sentiment de douleur. Enfin des Etres organiques qui recherchent ou fuient certains objets sont des Etres sensibles. Or nous avons vu les plantes fuir la main qui les touche, d'autres plantes rechercher l'aspect du soleil, affecter une certaine situation préférablement à une autre, quitter celle qu'on leur donnoit, & reprendre celle qu'on leur ôtoit, choisir entre deux terreins différens, s'approcher de celui qui leur convient, & s'éloigner de celui qui est moins favorable à leur bien-être. Les plantes sont donc des Etres sensibles, capables de plaisir & de douleur, de desir & d'aversion; on ne peut leur refuser cette qualité sans renoncer à la plus simple notion du sentiment.

Je me suis fait une loi: c'est de croire les hommes non pas précisément sur leur parole, car le Stoïcien ment avec impudence lorsqu'au milieu des douleurs les plus aiguës, il dit qu'il ne souffre pas, mais sur un langage moins équivoque que la parole; je veux dire sur le langage naturel des gestes, sur ce langage affectif universel qu'il est très-difficile de falsifier, sur le langage des cris, des larmes, des soupirs, des caresses, des altérations du visage, des transports avec lesquels la Nature se porte vers un objet ou s'éloigne d'un autre, en un mot sur le langage des actions. Je vois que dans le commerce ordinaire de la vie c'est tout ce qu'il y a de plus vrai dans l'homme; quoiqu'il arrive encore assez souvent que nous soyons dupes de ces marques extérieures, parce que l'homme a la malheureuse faculté d'abuser de tout, de mettre de l'imposture dans tout. Cependant il ne peut pas se contrefaire longtemps; la Nature perce tôt ou tard à travers cette gêne violente: la peau de la brebis ne couvre pas si complettement le loup, que la griffe ne se montre. On est si persuadé que ce langage muet est plus véridique que celui de la voix, que quand les paroles d'un homme sont en contradiction avec son extérieur & avec sa conduite, on ne balance pas à croire le visage & les actions préférablement à la langue. Ce langage des gestes nous est commun avec les bêtes, & avec les plantes; il est même plus naïf & plus vrai dans les bêtes que dans l'homme, & plus encore dans les animaux enracinés, parce qu'ils ont moins le pouvoir de le falsifier: il en est d'autant plus concluant. L'on me permettra donc de penser que les plaintes d'un chien, ses cris, ses caresses, ses jappemens, sa fuite, son ardeur pour certains objets & sa répugnance visible pour d'autres objets, sont des expressions de ses sentimens; que de même & à proportion, les mouvemens des plantes, par exemple, les efforts de la sensitive pour éviter l'attouchement des autres corps, l'affectation de la Sindrik-mal à s'ouvrir à la fraîcheur de la nuit & à se fermer pendant la chaleur du jour, la constance des plantes héliotropes à suivre le cours du soleil en tournant avec lui, l'adresse qu'elles ont toutes de choisir la meilleure de deux veines de terre, l'avidité avec laquelle elles recherchent l'air & la lumiere, l'habileté de l'acacia à replier ses feuilles tantôt en-dessus & tantôt en-dessous selon la température de l'air, marquent les impressions que les Etres extérieurs font sur elles, & les sentimens qu'elles éprouvent à leur occasion.

Ce premier point que nous pouvons désormais regarder comme décidé, puisque nous avons la plus grande présomption possible en faveur de la sensibilité des plantes, en éclaircit un autre qui semble choquer encore davantage le préjugé vulgaire.

„ Tous ceux qui raisonnent, s'accordent à réduire le sentiment à la perception & à la pensée." Sentir, percevoir, penser, connoître, sont des mots synonimes en ce sens. Si donc nous accordons le sentiment aux plantes, nous ne pouvons plus leur refuser un ordre de perceptions, de pensées & de connoissances analogues à leurs sensations, & fondées sur ces sensations. Il faut avouer que sentir est connoître, que fuir une chose & en rechercher une autre, c'est juger que l'une est desagréable & nuisible, & l'autre agréable & utile. Aussi je ne vois aucun risque à admettre dans les plantes un certain degré de connoissance & d'intelligence, de pensée & de jugement, puisque nous sommes forcés d'y reconnoître du sentiment, du desir, de l'aversion, attestés par les actes qui les supposent.

J'espere qu'on ne donnera pas plus d'étendue à cette opinion qu'elle n'en doit avoir. La Nature a sans doute donné à tous les Etres une dose de discernement telle précisément que l'exigent leur conservation & leur bien-être, mais rien de plus. Tous les Etres aussi doivent goûter la douceur de l'existence, dans le degré qui convient à leur structure, à la place qu'ils occupent dans l'échelle. Qu'est-ce qu'exister sans le sentir, sans le savoir autant que l'on en est capable? Croit-on qu'une telle existence dénuée absolument de tout sentiment, de toute connoissance, soit possible dans une créature vivante? Et tout vit dans la Nature. Tous les Etres doivent se nourrir, croître, & multiplier. Ces trois besoins se font sentir par des impressions plus ou moins vives, & connoître par des perceptions plus ou moins explicites, selon les systêmes particuliers. Ces impressions & ces perceptions sollicitent tous les Etres à chercher les moyens de satisfaire ces besoins aussi abondamment & aussi délicieusement que leur état le comporte; & comme la Nature ne trompe point, elle a donné à tous les Etres toute la connoissance, toute l'industrie, &, pour m'exprimer plus philosophiquement, toute la sagesse dont ils ont besoin pour remplir le double objet de leur conservation particuliere & de la propagation de leur espece, pour se procurer tout ce qu'exige leur bien-être & écarter ou fuir tout ce qui lui est contraire. Voilà pourquoi l'homme physique qui a tant de miseres à écarter, & tant de besoins à satisfaire & dont l'être est susceptible de tant d'amélioration, a aussi tant d'industrie & d'intelligence. On sent combien la dose doit diminuer en passant par tous les degrés intermédiaires depuis l'homme jusqu'au premier animal immobile attaché au sol. Elle diminue sans-doute beaucoup; mais elle ne se perd pas tout-à-fait. Les modiques besoins d'une plante se satisfont aisément; le suc de la terre vient la trouver, mais elle a encore besoin d'un certain degré de connoissance pour distinguer le terrein qui lui procure un suc convenable, de celui où elle ne puiseroit qu'un suc vicié: elle a encore besoin d'un certain degré d'industrie pour détourner ses racines de celui-ci, & les porter vers l'autre: il lui en faut encore pour exécuter toutes les autres opérations & actions spontanées dont elle a étalé le spectacle à nos yeux.

Personne ne croit plus de bonne-foi que les bêtes soient de pures machines. Quoiqu'elles ne soient que de la matiere pure, on ne se fait point une peine de leur donner quelque degré de pensée qui soit dans leur sphere. On ne doit pas avoir plus de répugnance à laisser jouir les plantes d'un systême de perceptions convenables à leur structure. La derniere de ces deux opinions n'est ni plus étrange ni plus dangereuse que l'autre. Il s'agit seulement de savoir si elle est conforme aux phénomenes. Comment jugeons-nous de la connoissance des bêtes? Par les signes qu'elles nous en donnent. Et quels sont ces signes? Leurs actions que nous interprétons suivant les loix de l'analogie. N'est-ce pas en jugeant les plantes sur les mêmes loix d'analogie, que leurs actions nous annoncent un ordre particulier de perceptions dont leur être ne pouvoit se passer, & qui remplit l'exigence de leurs besoins. La sphere de leurs pensées est très-étroite: leur intelligence est très-confuse, très-obtuse: telle qu'elle est, elle leur suffit pour remplir le but de la Nature. Ce n'en est pourtant pas encore le dernier terme.

CHAPITRE VI.

De la Mouche végétale.

Je terminerai ce Livre par la relation d'une découverte singuliere & assez récente que je laisse au Lecteur à apprécier.

Extrait de l'Apparat pour l'Histoire Naturelle d'Espagne, Tome I. par le P. Torrubia.

Je me contenterai de copier cet Extrait tel que je le trouve dans les *Mélanges d'Histoire Naturelle*, publiés derniérement par Mr. Alléon Dulac.

„ Le P. *Torrubia* rapporte une découverte bien „ surprenante qu'il a faite auprès de la Havane. „ En se promenant le 10 Février 1749, dans la „ maison de campagne de *Don Sebastien de Penaver*, il trouva au milieu d'un champ quelques „ abeilles mortes, mais dont tous les squelettes „ étoient entiers jusqu'aux aîles inclusivement. De „ petits arbrisseaux avoient pris racine dans les en„ trailles de ces insectes, & s'élevoient à la hau„ teur de plus de trois pieds. Les habitans du „ pays appellent cette plante *gia*. Elle est hérissée „ d'un grand nombre d'épines; ce qu'ils attribuent „ aux aiguillons dont ils disent que le ventre de „ l'abeille est rempli, & qui, selon eux, commu„ niquent à la plante le même principe créateur „ que la nature leur a donné. Ce phénomene n'é„ toit pas bien connu dans la Havane avant le P. „ *Torrubia*. Il envoya une de ces abeilles avec le „ petit arbrisseau parfaitement bien conservés l'un

„ & l'autre, à *Don Martin de Arrostegui*, *Syndic* „ *Général de l'Ordre de St. François*. Une généra- „ tion aussi singuliere mérite certainement l'atten- „ tion des Physiciens ; & le P. *Torrubia* doit se fé- „ liciter d'une pareille découverte (*)."

Relation de l'Insecte appellé Mouche végétale, *par Mr. William Watson, Dr. en Médecine; membre de la Société Royale de Londres lue dans l'Assemblée du 24 Novembre* 1763.

„ Au commencement du mois dernier, je re- „ çus une lettre de notre savant & ingénieux Doc- „ teur Mr. Huxham de Phymouth. Parmi les dif- „ férentes curiosités dont il me fait part, il me „ mande que Mr. le Commissaire Rogers lui a fait „ voir un insecte, nommé *la Mouche végétale*, qu'il „ m'a envoyé avec la description de cet insecte „ singulier. Nous avons obligation de l'un & de „ l'autre à Mr. Newman Officier au Régiment du „ Roure qui arrive de la Dominique. La descrip- „ tion est curieuse, elle est de la main de Mr. New- „ man : je vais vous en faire la lecture.

„ La Mouche végétale se trouve dans l'Isle „ appellée La Dominique. Cet animal res- „ semble plus au bourdon, soit pour la cou- „ leur, soit pour la figure, qu'à aucun au- „ tre insecte d'Anglèterre ; mais il n'a point „ d'aîles. Au mois de mai, il s'enfonce dans „ la terre & commence à y végéter. Vers la „ fin de juillet, le petit arbre qu'il a pro- „ duit a déja acquis son entier accroisse- „ ment ; il ressemble à une petite branche „ de corail, & peut avoir environ trois pieds

(*) *Mélanges d'Histoire Naturelle par Mr. Alléon Dulac*. Tome II. p. 335, 336.

„ de hauteur. Il porte plusieurs petites fe-
„ ves ou graines qui, à mesure qu'elles grossissent, laissent appercevoir des vers sous
„ leur enveloppe : ces vers deviennent ensuite des mouches, à-peu-près comme nos
„ chenilles."

„ Le Dr. Huxham avoit déja reçu une autre relation de cet insecte extraordinaire, semblable à
„ celle-ci. Elle étoit du Capitaine Gascoign pour
„ lors commandant le vaisseau de guerre le Dublin
„ qui a été quelque temps à la Dominique. Le
„ Dr. Huxham ajoute que peut-être j'aurai entendu parler de cet animal-plante, ou même que je
„ l'aurai pu voir dans le Museum Brittannique, ou
„ dans le Cabinet de la Société Royale; mais que
„ s'il ne se trouve ni dans l'un ni dans l'autre,
„ c'est un présent digne de la Société Royale.

„ Le Dr. Huxham a soin de me faire remarquer
„ qu'il n'ajoute pas foi à cette relation dans tous
„ ses points, mais qu'il est cependant persuadé qu'il
„ y a du vrai. Il espere qu'on observera cet animal
„ avec les yeux d'un Physicien, & qu'on parviendra à découvrir la vérité. Il ajoute que jusqu'à présent il lui semble impossible de concevoir l'existence d'un animal-plante, & qu'un tel
„ animal est un monstre qui répugne aux loix de
„ la Nature.

„ Comme je n'avois jamais vu moi-même cet animal, & que j'avois souvent oui-dire que le Dr.
„ Hill le connoissoit, & qu'il avoit eu occasion d'en
„ voir plusieurs de cette sorte, je lui écrivis.
„ Voici sa réponse.

„ Lorsque le Colonel Melvil envoya à Londres quelques-unes de ces Mouches de la
„ Guadeloupe, Mylord Bute me fit l'honneur de m'en envoyer une boëte pour les
„ examiner & lui en dire mon sentiment.

„ Voici quel fut le réſultat de mes recher-
„ ches & de mes obſervations.

„ Il y a à la Martinique une ſorte de champi-
„ gnon ou de plante ſpongieuſe du genre de
„ la *Clavaria*, mais pourtant d'une eſpece
„ différente de celle que nous connoiſſons
„ ſous ce nom. Elle jette des ſemences
„ par les côtés, & c'eſt pour cela que je
„ l'ai appellée *Clavaria ſobolifera*. Cette
„ plante croît ſur le corps des animaux pour-
„ ris, comme nous avons des champignons
„ qui croiſſent ſur le ſabot d'un cheval
„ mort, *ex pede equino*.

„ La cigale eſt fort commune à la Martini-
„ que, & lorſqu'elle eſt dans ſon état de
„ Nymphe, que les Auteurs anciens appel-
„ lent *Tettigometre*, elle s'enſevelit elle-
„ même ſous des feuilles mortes pour y
„ attendre le temps de ſa métamorphoſe.
„ Lorſque la ſaiſon n'eſt pas favorable à
„ ces animaux, il en périt pluſieurs, & c'eſt
„ ſur le corps mort de cet animal que les
„ graines de la *Clavaria* jettent racine, pren-
„ nent leur nourriture & leur accroiſſement.

„ Il y a une Nymphe de cette eſpece par-
„ mi les cigales du Muſeum Britannique, &
„ l'on connoît à-préſent la plante que je
„ nomme *Clavaria ſobolifera*.

„ Tel eſt le fait avec toutes ſes circonſtances.
„ Vous en pouvez être aſſuré, quoique les
„ habitans de ces contrées, peu naturaliſtes,
„ penſent que c'eſt une Mouche végétale,
„ ou un animal-plante. On en a même tiré
„ en Eſpagne une eſtampe où l'on repréſente
„ une mouche qui porte un petit arbre à
„ trois feuilles, lequel paroît avoir ſa raci-
„ ne dans le corps de l'animal, d'où il ſort.
„ Telles ſont les imaginations extravagantes

„ de l'homme ſi oppoſées à la marche uni-
„ forme de la Nature.

„ A la ſollicitation du Dr. Huxham, Mr. le Commiſſaire Rogers fait préſenter cette production extraordinaire à la Société Royale ; & vous l'avez, Meſſieurs, devant les yeux.

„ Il m'a paru, après un examen ſcrupuleux, que le Dr. Hill avoit raiſon, & que la maniere dont il expliquoit ce phénomene, étoit juſte & raiſonnable.

„ Mr. Edwards a inſéré cette production extraordinaire dans ſon Recueil d'Hiſtoire naturelle, & il y en a donné une eſtampe charmante.

„ Parmi les cigales qui ſont dans le Muſeum Britanique, on en voit une qui reſſemble parfaitement à la partie purement animale de notre prétendu animal-plante ; mais elle vient des Indes Orientales. Il y en a une autre qui vient d'Amérique, qui a des aîles & qui eſt dans ſon état de perfection. Il eſt à croire que c'eſt ſeulement la nymphe de cet inſecte que Mr. Rogers vous a envoyée. Je ſuis, Meſſieurs, &c.

Lincoln's-Inn fields
15. *Novemb.* 1763.

WILLIAM WATSON.

Fin du cinquieme Livre.

TRAITÉ DE L'ANIMALITÉ.

LIVRE SIXIEME.

DE L'ANIMALITE' DES METAUX, DES PIERRES ET DE TOUTES SORTES DE SUBSTANCES FOSSILES.

CHAPITRE I.

De la vie & de l'économie des Fossiles.

Nous avons vu la Nature nuancer l'animalité depuis le premier des quadrupedes jusqu'à la derniere des plantes qui est peut-être la truffe, le nostoch, une mousse ou un lichen, dans les idées des physiciens méthodistes. Ne croyons pas que la Nature parvenue à ce degré de l'échelle se manque à elle-même, & qu'elle soit obligée de changer de plan. Fermons l'oreille aux mensonges de ceux qui osent la calomnier. N'ajoutons aucune foi aux discours de ces hommes peu philosophes qui font expirer ici l'organisme de la Nature, prétendant qu'après la dépense qu'elle en a faite pour remplir les classes supérieures des Etres, il ne lui en reste plus pour les classes inférieures. Il est vrai qu'elle qu'elle organise & animalise les fossiles à moins de fraix, avec moins de pompe & d'appareil extérieur. Leur animalité en est-elle moins réelle, pour être plus obscure, plus cachée, plus concentrée? Dans les uns elle est comme enchaînée dans les liens de leur massiveté; elle n'a rien de saillant, rien de frappant; dans d'autres elle est comme légérement soufflée sur leur surface: une nuance si délicate nous échappe; dans tous elle est déguisée sous des formes, des organes & des opérations qui s'éloignent beaucoup des nôtres: elle nous est peu sensible, parce que, vains dans tous nos jugemens, nous sommes toujours le terme de comparaison dont nous nous servons pour apprécier les autres créatures. C'est plus notre vanité, que la raison, qui les dépouille de leur rang pour en faire des corps bruts & inanimés. C'est pourquoi nous avons substitué à cette regle abusive, des principes plus surs. En recherchant le caractere distinctif de l'animalité, nous avons trouvé qu'elle étoit absolument indépendante des formes; qu'elle n'étoit attachée ni à tels organes, ni à leurs analogues, ni à tels signes, ni à telle économie particuliere, ni à telles propriétés, toutes ces choses ne formant que des différences individuelles. Nous nous sommes convaincus surtout qu'il pouvoit y avoir, qu'il y avoit en effet, plusieurs degrés d'animalité au-dessous de la portée de nos sens. Mais il est essentiel à tous les animaux de se nourrir, de croître & d'engendrer; & nous avons reconnu que les pierres, les métaux & toutes sortes de fossiles étoient des corps organiques, composés de solides & de fluides, & doués de la triple faculté de se nourrir, de croître & de multiplier par un principe intérieur vital, comme les autres animaux placés au-dessus d'eux dans l'échelle universelle des Etres.

L'économie des animaux fossiles n'est donc qu'une nouvelle variation du plan de l'animalité, &

non pas un plan nouveau. Il y a des animaux qui passent leur vie dans une agitation continuelle, toujours allans & venans, & que la Nature s'est vue dans la nécessité de contraindre au repos, en assoupissant toutes leurs facultés. Il y en a d'autres qui menent une vie plus sédentaire, qui fixés à une motte de terre, ne semblent élever la tête au dessus de la surface du globe, que pour être les spectateurs tranquilles des mouvemens & des courses des animaux ambulans, & y prendre part à leur maniere. Les animaux fossiles passent leur vie dans les entrailles de la terre : ils y naissent, ils s'y nourrissent, ils y croissent, ils y murissent, ils y répandent leurs semences, ils y vieillissent, ils y meurent, à moins qu'on ne les en arrache. La résistance qu'ils nous opposent lorsque nous voulons les en tirer, nous témoigne assez éloquemment combien nous leur faisons de violence ; & le mal qu'ils nous font ensuite pourroit bien être une vengeance qu'ils en tirent.

Leur vie se distingue en différens âges comme celle des autres animaux, & ces âges différens réglés & limités, se connoissent à des apparences ou indices très-analogues à ceux qui caractérisent les périodes de notre vie. Ils ont leur temps d'enfance & d'imbécillité. En naissant & un certain tems après leur naissance, ce sont des corps mous, foibles, d'une organisation tendre & délicate, facile à déranger, sujette à plusieurs maladies. Les ouvriers accoutumés à fouiller la terre, à travailler dans les mines & dans les carrieres nous assurent unanimement que les pierres & les métaux encore jeunes sont friables, mous & imparfaits, & qu'ils acquierent par la suite la dureté & leur perfection. La dureté commence par la croute extérieure, & se continue en avançant graduellement vers le centre qui se durcit le dernier. Monconys a trouvé sur les bords de la mer rouge une grande quantité de pierres, assez semblables, dont plusieurs étoient dures en dehors & ne l'étoient point en dedans, tandis que d'autres que l'œil jugeoit plus parfaites, étoient dures dans toute leur substance. L'extérieur des fossiles est plutôt perfectionné que l'intérieur ; cela vient de ce que le suc nourricier y est porté de la circonférence au centre, de sorte que les parties externes sont les premieres arrosées, nourries & développées, ce qui devroit arriver tout autrement, si les fossiles croissoient par une addition extérieure de matiere.

Quand la poussiere ou semence métallique commence à germer, ce n'est d'abord qu'un amas de petits grains, une gangue grenaillée, c'est pour-ainsi-dire la premiere enfance du métal. Au bout de quelque temps, ceux de ces grains qui ne périssent pas, croissent & deviennent des morceaux séparés plus considérables : le filon qui en est rempli se nomme rognon. Ces métaux sont jeunes & imparfaits : leur tempérament n'est pas encore formé. Ils continuent à croître & se fortifient par la nourriture qu'ils prennent, non par une bouche ou des racines, mais par tous les pores de leur surface extérieure qui en font les fonctions. Cette nourriture est du souffre, du bitume, de la terre, de l'eau. Si l'on fait attention à la grande préparation que doivent subir ces matieres alimentaires avant que d'être propres à s'incorporer & s'assimiler à la substance de l'or ou à celle du diamant, on ne s'étonnera plus que ce soient des corps si durs, d'une structure si compacte, avec des organes si fins. Une organisation plus lâche, des couloirs formés de tubules d'une plus grande capacité, n'élaboreroient point convenablement ces sucs, & n'en opéreroient point l'assimilation. La digestion seroit imparfaite, & le chile trop grossier. Au lieu de dire qu'il est difficile de croire qu'il y ait, dans des corps aussi denses que les pierres & les métaux, des vaisseaux par lesquels les sucs puissent circuler, on

M 2

conviendra plutôt que des corps composés d'une matiere si égale, & d'un suc si parfaitement cuit & digéré, ne peuvent être que des Etres vivans, avec des organes d'une finesse extrême pour convertir en une substance si pure des alimens grossiers, les purger de leurs saletés, les exalter & les sublimer : ce qui ne peut être que l'effet d'un organisme interne très-puissant, d'autant plus puissant que les instrumens par lesquels il agit sont plus fins, plus serrés & d'un ressort plus vif. Les individus métalliques accumulés les uns sur les autres, ou auprès des autres, continuent à croître & à s'étendre selon toutes leurs parties formelles & dans toutes leurs dimensions. Ils forment des filets dont les uns sont paralleles à l'horison : les autres plus ou moins dévoyés, lui sont obliques : quelques-uns lui sont perpendiculaires, & il arrive assez souvent que par la force de la végétation, ceux-ci s'élevent au dessus de la surface de la terre, en forme d'arbrisseaux ou entrent dans l'intérieur des jeunes plantes dans lesquelles ils se moulent (c). Quand ils ont

---

(c) Extrait d'une Lettre de Mr. Christophe Arnold Professeur d'Histoire à Nuremberg, écrite à son fils à Paris, touchant les Champignons ou Morilles de Bohême. (Journal des Savans année 1683.)

„ L'on m'a fait présent de Morilles de Bohême que vous savez passer ici pour quelque chose de fort délicat. En les apprêtant il s'en „ est trouvé trois fort difficiles à couper, à cause des pierres métalli- „ ques qu'elles renfermoient, & qui étoient quasi toutes d'argent. „ Elles tiennent de la figure intérieure des Morilles. Et afin que „ vous sachiez mieux ce que c'en étoit je vous en envoye la figure „ & le poids.

„ Cela confirme ce qui est rapporté par le P. Balbin Jésuite dans son „ Histoire de Bohême où il dit que l'on avoit trouvé dans des bois „ une Baguette d'agent qui surpassoit d'une coudée la hauteur d'un „ homme d'une grandeur raisonnable : Surquoi il cite le P. Tonner „ qui dit qu'en ce pays-là, l'or sortant de la terre en petits filets s'en- „ tortille avec les vignes, & qu'il s'en trouve quelquefois au milieu „ des arbres parmi la moëlle, & les veines, qui s'éleve en forme de „ petits filamens à mesure que les arbres croissent.

„ Le même P. Balbin raconte quelque chose de semblable touchant „ certains paysans de Bohême, qui ayant vu de petits filets d'or fort „ deliés parmi les racines de quelques vieux arbres sans en connoître „ le prix & la valeur, parce qu'ils étoient d'une couleur noirâtre, „ les avoient ramassés & s'en étoient servis, les uns pour faire des

tout leur accroissement, ils se consolident & se durcissent comme les os des animaux. Alors les filets acquierent leur perfection & deviennent de plus grandes veines de métal.

Les pierres sont molles dans leur origine, comme toutes les créatures qui commencent par être un mucilage tendre parce que cette mollesse est nécessaire au premier développement du germe, pour débrouiller le lacis subtil de leur texture. De cette mollesse vient leur foiblesse, leur fragilité dans leur premier âge; & l'une & l'autre ont pour cause la surabondance des fluides, qui est aussi la cause de la foiblesse du premier âge des animaux & des plantes. Elles prennent ensuite de la consistance, à mesure qu'elles croissent par la nourriture qu'elles ont la vertu de s'assimiler. Mais leur parfaite dureté ne leur vient qu'après leur parfait accroissement: souvent même elles ne l'acquierent qu'à l'air, lorsqu'elles ont transpiré toute leur humidité. Leur accroissement ne se fait point confusément, inégalement, indéterminément, sans proportion &

„ cordons à leurs chapeaux, les autres pour serrer le manche de leurs „ faulx qui étoient trop lâches: ce qui ayant été apperçu par un Juif „ qui avoit un peu plus d'expérience, il leur donna d'autres cordons „ à la place de ceux qu'ils portoient.

„ A cet exemple arrivé de nos jours, ce Pere ajoute qu'un Chasseur „ trouva de même une verge d'argent qu'il apperçut être sortie d'une „ roche; & qu'un particulier qui avoit un champ semé d'avoine & „ prêt à moissonner, ayant vu quelques épis plus brillans que les „ autres, reconnut qu'ils étoient de métal. Ce qui les lui fit arra- „ cher, & les vendre quelques jours après au Seigneur du lieu, qui les „ voulut avoir & qui en fit un présent à l'Empereur Rodolphe, Prin- „ ce extrêmement curieux de ces sortes de choses naturelles.

Mr. Henckel, dont le jugement est ici d'un grand poids, parle de ces curiosités dans sa Pyritologie, & reconnoit la verité de ces productions naturelles.

Daniel Horstius dans son petit Abregé de Physique intitulé *Physica Hippocratea*, dit que l'on a trouvé des grains d'or dans la tête des Truites, qui sembloient y avoir végété.

„ C'est une chose connue que dans les vignes de Tokai en Hon- „ grie on trouve souvent des seps de la vigne ou autres racines des „ arbres entortillés avec des fibres fort longues d'or; & je n'oserois „ assurer qu'un pepin d'or qu'on m'assuroit avoir été trouvé dans un „ grain de raisin de ce Pays, non plus qu'un gros morceau de chaſans ordre, tel qu'il réſulteroit d'une addition fortuite de parties. Des corps ainſi formés ne parviendroient jamais au degré de perfection & de pureté qu'atteignent les pierres précieuſes. Ces aggrégations confuſes & indéterminées ne donneroient point des figures toujours ſemblables à elles-mêmes, & toujours conſtantes dans leurs dimenſions: elles ne produiroient point des corps ſi également durs, ſolides, brillans & colorés: elles n'engendreroient jamais des touts ſymmétriquement radiés, feuilletés & fibreux, ni des tiſſus ſi juſtement, ſi artiſtement travaillés. Sans s'arrêter à des raiſons de convenance nous voyons les pierres croître dans les matrices où elles ont été conçues. Une mine de criſtal où l'on voit des individus de tous les âges, n'en offre point qui n'aient qu'une partie de

---

„ bon avec des fibres d'or, que j'ai vu entre les mains des curieux „ fuſſent des Ouvrages de la Nature, & non de l'art, parce qu'il faut „ avoir une certitude de ces choſes que je n'ai pas. Il eſt du moins „ conſtant par l'hiſtoire qu'une des plus riches mines d'or du Perou „ fut trouvé par hazard de la maniere ſuivante. Un homme qui montoit une colline, arracha un arbriſſeau pour s'en ſervir de baton „ d'appui, afin de monter plus facilement, & la racine s'étant détachée aiſément de la terre, il la trouva toute envíronnée de filets de ce précieux métal, qui avoit végété avec la plante: & afin „ que l'on ne puiſſe pas douter de ces végétations, je rapporterai „ encore l'hiſtoire d'une autre mine trouvée par un ſemblable hazard. „ Un Chaſſeur pourſuivant ſon gibier par une montagne, vit étinceller „ le ſommet comme le ſoleil lequel reverbéroit ſes rayons là-deſſus: „ Etant attiré par cette ſplendeur, & s'en etant approché, il vit qu'il „ ſortoit de la montagne une eſpece de buiſſon d'argent dont il fit „ profiter un tems, de même que celui qui avoit trouvé la mine „ d'or; la raiſon de cela eſt, que lorſque le hazard veut que dans la „ terre il ſe forme beaucoup de vif-argent bouillonnant par ſon ſoufre „ interne, auſſi-bien que par les vapeurs de celui qui ſurvient par „ dehors, en bouillonnant il végete, comme la plante, par la chaleur „ interne comme par l'externe de l'air, ou de la miniere. Les Chimiſtes & chacun peut faire des végétations ſemblables par l'art qui „ imite la Nature; car ſi l'on amalgame du vif-argent avec ſuffiſante „ quantité d'or ou d'argent, & qu'on les mette digérer dans un fourneau à feu, mediocrement fort, il s'en formera des arbriſſeaux très „ curieux, avec des branches & des feuilles ſemblables au naturel. „ J'ai eu entre mes mains un arbriſſeau d'or de cette eſpece peſant „ douze livres, dont les feuilles en grand nombre étoient comme celles d'un petit oranger: il ne lui manquoit que des fleurs & des „ fruits; mais cet arbre avoit eté formé par un art plus excellent,

leurs organes & qui attendent que le hazard vienne y joindre celle qui leur manque. On y remarque bien des pyramides plus ou moins grosses, plus ou moins transparentes, plus ou moins formées selon leur âge différent; mais les plus jeunes, les plus petites, les plus tendres sont aussi entieres que les autres. C'est un fait, il ne faut que des yeux pour s'en assurer. De même dans la pierre étoilée, les étoiles ne se forment point les unes après les autres; elles croissent toutes ensemble. Elles ne sont dans l'embrion que de petits points insensiblement radiés, qui s'étendent avec le corps total: les rayons se prolongent peu-à-peu, & les cavités augmentent de diametre, à proportion que la pierre grossit, de sorte que cet animal pierreux étoit en petit ce qu'il est en grand: ce qui est également vrai de tous les fossiles.

„ car c'étoit un or très fixe & très fin; & l'auteur m'ayant permis d'en „ arracher une feuille dans l'endroit où je voudrois, elle résista à „ toutes les épreuves qu'on fait sur l'or. Dans la premiere découver- „ te des Indes occidentales, les mines n'ayant pas été encore fouil- „ lées par l'avidité des Européens, on trouvoit des grains d'or pur „ de trente, quarante & jusqu'à cent onces pesant; & j'ai lu que les „ Dues de Saxe ont un dessus de table assés grand, qui est une piece „ d'argent trouvée dans une mine de ce pays, & qu'on a conservée „ brute dans le Cabinet des curiosités de ces Princes, comme une „ chose rare & curieuse; ce qui peut arriver, comme je l'ai dit, „ quand le hazard produit en un même endroit une quantité assés „ grande d'argent vif, & qu'elle se coagule en métail. Le P. Kirker „ rapporte dans son monde souterrain la figure d'une pierre minérale, „ dans laquelle on voit plusieurs petits arbrisseaux d'or & d'argent.

" Or il est sur que ces végétations ne seroient pas si rares, si les " hommes qui travaillent aux mines, étoient d'une part un peu plus " curieux, & que d'un autre côté il ne fussent pas obligés de rompre " la terre, & au même tems ces végétations, lesquelles sortent quel- " ques fois de la terre même, comme les plantes & les champignons, " quand la matiere se trouve assés proche de la superficie, comme on " dit que cela est assés fréquent au milieu de l'Afrique. Bernier ra- " conte dans son Histoire du Mogol, qu'un Ambassadeur du Roi d'E- " thiopie avoit porté au Mogol un arbrisseau d'or de la hauteur de plus " d'un pied, qui avoit végété hors de la terre dans ces climats ar- " dens; car l'or au milieu de l'Afrique est un métail assés commun, " lequel les habitans voisins de la côte orientale d'Afrique, & qui sont " au dedans des terres, troquent volontiers avec les Portugais de " Mozambique & de Quiola, contre des toiles peintes & autres mar- " chandises de peu de valeur." *Les Principes de la Nature, ou de la génération des choses, par Mr.* COLONNE.

Les minéraux ont tous les organes & toutes les facultés nécessaires à la conservation de leur être, c'est-à-dire à leur nutrition. Ils n'ont point la faculté loco-motive non plus que les plantes, & quelques animaux à coquille comme l'huître & le lépas. C'est qu'ils n'en ont pas besoin pour aller chercher leur nourriture qui vient les trouver. Cette faculté, loin d'être essentielle à l'animalité, n'est dans les animaux qui la possedent qu'un moyen de pourvoir à leur conservation qu'exigeoit l'espece de leur structure; de façon que l'on peut regarder ceux qui en sont privés comme des Etres privilégiés, puisqu'avec un moyen de moins ils remplissent la même fin. Combien d'animaux également robustes & industrieux se fatiguent à la poursuite & pour-ainsi-dire à la conquete de leur nourriture? Combien de fois leur fatigue n'est-elle pas inutile? Souvent ils se trompent dans le choix de celle qui leur convient, & alors ils mangent avidement leur mort en croyant prolonger leur existence. L'homme en est un exemple frappant. Ai-je tort, après cela, de regarder les minéraux comme privilégiés à cet égard, en ce que sans changer de place, ils trouvent leur nourriture à la portée de leurs suçoirs? Si elle leur manque, il souffrent & languissent, & l'on ne peut douter qu'ils n'éprouvent le sentiment douloureux de la faim & le plaisir de la satisfaire selon le degré & la maniere dont ils en sont capables. Si elle est mêlangée, ils savent en extraire ce qui leur convient & rejetter les parties viciées: autrement il ne se formeroit jamais ou presque jamais d'or parfait, ni de diamant d'une belle eau. Du reste ils ont, comme les autres animaux, les organes intérieurs requis pour la filtrer, la distiller, la préparer & la porter dans tous les points de leur substance. Quelque nom que l'on donne à ces organes, & quelle que soit leur structure, peu importe, le résultat est toujours le même, savoir la nutrition & l'accroissement de l'individu. La Nature se joue des formes, & nous n'avons aucun droit d'asservir ses productions à nos termes. Ces organes sont justement appropriés au degré de filtration & d'élaboration que doivent y recevoir les matieres nourricieres pour former un chile convenable. C'est pourquoi ils sont d'une si grande finesse. Quand on verseroit dans l'estomac d'un quadrupede, les sucs qu'un chêne pompe par ses racines, ils ne s'y prépareroient pas d'une maniere convenable à l'accroissement de cet arbre. De même la nourriture propre des métaux ne se travailleroit pas dans l'intérieur d'une plante, comme elle doit l'être pour s'assimiler à une substance métallique. Il ne faut point transporter les organes d'un animal à un autre animal. Chacun a ceux qui lui conviennent, sans en être moins un vrai animal. On a le plus grand tort du monde de juger un Etre, ou une portion des Etres, par ce qui en distingue un autre ou plusieurs autres.

Il y a des proportions exactes & très-fidélement observées entre les différens périodes de la vie des fossiles. Le temps qu'ils mettent à se développer & à parvenir à la perfection de leur être, celui pendant lequel la Nature les soutient dans leur maturité, celui pendant lequel ils dépérissent en détail & qui aboutit à la mort ou à leur dissolution totale, ont entre eux des rapports différens selon les especes. Les métaux parfaits, comme l'or & l'argent, ont besoin d'un plus longtemps que les autres substances métalliques pour murir & atteindre la perfection de leur nature: ils la conservent aussi plus longtemps, & leur vieillesse vient moins rapidement. Le fer au contraire est de tous les métaux, celui qui se reproduit le plus vîte, qui croît plus promptement; mais aussi il dure moins, il vieillit plutôt. Il en est ainsi des marbres comparés aux ardoises, aux pierres-ponces, *&c.* Avec quelques observations de plus que nous n'en avons, on seroit en état de calculer les rapports des différens périodes de la vie des fossiles, & d'en dresser des tables. La longue vie de quelques corps métalliques, ou pierreux, cesse d'étonner le philosophe qui pense au grand nombre d'années qu'ils emploient à acquérir la perfection de leur nature. Il n'en faut pas moins pour former des corps aussi purs que les métaux parfaits & les pierres précieuses. Si le prix qu'on y attache est fondé sur ces considérations, il est juste & très-philosophique. Car c'est ici surtout que tout est fait avec poids, nombre & mesure: ce qui indique d'une maniere bien sensible, un agent interne, une vertu organique, plutôt que l'opération d'une cause fortuite.

Lorsque les fossiles commencent à approcher de leur maturité, la surabondance des fluides diminue, parce que les fluides se distribuant dans un corps plus grand, ils ont plus de solides à arroser & à nourrir; alors donc l'équilibre s'établit entre les fluides & les solides: équilibre qui caractérise également l'âge mur des autres animaux. Parvenus à leur maturité, ils jouissent de la plénitude de leur être, & de l'exercice complet de leurs facultés & propriétés. Alors l'aimant & la pierre de lynx ont leur plus grande force attractive; le diamant sa grande netteté & son blanc d'eau si pur & si vif; l'escarboucle, son feu; le grenat, sa belle couleur pourpre; & les autres pierres, le juste degré de leurs belles couleurs. Les sels, les souffres & les bitumes ont de-même leur plus grande vertu, ainsi que les métaux.

On soutient avec une indiscrétion singuliere que „ le minéral n'est qu'une matiere brute; *inactive*, „ insensible, n'agissant que par la contrainte des „ loix de la méchanique, n'obéissant qu'à la force „ générale répandue dans l'univers, sans organisa„ tion, *sans puissance, dénuée de toutes facultés*, mê„ me de celle de se reproduire, substance infor„ me, faite pour être foulée aux pieds par les hom„ mes & les animaux...." (*). Quoi! les miné-

(*) Histoire naturelle générale & particuliere &c. Tome III, Edit. in-12.

raux n'ont ni puiſſance, ni faculté quelconque! Que le ſavant Auteur de cette déclamation me permette de lui demander ce que c'eſt que la vertu par laquelle l'aimant attire le fer, faculté ſi active & ſi puiſſante: ce que c'eſt que la puiſſance moins grande des pierres tranſparentes d'attirer a elles la paille, les plumes, les feuilles d'or, les cheveux, le papier, la laine & la ſoie: ce que c'eſt que la vertu électrique des pierres tranſparentes & opaques: ce que ſont les propriétés ſi connues de l'amiante; les vertus médicinales de tant de pierres dont l'une guérit l'inflammation des mammelles, c'eſt l'oſtracite; une autre, la colique néphrétique, c'eſt la pierre de ce nom; une autre diſſout le calcul, c'eſt la pierre judaïque. Je demanderai encore ce que c'eſt que la vertu de la pierre de touche ou du parangon que les artiſtes interrogent ſi utilement, qui diſcerne les métaux & leur apprend à les connoître. Quels êtres plus actifs & plus puiſſans que les métaux! Le chymiſte le plus adroit & le plus accoutumé aux manipulations délicates, ne les tourmente qu'en tremblant. Leur ductilité & leur malléabilité ne ſont-elles pas des facultés? Combien d'hommes doivent la vie à leurs vertus qui font le fondement de l'art ſpagirique? Que ſeroit la médecine, que ſeroient pluſieurs autres arts, ſans les propriétés merveilleuſes des plantes & des minéraux? Sera-ce trop ſi je dis qu'il y a de la contradiction à regarder des corps dans qui on eſt obligé de reconnoître tant de vertus, comme de la matiere inactive, ſans puiſſance & dénuée de toutes facultés? Je conçois que la matiere brute & inorganique ne peut avoir abſolument aucune puiſſance ou propriété; autrement elle ne ſeroit plus réellement brute; elle ne pourroit avoir de faculté qui ne fût le produit d'un ſyſtème organique particulier. Auſſi loin d'entaſſer des ſuppoſitions ſur des ſuppoſitions, loin de deſorganiſer les minéraux pour les dépouiller de leurs facultés, contre l'évidence de l'expérience, il eſt plus raiſonnable, ce me ſemble, de faire attention à leurs facultés pour ſe convaincre qu'elles ne peuvent appartenir qu'à un Etre vivant & animé. Arrêtons nous donc un moment à conſidérer les propriétés des minéraux, leur opérations, leurs actions: elles nous indiqueront infailliblement ce qui ſe paſſe dans eux, & nous inviteront à les tirer de l'état de ſtupidité auquel on les a ſi injuſtement condamnés. Nous allons entrer dans une méditation neuve pour bien des Lecteurs, mais les principes en ſont anciens & de la plus grande vérité.

Les facultés d'un Etre quelconque répondent à l'eſpece de ſes organes, à la nature de ſes beſoins, aux différentes circonſtances où il peut naturellement ſe trouver; & tout cela répond au rang où il eſt placé dans l'univers. D'autres rapports exigent d'autres facultés, & d'autres facultés donnent d'autres organes pour ſe déployer; ou, ſi l'on veut, d'autres organes donnent d'autres facultés. Tous les Etres ont deux beſoins, celui de conſerver leur exiſtence pendant un temps fixé, & celui de donner la vie à d'autres Etres. Tous reſſentent ce double beſoin ſelon une proportion convenable à l'ordre de leur ſtructure; tous le ſatisfont par les moyens convenables à leurs organes nutritifs & génératifs; & cette ſatisfaction eſt partout accompagnée de la doſe de volupté dont chaque organiſme eſt ſuſceptible. Les variations ſi prodigieuſement multipliées dans la maniere dont ces beſoins ſe manifeſtent aux individus, dans les moyens qu'ils ont pour obéir à leur voix impérieuſe, dans le nombre & l'artifice des organes deſtinés à cette double fin, dans l'eſpece & l'énergie du plaiſir attaché à l'accompliſſement de ces devoirs, ne mettent aucune différence eſſentielle entre les Etres: au contraire elles les rangent tous dans la même claſſe & ſous le même nom. Par elles ils ſont des animaux différens qui vivent, c'eſt-à-dire, qui ſe nourriſſent croissent & engendrent, chacun selon les formes de son organisation : ce sont autant de variations de l'animalité, comme nous l'avons déja dit & redit.

La véritable époque de la puberté des fossiles est comme pour tous les autres Etres, le temps auquel ils acquierent leur perfection. Mais j'ai déja assez parlé de leur vertu génératrice dans cette septieme partie & surtout dans la seconde. Quant à la distinction des sexes qu'on n'y a pas encore reconnue, nous avons assez d'exemples qui prouvent qu'elle n'est point absolument nécessaire pour la génération; & en particulier les fossiles pourroient se régénérer par leurs parties cassées, brisées & détachées, toutefois il ne faut pas desespérer qu'on ne parvienne à distinguer un jour de l'or mâle & de l'or femelle, des diamans mâles & des diamans femelles.

Outre ces grandes & premieres facultés essentielles à tout Etre, il y en a d'autres qui répondent à certaines formes organiques, à d'autres rapports, à d'autres circonstances où l'individu doit se rencontrer naturellement, & dans lesquelles il ne doit pas se trouver au dépourvu. Les facultés accidentelles servent plus à connoître le rang & à apprécier la perfection des Etres, que les facultés essentielles. Un polype & une mouche ont une faculté génératrice beaucoup plus grande proportionnellement que celle de l'homme. Mais les formes organiques de l'homme sont beaucoup plus variées & plus multipliées que celles du polype : il a plus de rapports, & la sphere de ses liaisons est beaucoup plus étendue : aussi a-t-il beaucoup plus de facultés accidentelles. Il paroît que celles-ci sont en raison inverse des autres dans les individus, parce que plus l'organisation se compose & se varie, plus elle engendre de propriétés particulieres, mais aussi plus l'entretien & la reproduction d'un organisme pareil exigent de conditions : ce qui en augmente la difficulté & en diminue les moyens. De-même plus l'organisation est simple, plus elle s'entretient & se reproduit aisément, & moins elle a de rapports & conséquemment de propriétés. Cependant la variété des formes organiques, la multitude des rapports, & l'espece des propriétés qui en résultent, ne sont que des accidens de l'animalité. Les facultés produites par ces différentes combinaisons des organes ne mettent que des différences individuelles entre les animaux. Elles ont leur fondement, non pas précisément dans l'animalité puisque l'animalité peut exister sans elles, mais dans tel degré de l'animalité dont elles sont des appartenances. Il suit qu'un animal peut en avoir plus ou moins, ou les réunir toutes, ou n'en posséder aucune, sans en être ni plus ni moins animal; il suit encore que les unes ne sont pas plus animales que les autres. Il n'y a de facultés véritablement animales que la faculté nutritive, croissante & génératrice & celles qui en découlent nécessairement, comme la faculté sensitive, lesquelles aussi se trouvent dans tous les Etres selon la portion convenable à la combinaison de leurs élémens organiques. Pour les facultés particulieres, elles sont jettées çà & là le long de l'échelle des Etres sans l'embrasser graduellement dans toute son étendue.

Parce que nous avons certains organes combinés en façon d'œil, nous avons la faculté de voir. Par une autre combinaison d'organes l'escarboucle a la faculté d'être lumineuse. Mettons ces deux combinaisons à la place l'une de l'autre, notre œil sera réellement un astre, & l'escarboucle verra. Nous ne pouvons approcher de nous que ce que nos membres peuvent atteindre. L'aimant, l'ambre & d'autres pierres attirent plusieurs corps mis à une certaine distance d'elles. On n'a aucune raison de croire une de ces facultés plutôt animale que l'autre. La faculté que nous avons de voir, & celle de prendre quelque chose avec la main, ne sont point essentielles à l'animalité, elles sont seulement des appartenances du degré d'animalité propre de l'homme. La faculté lumineuse de l'escarboucle, & la faculté attractive de certaines pierres, (je me sers des exemples les plus connus pour me rendre plus intelligible) ne sont point non plus essentielles à l'animal, mais seulement des appartenances de tels animaux particuliers. Ces raisonnemens sont des formules applicables à toutes les facultés propres de certains individus, lesquelles doivent être regardées partout comme des appanages des différens degrés d'animalité, sans qu'elles soient plus animales les unes que les autres: elles constituent les caracteres, les mœurs & la vie des individus, en les diversifiant sans les diviser. Elles produisent différentes actions & opérations dont le sens nous est d'autant moins intelligible qu'elles sont moins analogues aux nôtres, & qu'elles partent d'un systême d'organes plus différent de notre machine. Avec un peu d'attention on parvient pourtant à y démêler quelque signification, & sans trop aider à la lettre on peut les interpréter assez heureusement.

La faculté d'être lumineux est sûrement quelque chose de plus parfait que celle de voir la lumiere. Elle suppose plus de pureté dans la substance, plus d'homogénéité dans les parties, plus de délicatesse dans la structure. On a appellé l'ame une lumiere invisible, on a appellé la lumiere une ame visible. Ce qui prouve encore qu'on regarde même communément la faculté lumineuse comme supérieure à la faculté voyante, c'est qu'on prétend faire l'éloge de deux beaux yeux en les comparant à deux astres radieux. Ainsi les philosophes, les poëtes & le vulgaire s'accordent à mettre les corps lumineux au-dessus des Etres voyans. Croira-t-on qu'une faculté si excellente soit une faculté aveugle & stupide, tandis que le sens de la vue beaucoup moins parfait en son genre, nous procure tant de plaisirs? L'escarboucle, le diamant, l'émeraude, le saphir & toutes les autres pierres mises au rang des phosphores, naturels, tant celles qui jettent de la lumiere sans aucun préalable, que celles qui n'en donnent qu'à l'aide du frottement, ne jouissent-elles donc pas à leur maniere de l'exercice d'une si belle propriété? N'en ont-elles aucune sorte de conscience? L'exercent-elles sans le moindre sentiment de satisfaction? Ce ne peut pas être un plaisir semblable à celui que nous fait éprouver le sens de la vue, parce que la faculté lumineuse & la faculté voyante sont très-différentes, & qu'elles supposent une autre économie & des combinaisons d'organes très-disparates. Ce sera toujours un plaisir de l'ordre de cette faculté & dans le rapport du degré d'animalité auquel elle est attachée. M'accusera-t-on encore de trop de raffinement, si je conjecture que l'or, l'argent & les autres métaux, les pierres précieuses, & toutes les choses auxquelles nous mettons tant de prix, peuvent jouir, dans une certaine mesure, de la considération que nous leur accordons? Que de même tous les Etres crus insensibles & que nous faisons pourtant entrer en société avec nous par les usages auxquels nous les employons, & par les soins que nous en avons, prennent quelque part à ce commerce que nous établissons entre eux & nous? On dira que ces idées sont plus poétiques que philosophiques; qu'importe que ce soient les poëtes ou les philosophes qui découvrent la vérité, pourvu qu'elle soit connue? Ces idées rétablissent tous les Etres dans leurs droits légitimes dont nous les avons dépouillés si despotiquement. Peu s'en est fallu que nous n'ayons réduit les bêtes à la même condition. Nous voulons tout avoir, à l'exclusion de tous les autres. Nous oserions presque nous attribuer tout l'être. Ces idées raniment la Nature que nous faisions languir. Elles répandent la gaieté, la vie & l'intérêt autour de nous.

Mais les fossiles ne donnent aucun signe des sentimens, des goûts & de la portion de connoissance qu'on voudroit leur accorder... Cela n'est pas bien décidé. Le préjugé nous aveugle sur plusieurs témoignages qu'ils nous donnent de ce qui se passe dans eux. Quand même ils n'en donneroient aucun, il faudroit plutôt croire tout leur sentiment & toute leur intelligence concentrés au dedans, que de supposer la Nature injuste & la chaîne des Etres interrompue, ou d'admettre une impossibilité telle que de la matiere brute (*). Les fossiles donneroient des signes extérieurs de la dose de sentiment qui leur est propre, que ces signes pourroient ne nous être pas sensibles, vu leur disproportion avec nos organes. Nos organes sont-ils la mesure de ce qui est?

Les fossiles ont une économie animale & vitale selon leur nature : ils en rendent les fonctions aussi apparentes qu'il convient. Nous nous sommes accoutumés mal-à-propos à regarder certaines opérations comme des signes de vie, exclusivement à d'autres actions: distinction uniquement fondée sur ce que nous ou les animaux qui nous approchent de plus près, exécutons les premieres, & que les autres appartiennent à des Etres plus éloignés de nous. Voilà l'origine de nos jugemens erronés dans l'appréciation des créatures. Les fossiles n'ayant que l'espece de vie convenable à leur nature ne peuvent en donner des marques que du même ordre, puisqu'ils n'ont que les organes proportionnés à cette espece de vie. Cela n'empêche pas qu'ils ne s'expliquent assez clairement pour ceux qui veulent les comprendre.

Dans un amas de différentes poussieres l'aimant sait très-bien distinguer les particules de fer pour les attirer en vertu de l'affection qu'il leur porte. La pierre que l'on frotte pour la rendre lumineuse, comprend ce qu'on exige d'elle, & son éclat prouve sa condescendance. Ces signes ne sont-ils

(*) Voyez ci-devant Livre III. Chap. II.

pas aſſez éloquens ? Je ne puis croire ſurtout que les minéraux nous faſſent tant de bien par leurs vertus, ſans jouir de la douce ſatisfaction qui eſt le premier & le plus grand prix de la bienfaiſance, à quelque degré & de quelque eſpece qu'elle ſoit. Non : ces vertus ne ſont point tout-à-fait aveugles. On dira peut-être que les minéraux n'ont ces utiles propriétés que par les préparations que nous leur donnons. Mais quoi ? N'avons-nous pas beſoin nous-mêmes de préparation & de culture pour l'exercice de nos facultés ? Ne nous faut-il pas des moyens & des inſtrumens ſans leſquels nos puiſſances ſeroient bien bornées ? Eſt-il donc étonnant que les minéraux ne déploient leurs propriétés qu'avec un peu d'aide, puiſque nous en avons ſi grand beſoin nous-mêmes pour tirer parti des nôtres ? Nous employons les minéraux, mais ce ſont eux qui agiſſent. Nous les employons parce que nous avons reconnu leurs facultés ; nous ne les avons reconnues, que parce qu'ils les ont manifeſtées par leurs opérations. Ce ſont leurs ſignes : nous ſommes heureux de les avoir compris. On reconnoît mal les ſervices conſidérables qu'ils nous ont rendus & qu'ils continuent de nous rendre, en cherchant à les ravaler. La pierre de touche a un tact ſûr pour connoître les métaux, comme nous avons un ſens pour juger des couleurs : il paroît même qu'elle a plus de connoiſſance des ſubſtances métalliques, que nous n'en avons d'aucun objet de notre reſſort. La pierre d'aimant a un moyen de communiquer ſa vertu, c'eſt le ſimple attouchement, comme nous avons divers moyens de communiquer nos connoiſſances. Je ne ſaurois me perſuader que l'aiguille aimantée cherche toujours le pôle, ſans en rien ſentir, ſans en rien ſavoir. Cette affectation eſt trop marquée & trop vive pour être abſolument aveugle. J'aime mieux penſer qu'elle n'ignore pas abſolument de quelle utilité elle eſt aux marins & que c'eſt par une heu-

re:

teuse inclination qu'elle se prête de si bonne grace à les diriger dans leur course périlleuse. Car la sphere de connoissance qui convient à chaque Etre s'étend à tous les cas qui peuvent le concerner naturellement. Et le diamant qui envie à l'aimant le fer qu'il avoit attiré, & l'empêche d'exercer la vertu attractive en sa présence, n'aura-t-il point le sens intime de sa supériorité? Et l'or qui nous donne tout, (*) ou remplace tout, & dont par reconnoissance nous avons fait non pas notre roi, mais notre Dieu, ignorera-t-il tout-à-fait les honneurs dont il jouit?

Les procédés des minéraux ne sont pas solitaires, puisqu'il y en a qui s'entrecommuniquent leurs facultés, qui agissent les uns sur les autres, qui se recherchent, qui se repoussent, qui se soutiennent par la communication. N'est-ce pas-là de la perfectibilité, & une espece de société, telle que leur nature la comporte? Ces rapports, pour être différens de ceux que les autres animaux ont entre eux, en sont-ils moins réels?

Poursuivons: jettons encore un coup d'œil rapide sur le dernier période de la vie des fossiles, en nous bornant aux mêmes exemples pour les rendre plus sensibles. Les minéraux vieillissent, & leur caducité a la même cause que celle des animaux. Les solides se dessechent soit par l'air ou la chaleur du soleil, les fluides manquent pour les vivifier, le ressort de la vie s'use par l'exercice, & la loi universelle à laquelle rien n'échappe les entraîne vers leur fin avec tous les Etres. Leurs facultés s'éteignent & diminuent peu-à-peu. La pierre d'aimant perd sa

---

(*) *Uxorem cum dote fidemque & amicos,*
Et genus & formam regina pecunia donat.

HORAT.

— *Quidvis nummis præsentibus opta;*
Et veniet, clausum possidet arca Jovem.

PETRON.

vertu en vieilliſſant, elle la perd encore par le non-uſage. Si les bornes de la vie des minéraux, & du temps auquel ils exercent leurs facultés, ne nous ſont pas auſſi ſenſibles que les limites de la vie de pluſieurs autres individus, elles ſont pourtant tout auſſi réglées, mais ſouvent nous n'y faiſons pas attention, & ſouvent la longueur de leur vie nous empêche de la meſurer, faute de pouvoir faire des obſervations ſuffiſamment conſtatées à cet égard, vu ſurtout que ce qui ſe paſſe dans les entrailles de la terre eſt peu à notre portée. Cependant il eſt de fait que les métaux & les pierres, je dis même les pierres précieuſes, vieilliſſent & perdent leurs vertus en vieilliſſant : elles ſe conſomment peu-à-peu, ſe réduiſent d'abord en tuf, puis en pouſſiere. La diſſolution eſt le terme de leur vie comme celui de la nôtre.

On pourroit ajouter beaucoup de nouveaux traits à ce tableau ébauché de la vie & de l'économie animale des foſſiles. J'en reſterai là, laiſſant le reſte à la pénétration des Lecteurs éclairés.

CHAPITRE II.

Doutes ſur les Corps dits pétrifiés.

Le ſyſtême des pétrifications eſt le triomphe de l'imagination des phyſiciens. Séduits par les apparences, c'eſt-à-dire par la reſſemblance de la figure, ils ont imaginé & ſont preſque parvenus à faire croi-

(*) Pline, Théophraſte, Cluſius, Geſner &c.

(†) Voyez une belle liſte de toutes ſortes de pétrifications dans l'Oryctologie de Mr. Dargenville.

(§) „ J'ai trouvé l'hiſtoire de *l'Eléphant pétrifié*, écrite avec toute „ l'exactitude poſſible dans une Lettre latine d'*Ernest Tentzelius*, „ Hiſtoriographe du Duc de Saxe. Elle eſt addreſſée au célebre *Antoine Magliabecchi*, Bibliothécaire & Conſeiller du Grand Duc de

re aux autres que tous les fossiles pierreux auxquels ils trouvoient quelques rapports avec des parties des végétaux, fruits, graines, noix, amandes, troncs, branches, feuilles, *&c.* ou avec des parties des animaux, os, mâchoires, dents, crânes, vertebres, *&c.* étoient ces parties-là même pétrifiées, ou converties en pierres. On n'a pas seulement pétrifié des parties de végétaux & d'animaux, mais des arbres & des animaux entiers, des hêtres, des coudriers, des chênes, des lauriers, des oliviers, des pins, des sapins avec leurs graines & leurs fruits (*). Wodward parle de forêts pétrifiées en Irlande, en Angleterre, & surtout en Ecosse; &, pour comble de singularité, cet Auteur reconnoît que ces forêts sont toutes d'arbres étrangers au sol où elles se trouvent. Viennent ensuite les insectes, chenilles, mouches, papillons & diverses sortes de scarabées: les reptiles, lesards & serpens; les poissons, turbots, carpes, brochets, perches, soles, rougets, & les coquillages de toutes les especes: les quadrupedes, les hommes & des géants pétrifiés (†). On déterra le squellette d'un eléphant pétrifié, il y a un peu plus de soixante ans, dans un montagne de la Haute-Saxe, selon la relation d'un savant historiographe du Duc de Saxe (§), que je transcris au bas de la page. Scheuckzer parle d'un squelette humain pétrifié. Bocace fait mention d'un géant de deux cens coudées, pétrifié & déterré en Sicile. Ce ne sont là encore que les premiers essais de la force pétrifiante. Kircher, qui prend la pétrification du géant pour une fable, & Bocace lui-même pour un conteur, parle sérieusement d'une ville d'Afrique pétrifiée avec

---

„ Toscane, & imprimée à *Gotha*. L'Auteur, après avoir rapporté le „ fait, s'attache à montrer que tous les attributs des os de l'Eléphant „ convenoient au squelette découvert. Il établit ensuite que ce n'é- „ toit point-là un fossile minéral, mais que c'étoit réellement un ani- „ mal pétrifié. Enfin, il recherche comment ce colosse avoit pu „ être transporté & enseveli dans cet endroit. Voici l'extrait de ces „ trois articles, & l'histoire de la découverte tout au long.

tous ses habitans, puis d'une Armée Tartare pétrifiée aussi avec un grand nombre de bestiaux qui marchoient à sa suite pour provision.

Voilà en quatre mots l'histoire des pétrifications, système adopté par un si grand nombre de savans, & que chacun d'eux a tâché d'appuyer de nouvelles raisons. Mais leur zele ne ressembleroit-il point à

„ Le squelette fut trouvé dans une montagne voisine de *Tonnen*,
„ Village situé à quelque distance d'*Erford*, dans le Landgraviat de
„ *Thuringe*, qui fait partie de l'Electorat de la *haute Saxe*. Le fond
„ de cette montagne, ou plutôt de cette colline, est un lit de sable
„ fin très-pur & très-blanc, qui se transporte fort loin pour l'usage
„ de divers ouvriers. Ce fut-là qu'au mois de Décembre de l'an-
„ née 1695. on déterra des os prodigieux qui faisoient partie des
„ jambes de derriere de l'animal, & dont l'un étoit du poids de dix-
„ neuf livres.

„ On en trouva ensuite un autre de figure ronde, avec son en-
„ boëtement plus gros que la tête d'un homme, & pesant neuf li-
„ vres; & après celui-là un plus grand encore, appartenant à la cuis-
„ se, & de la pesanteur de trente-deux livres.

„ Au commencement de l'année suivante, après que le grand froid
„ fut passé, on se mit à creuser dans le même endroit, & on dé-
„ couvrit l'épine du dos avec les côtes qui y étoient adhérentes, &
„ dans une plus grande profondeur deux os sphériques plus vastes en-
„ core, avec les os des jambes de devant & celui de l'épaule long
„ de quatre pieds & larges de deux palmes & demie: On rencontra
„ bientôt après les vertebres du col, & l'os pointu qui en forme le
„ *vertex*, ou le sommet. Enfin on découvrit une tête énorme avec
„ quatre dents machelieres, chacune du poids de douze livres, &
„ deux grosses dents ou cornes sortant de cette tête, larges de deux
„ palmes & demie, & longues de huit pieds.

„ Pour éclairer le lieu où étoit cette tête, afin qu'on pût la con-
„ siderer plus exactement, on perça la colline, & il fallut pour cet
„ effet, creuser à la profondeur de vingt-quatre pieds: ce qui étant
„ exécuté, le Prince de *Saxe Gotha* s'y rendit le 22 de Janvier, &
„ il voulut que Mr. *Tentzelius*, auteur de cette Lettre, fût du nom-
„ bre de ceux qui l'accompagnoient. Mais si, d'un côté, les specta-
„ teurs considérerent avec admiration cette tête, avec ses prodigieuses
„ dents, ils eurent d'un autre côté, le chagrin de voir que la terre
„ avoit rendu si fragiles tous ces os, à l'exception des dents mache-
„ lieres, & qu'ils avoient tellement souffert dans la situation vio-
„ lente où ils s'étoient trouvés, qu'on ne put en emporter aucun qui
„ fut parfaitement sain & entier, la plûpart étant rompus, & d'au-
„ tres tout brisés.

„ Le bruit s'étoit d'abord répandu que ces os étoient ceux d'un
„ Géant, mais il s'évanouit à la vue de la tête, & les sentimens se

celui de Démocrite? Montaigne nous conte d'après Plutarque que „ Democritus ayant mangé à sa ta-
„ ble des figues (Plutarque dit que c'étoit un con-
„ combre) qui sentoient le miel, commença sou-
„ dain à chercher en son esprit d'où leur venoit
„ cette douceur inusitée ; & pour s'en éclaircir,
„ s'alloit lever de table pour voir l'assiette du lieu

„ réduisirent ensuite à ces deux. Les uns soutenoient que c'étoit-là „ un squelette d'éléphant que le tems avoit pétrifié, car il l'étoit „ presque entiérement.

„ Les autres vouloient que cette masse fut une *Licorne* fossile, ou „ une production minérale de la terre, & dont la forme étoit un „ Jeu de la Nature.

„ M. *Tentzelius*, qui se déclara pour le premier de ces sentimens, „ compare d'abord les dimensions & la figure des os du squelette „ avec celles qui se trouvent dans l'anatomie d'un Eléphant, donnée „ par *A. Moulinus* à Dublin l'an. 1681. & avec les observations de „ *J. Ray*, autre auteur Anglois; & il découvre une parfaite confor- „ mité entre les unes & les autres. Il s'attache ensuite à faire voir „ que ce squellette pétrifié n'étoit pas de la nature de ces fossiles „ minéraux, qui ont des formes de crânes, de dents, d'os, & qui „ se trouvent quelquefois dans des antres, où dans des cavités sou- „ terraines.

„ Enfin notre Auteur examinant de quelle maniere cet animal, „ dont l'espece est originaire des Indes & de l'Afrique, pourroit être „ venu dans la Thuringe, & avoir trouvé sa sépulture dans le fond „ de cette colline, rapporte les différentes conjectures que l'on fit „ alors; les uns voulant que cette bête eut été amenée là par des „ Marchands de Rome, d'autres par *Attila*, des troisiemes par „ *Charlemagne*, & d'autres enfin par les Comtes de *Gleichen*, & tous „ jugeant en conséquence qu'elle avoit été enterrée dans cette col- „ line. Mais M. *Tentzelius* oppose à ces conjectures 1°. Que l'usage „ que l'on a fait de l'yvoire dans tous les tems ne permet pas de „ croire qu'on eut jetté-là ce cadavre, sans l'avoir dépouillé de ses „ défenses. 2°. Qu'on n'a pas vu tirer des Indes ou de l'Afrique des „ éléphans d'une taille si prodigieuse, & que ceux qu'on transporte „ en Europe, sont ordinairement d'une taille petite ou moyenne, & „ jeunes; au lieu que celui dont il est question pouvoit avoir seize „ pieds de hauteur, & avoir plus de deux siecles au tems de sa sé- „ ture; c'est ainsi, au moins, qu'un Négociant qui avoit passé plu- „ sieurs années dans les Indes, en jugea par les défenses du squelet- „ te, faisant usage des regles qu'il tenoit des Indiens, & à l'aide „ desquelles ils connoissent l'age de ces animaux.

„ Une troisieme raison que l'Ecrivain de la Lettre oppose aux „ conjectures que nous avons rapportées, c'est qu'on ne conçoit

N 4

„ où ces figues avoient été cueillies: sa chambriere „ ayant entendu la cause de ce remuement, lui dit „ en riant qu'il ne se penast plus pour cela, car „ c'étoit qu'elle les avoit mises en un vaisseau où „ il y avoit eu du miel. Il se dépita de quoi elle lui „ avoit ôté l'occasion de cette recherche, & dérobé matiere à sa curiosité. Va, lui dit-il, tu m'as „ fait déplaisir, je ne lairray pourtant d'en chercher la cause, comme si elle étoit naturelle. Et

---

„ pas comment on auroit voulu creuser une fosse d'une telle profondeur pour cette bête. Et pour renverser entiérement cette supposition, il ajoute que la disposition de la colline ne permet pas de „ croire cette prétendue sépulture, puisqu'en considérant avec attention ce monticule, on a pu s'assurer qu'il n'avoit jamais été „ creusé dans cet endroit.

„ Pour rendre cette vérité sensible, on fait observer au Lecteur „ qu'une *terre noire* forme le premier *stratum* de la colline, ou son „ lit supérieur épais de quatre pieds, sous lequel se forme un *gravier friable*, qui reçoit dans le milieu de sa couche & au-dessous, „ des *Pierres de tuf* & de *l'ostéocolle* (a). Ce second lit a cinq pieds „ de profondeur. Une argille sabloneuse, dans laquelle se trouve „ encore une veine orizontale d'Ostéocolle de deux pouces d'épaisseur, suit; & au-dessous de cet argille, qui occupe six pieds d'espace toujours mesuré perpendiculairement, il y a la hauteur d'un „ pied de cette même matiere. On retrouve après cela, un lit de „ gravier de six pieds de profondeur; & enfin on découvre ce sable blanc & pur, au fond duquel on n'avoit pas encore pénétré, „ le squelette ayant paru après qu'on y eut creusé à la profondeur „ d'environ trois pieds.

„ Cet arrangement ou cet état de différens lits sous lesquels s'est „ trouvé l'éléphant, à la profondeur de vingt-quatre pieds, fait „ voir évidemment, qu'on n'avoit jamais creusé-là une fosse pour cet „ animal, puisque si la colline avoit été creusée dans cet endroit & „ & remplie de nouveau, après que le cadavre y auroit été jetté, „ on y auroit surement trouvé les lits dérangés. Outre cela, on „ conçoit beaucoup moins comment le tuf s'y seroit formé de nouveau, & auroit pu se lier & se durcir si fort. Il y auroit eu aussi dans ce cas de l'interruption dans les veines, & entre les racines de l'ostéocolle, & cette pierre sabloneuse n'auroit pas pu y „ croître en telle quantité qu'elle formât une couche de deux pieds

---

(a) C'est une pierre sabloneuse, on s'en sert pour agglutiner & remettre en peu de tems les os rompus.

„ volontiers n'eût failly de trouver raison vraye à „ un effect faux & supposé."

Voilà un exemple bien frappant & dans un grand philosophe, de l'envie d'expliquer tout, même les choses connues pour fausses & supposées. Je ne doute point que les amateurs outrés du systême des pétrifications ne fussent de-même fort fâchés d'être détrompés. Ils ont trop de plaisir à chercher & à imaginer comment un os ou un tronc d'arbre peut

---

„ d'épaisseur au milieu du gravier qui composoit le second lit supé„ rieur, & remplir au-dessous l'espace de deux pieds, &c.

„ M. *Tentzelius* ayant ainsi fait voir, que ces conjectures étoient, „ hazardées, tient que cet éléphant est l'un de ceux qui périrent avec „ les autres animaux dans le Déluge, & que flottant sur les eaux, il „ se rencontra dans la colonne qui couvroit cet endroit de la terre, „ lorsque les eaux commençoient à baisser, & qu'ayant gagné le „ fond elles le couvrirent de sables qui formerent ces différens lits, „ & sur lesquels une terre noirâtre s'amassa, après que la surface fut „ desséchée. L'auteur prétend qu'on ne peut expliquer cette décou„ verte que par cette catastrophe universelle, & il remarque que di„ vers lits de sables ou d'arenes prouvent que la colline de Tonnen „ a été formée par le Déluge, & que la profondeur de la terre qui „ se trouve au-dessus, confirme aussi cette vérité. C'est ce qu'il „ explique, & qu'il établit dans les dernieres pages de sa Lettre.

„ Vous avouerez, qu'en supposant le squelette & la colline dans „ l'état ou l'Historiographe Saxon nous les a représentés, *les jeux de* „ *la Nature*, & les *seminia* de quelques Physiciens ne peuvent guere „ figurer ici avec honneur. Feu M. *Iselin*, Docteur & Professeur „ en Théologie à Basle, à qui la Lettre de M. *Tentzelius* n'avoit pas „ échappé, me fit l'honneur de m'en parler à l'occasion des Lettres „ Philosophiques de M. *Bourguet* qu'il vit en Manuscrit; & il ne dou„ toit point que ce squelette d'éléphant ne fût une Relique du Déluge.

„ Vous avez, Monsieur, dans le voisinage de *Valangin*, une espe„ ce de souterrain d'où l'on tire un sable fin, & qui sert aux mêmes „ usages que celui de *Tonnen*: n'y découvrira-t-on point aussi quelque „ animal pétrifié? Il y a encore à une certaine distance de-là quel„ ques toises de roc toutes tapissées de coquillages, & les pierres „ dont le Château de *Valangin* est bâti, en étoient parsemées. Les „ réflexions judicieuses que je vous ai ouï faire sur ces pétrifications, „ me persuadent que vous ne serez pas fâché de lire l'extrait que je „ viens de donner en faveur des Amateurs de la Physique, & pour „ engager à le lire avec plus d'attention, je me suis déterminé „ à le faire paroître sous votre addresse." *Journal Helvetique*, *Mars* 1738.

ſe changer en pierre pour douter que la choſe ſoit arrivée. Peut-être que pluſieurs, fuſſent-ils même certains qu'il n'y a point de pétrifications, imiteroient Démocrite, & ils ne manqueroient pas ſans doute de trouver *raiſon vraye à un effect faux & ſuppoſé*: car que n'explique-t-on pas aujourd'hui ? Et s'il faut pour cela bouleverſer tout le globe, ils ne s'en feront point une peine. Ils vous ſoutiendront que toute la terre, jusqu'à une certaine profondeur, n'eſt qu'un amas de ruines & de décombres entaſſés pêle-mêle par des tremblemens de terre, des volcans, des déluges, *&c.*

D'abord il y a une ſorte d'incruſtation pierreuſe qui n'eſt pas une vraie pétrification. C'eſt une ſimple extenſion du ſuc pierreux, ou ſelon moi un développement de quelques germes pierreux, qui recouvre un objet. Ces incruſtations ſont aſſez communes. Il y a des fontaines en France, en Italie, en Allemagne, où tout ce qu'on y jette s'enveloppe en peu de temps d'une pareille croute pierreuſe, ou criſtalline; c'eſt-à-dire que les germes qui nagent dans l'eau de ces fontaines, s'arrêtent ſur le bois, les coquilles & les autres corps que l'on y jette, y écloſent, y végetent & croiſſent en s'y nourriſſant tant de l'eau qui les arroſe & des autres germes qu'ils abſorbent, que de la ſubſtance même des corps qu'ils recouvrent : & en effet quand on briſe ces incruſtations, on trouve le bois & les coquilles ſur leſquels elles ont végeté, non pas tout-à-fait détruits, mais comme ſucés, deſſéchés & appauvris.

Les congélations & criſtalliſations qui ſe font dans les grottes, ſurtout dans celles qui ſe trouvent à quelque profondeur en terre, ſont pareillement des végétations pierreuſes & criſtallines. On n'y voit pas l'eau diſtiller & s'y changer en pierre ou en cryſtal; on y voit plutôt les germes du marbre, & d'autres ſemblables végéter & croître. Ces grottes ſont des laboratoires cachés où la Nature révele à ceux qu'elle y admet le secret de la végétation des fossiles.

Ce qu'on appelle pétrification propre est une infiltration du suc lapidifique qui s'insinue dans les pores des plantes, des coquilles & des ossemens des animaux, & en change les parties solides en une substance pierreuse. Sur quoi je commencerai par remarquer qu'il n'y a que les Etres organiques vivans qui puissent assimiler d'autres matieres à leur substance : cette assimilation est l'effet propre de l'organisme vital. Quelle opération exige plus de puissance que la conversion d'un corps en un autre corps ? La Nature ne nous offre point d'effet plus merveilleux: c'est le chef-d'œuvre de sa force; il ne le cede qu'à l'acte seul de la fécondation. Et quel Etre a moins de puissance qu'une matiere brute, inorganique, sans vie, sans activité, sans aucune sorte de faculté ? Les physiciens se jouent de leurs principes & nous invitent à en faire autant, lorsqu'ils prétendent qu'une matiere sans activité, sans puissance quelconque, agira assez puissamment sur une autre matiere très-active & très-puissante telles que sont les matieres végétales & animales, pour la changer en sa substance. Ils ne peuvent mieux s'y prendre pour nous épargner la peine de les réfuter.

Si les végétaux sont très-poreux & d'une texture assez molle pour s'imbiber facilement du suc lapidifique, les coquillages & les os des animaux sont beaucoup plus compactes; pour les rendre propres à admettre le liquide qui doit les pétrifier, il faut concevoir qu'une chaleur étrangere en fasse évaporer les graisses & l'huile, les calcine, & les perce d'une infinité de trous par où la matiere pierreuse puisse se filtrer. Mais un feu central capable de calciner les os doit consumer les végétaux. Dans les carrieres de Suisse, d'Angleterre & d'Allemagne d'où l'on tire tant de ces prétendus os pétrifiés, il n'y a aucune apparence d'admettre une telle calcination; ou la pierre en ce cas devroit elle-même être calcinée ou réduite en cendre, vu ſurtout que ces pierres ſont très-molles ; car, par exemple, le fameux ſquelette humain de Scheuckzer a été trouvé dans une pierre d'ardoiſe. Si l'on prétend que la calcination des os n'eſt pas une condition néceſſaire pour leur pétrification, je demanderai pourquoi il arrive que tantôt il y a une ſimple incruſtation, & pourquoi dans d'autres circonſtances il y a une pétrification interne. Si le ſuc lapidifique a aſſez de force & de ſubtilité pour ſe filtrer dans des corps auſſi compactes que des os & des coquillages, pourquoi ne fait-il quelquefois que gliſſer ſur des ſubſtances moins dures ſans s'y incorporer ? Qu'eſt-ce qui l'arrête à la ſuperficie lorſqu'il peut pénétrer dans l'intérieur ? Il ne devroit jamais y avoir de ſimples incruſtations.

Tous les Etres naturels, doués de la faculté de ſe nourrir & de croître, ont pareillement la vertu de s'incorporer les matieres nourricieres qui doivent ſervir à leur accroiſſement. Les pierres ont une vertu lapidifiante, ou la vertu de changer en leur ſubſtance pierreuſe la matiere qui leur ſert de nourriture ; comme les animaux ont une vertu carnifiante, ſi j'oſe ainſi parler, la vertu de convertir en chairs les alimens qu'ils prennent. Il n'y a point d'autre ſorte de pétrification. Mais dans celle-ci la matiere pétrifiée a été premiérement diſſoute, puis travaillée dans le corps de la pierre, & enfin aſſimilée à ſa ſubſtance. Ainſi loin que la reſſemblance de figure de certains corps pierreux avec des parties de végétaux & d'animaux, ſoit une preuve que ce ſont ces parties-là même pétrifiées, la deſtruction de la forme du corps pétrifié eſt un préalable néceſſaire à ſa pétrification. Dans toute aſſimilation d'une ſubſtance à une autre, & conſéquemment dans toute pétrification, la matiere aſſimilante ne prend pas la forme de la matiere aſſimilée, mais le corps qui aſſimile moule le corps aſſimilé dans ſa propre ſubſtance, en laquelle il le convertit.

Cependant la ressemblance des formes est le principal fondement du système des pétrifications. Mr. de Reaumur a travesti les turquoises de France en os & en dents d'animaux pétrifiés, sur une simple ressemblance de configuration tant extérieure qu'intérieure, sans aucun égard pour plusieurs autres circonstances qui détruisoient son hypothese. „ Tous „ ceux qui sont convaincus, dit cet illustre Aca„ démicien, que la figure réguliere de diverses ma„ tieres pierreuses, montre ce que ces matieres ont „ été autrefois ; je veux dire tous ceux qui regar„ dent comme des coquilles pétrifiées les pierres „ qui ont exactement la figure de quelques coquilles; „ qui prennent pour des dents de poissons ou d'ani„ maux changés en pierre, les glossopetres & les „ autres corps pierreux qui ressemblent parfaitement „ à des dents; tous ceux, dis-je, qui sont dans ce „ sentiment, le seul probable & presque généralc„ ment reçu, n'auront guere lieu de douter que les „ matieres qui fournissent nos Turquoises ne soient „ des os pétrifiés (*)." Que deviendra donc le système de Mr. de Reaumur & des autres Naturalistes qui sont dans le même sentiment, si l'on fait voir que rien n'est plus illusoire & moins constaté que cette ressemblance des formes, & que quand elle seroit constatée elle ne prouveroit rien en faveur des pétrifications?

Je ne suis pas le premier qui aie révoqué en doute cette ressemblance. Voici la réflexion que fait à ce sujet un célebre Naturaliste Allemand : je suis bien aise qu'il soit d'une nation dont on accuse les savans de donner un trop grand air d'importance à leurs recherches. En parlant des pétrifications des fruits & des parties osseuses des animaux, Baier

(*) Observations de Mr. de Reaumur sur les Mines de Turquoises du Royaume.

avertit le ſpectateur de ces curioſités de ne pas trop épiloguer ſur les défauts de reſſemblance qu'il pourroit y remarquer ſoit à raiſon de la grandeur, de la couleur, de la texture interne, & de la délinéation extérieure (*). Quel eſt l'homme ſenſé qui, après un pareil aveu ne ſe tiendra ſur ſes gardes, & qui ne rabattra au moins les deux tiers de tous les rapports de ſimilitude que l'on imagine entre les corps dits pétrifiés & leurs types? Baier a lui-même porté la peine de cet aveu ſincere mais indiſcret. On lui a diſputé la réalité de pluſieurs foſſiles qui ſont repréſentés dans le ſupplément de ſon Oryctographie (†).

Mr. de Reaumur convenoit auſſi, malgré ſon zele pour les pétrifications des dents & leur changement en turquoiſes, que ces turquoiſes ne reſſembloient réellement à aucune dent des animaux connus, ſoit marins, ou terreſtres, & qu'il y en avoit dont la groſſeur égaloit celle du poing. Toute ſon hypotheſe n'eſt donc fondée que ſur un peut-être ſans vraiſemblance. Rien n'eſt moins concluant que de dire: Cette pierre ne reſſemble à la dent d'aucun animal connu, ſa groſſeur même excede celle de toute dent connue; mais c'eſt la dent pétrifiée d'un animal inconnu, ſauf à le faire chercher & à confrontrer cette pierre à ſon type quand on l'aura trouvé; & il eſt probable que les os de cet animal dont l'exiſtence n'eſt pourtant pas encore prouvée, ont fourni la mine de turquoiſe qui paroît ſous une forme différente... Que l'on juge du degré de probabilité.

Mais c'eſt une tradition parmi les habitans du pays de Simore en Bas-Languedoc où l'on trouve ces turquoiſes, qu'on en tiroit autrefois de grands morceaux de mine qui reſſembloient à des os de bras & de jambes.. C'eſt dommage que les plus an-

---

(*) *J. J. Baieri Oryctographia Norica.*
(†) Oryctologie de Mr. Dargenville.

ciens morceaux conſervés dans les cabinets des curieux ne confirment pas cette fable populaire qui auroit fait volontiers des hommes pétrifiés d'une mine de turquoiſe.

Mais les turquoiſes ſont revêtues d'un émail tendre & ſemblable à celui des dents; les feuilles dont la mine eſt compoſée ſont pareilles à celles des os: lorſqu'elles ſont fraîches, on y diſtingue les directions des filets & des couches qui y forment des cellules dans un ordre très-approchant de l'arrangement des os: les contours des couches ſont ondés & friſés, au lieu que dans les autres ils ſont en ligne droite, ou avec une courbure uniforme: cette mine miſe au feu devient pointillée d'une infinité de petits trous comme les os calcinés.... Ces analogies ne prouvent point qu'une turquoiſe ſoit une dent pétrifiée, ni la mine qui la fournit un amas d'os pétrifiés. L'émail qui recouvre les turquoiſes eſt leur écorce: moins dure que la pierre même, elle s'imbibe du ſuc de la terre, pour le donner en plus grande abondance & avec une premiere préparation au corps qu'elle contient. Preſque tous les cailloux ont de même une croute de craie ou de marne qui leur ſert d'enveloppe. Les pierres précieuſes ſont toujours couvertes d'une écorce tendre, farineuſe, émaillée, ou criſtalline. La ſtructure intérieure de la mine, feuilletée, cannelée, cellulaire, avec des contours ondés & non tranchans, ne s'éloigne point de celle de pluſieurs autres pierres, des talcs, des ardoiſes, de la numiſmale, &c. mais elle ne lui reſſemble pas en tout, parce qu'aucun individu ne reſſemble préciſément à un autre, & que la différence croît à meſure qu'ils ſont plus éloignés dans la ſuite naturelle. Tous les cailloux calcinés ſont pointillés de trous, ainſi ce n'eſt pas une propriété particuliere aux os ſeuls: le charbon de bois offre encore le même phénomene; ce qui vient de ce que la chaleur conſume & fait évaporer la liqueur qui rempliſſoit les pores de ces différens corps. Leur ſtructure intérieure & leur forme externe auſſi conſtantes qu'elles peuvent l'être dans des individus voiſins les uns des autres, & leur prétendue reſſemblance avec les os des animaux, montrent bien que ce ſont des corps organiſés, provenus de germes particuliers, qui ſe nourriſſent, croiſſent & engendrent; mais elles ne prouvent nullement la réalité des pétrifications.

On trouva, il y a pluſieurs années, dans les montagnes de Sacy, à deux lieues de la ville de Reims trois pierres à peu de diſtance l'une de l'autre, dans une profondeur de près de quinze pieds en terre. Ces trois morceaux aſſemblés repréſentent une forme groſſiere de tête humaine. C'en eſt aſſez pour en faire la tête pétrifiée d'un homme aſſaſſiné. Cette tête eſt monſtrueuſe & extraordinairement groſſe. Pour expliquer cette circonſtance, on varie, on ne regarde plus cette tête comme celle d'un homme aſſaſſiné, mais comme celle d'un homme mort d'une maladie des os appellée exoſtoſe, qui a produit ſa groſſeur prodigieuſe. Pourquoi n'en pas faire tout d'un coup la tête d'un géant? On montre une dent unique à ce qu'on nomme la mâchoire ſupérieure, & une eſpece de chicot à l'inférieure. Mais on lit dans les journaux de Suiſſe qu'on déterra, il y a environ vingt ans, une pierre que l'on prit pour l'os d'une épaule humaine où il y avoit auſſi une dent; aſſurément cette dent, fût-elle véritable, ne pouvoit ſe trouver-là que par hazard: on n'a point encore vu d'homme ni d'animal dont l'omoplate ſoit garnie de dents. On pourroit ſoupçonner la même choſe à l'égard de la prétendue mâchoire, ſuppoſé que cette dent ne reſſemble pas à la dent d'or de l'enfant dont parle Pline. Examinons donc cette tête de près. La premiere piece qui repréſente le crâne, outre ſa groſſeur monſtrueuſe, eſt d'une épaiſſeur fort inégale; dans quelques endroits elle a plus de deux pouces, & au côté oppoſé elle n'a pas plus de

trois

trois à quatre lignes. Les naturalistes reconnoissent toute une espece de pierres qui imitent le crâne humain & qu'ils appellent carnioïdes à cause de cette ressemblance ; & ils n'ont jamais pensé que ce fussent des crânes pétrifiés. Les orbites des yeux, assez bien marquées, sont remplies d'une matiere pierreuse ; mais il n'y a ni nez, ni oreilles, & il faut faire un terrible effort d'imagination pour se figurer qu'il y en ait jamais eu. Les deux machoires ne sont point proportionnées à l'autre piece & s'y adaptent mal-aisément : à l'inspection seule on juge qu'elles n'appartiennent point au même individu. La mâchoire inférieure divisée en deux os offre encore une monstruosité plus étrange ; c'est que d'une apophyse coronoïde à l'autre il y a une ouverture de quatorze pouces : un Auteur qui parle de cette même tête ne donne que treize pouces à cette fente ; il a cru apparemment qu'un pouce de merveilleux de moins étoit un pouce de vraisemblance de plus. Voici quelque chose de plus que du merveilleux : je n'oserois dire pourtant que ce fût de la ruse. La mâchoire supérieure a une dent unique non pétrifiée, mais bien conservée avec son émail. Il y a un chicot pareil à la mâchoire inférieure. Comment ces dents peuvent-elles s'être si bien conservées malgré la pétrification du reste, vu qu'il paroît par le grand nombre de glossopetres & de turquoises que l'on dit être des dents lapidifiées, que ces petits os d'une organisation feuilletée, très-délicate, sont très-faciles à se pétrifier ? Dailleurs on ne voit aucune apparence d'autres alvéoles, & l'on ne peut pas montrer que la place en soit occupée par une matiere pierreuse. Cette tête n'a-t-elle donc jamais eu que deux dents ?

Je ne nie pas que les fossiles ne puissent représenter plusieurs parties du corps humain, un pied, un œil, une oreille, même le sexe tant de l'homme que de la femme : on en a des exemples ; mais je ne vois aucune apparence que ces fossiles soient ces parties-là-même pétrifiées. Ce sont des pierres provenues d'un germe & accrues comme toutes les autres. Il n'y a point de pétrification qui résiste à l'épreuve d'un examen desintéressé. Je ne parle pas seulement des mâchoires, des crânes, des dents, des vertebres & autres os dits pétrifiés. Les pétrifications de fruits sont tout aussi vaines. J'ai vu des amandes, des châtaignes, des prunes, des noix muscades, des olives & des glands prétendus pétrifiés. En vérité, je dois avouer que cela ne ressembloit point du tout à ces fruits naturels. Par exemple, les amygdaloïdes que l'on trouve en Saxe sont des pierres semées d'autres pierres oblongues & inégales, qui n'ont aucunement l'air d'avoir été des amandes. Le *lapis frumentarius* est de même chargé de petites pierres multiformes qui semblent imiter imparfaitement quelques graines, comme des pepins de melon, des grains d'anis; mais tous ces corps & les semblables sont des pierres figurées qui ont leur forme particuliere naturelle, ainsi que toutes les productions de la Nature, sans qu'on en doive chercher l'origine dans des végétaux pétrifiés. Il faut y rapporter les oolithes qui ne sont point des œufs de poisson, mais des germes pierreux développés les uns auprès des autres, comme les quilles d'une gerbe de cristal. Tel est encore le triticite auquel on trouve de la ressemblance avec un épi de bled: le calamite ou roseau; le syringite ou chalumeau: le méconite, le cenchrite, &c.

Les coquilles fossiles rentrent aussi naturellement dans la classe des pierres figurées: on y rangera donc les nautiles, les cornes d'ammon, les huitres & les oursins fossiles, &c. 1. parce qu'il y en a beaucoup dont on ne trouve point les types dans la mer: Scheuckzer en compte jusqu'à quinze especes dont il convient qu'on ne trouve nulle part les analogues; 2. parce que ces reliques du déluge, comme on les appelle, ne peuvent pas avoir été enclavées dans les carrieres & les montagnes à la profondeur où on les fouille: les eaux eussent-elles submergé le globe entier, elles n'ont point ramolli & ouvert les rochers & les carrieres au point d'y faire entrer des lits entiers de coquilles, ni même des coquilles de 125 livres pesant, telle qu'on en a trouvé une dans le Landgraviat de Hesse; 3. parce que toutes ou presque toutes les coquilles pétrifiées qui se trouvent dans le nord, n'ont de types que dans la mer d'orient, & que depuis le déluge elles ont du périr mille fois & être réduites en poussiere; 4. parce que celles dont on croit reconnoitre les analogues, leur sont pour la plupart très-peu ressemblans; lorsqu'on y regarde de près, de sorte que l'unique fondement du systême qui en fait des corps marins est sans fondement, & que d'ailleurs il n'y a pas de raison pourquoi il ne puisse pas y avoir des pierres dont la forme extérieure approche de celle de certains coquillages.

Venons aux pierres empreintes des figures de plantes, d'insectes & de poissons. Elles ont donné sujet à un grand nombre d'hypotheses plus ou moins ingénieuses. Mrs. Luyd & Woodward se sont exercés sur celles de la province de Glocester en Angleterre; Mr. Mill sur celles de Saxe; Mr. de Leibnitz sur celles d'Allemagne; Mr. Scheuckzer sur celles de Suisse; Mr. de Jussieu & d'autres sur celles de France. Tous ne s'accordent pas sur l'explication de ce phénomene, mais tous conviennent que les plantes & les animaux dont on voit la figure sur ces pierres, se sont trouvés engagés par les différentes révolutions de notre globe dans des lits d'ardoises ou entre des couches d'une autre espece de pierre quelconque, où ils ont péri: le temps a détruit leur substance, & l'empreinte de leur figure est restée, de quelque maniere que cela soit arrivé. Quelquefois l'empreinte est platte sans relief & sans creux: d'autres fois deux lames écailleuſes de ces pierres ne repréſentent chacune ſur leur ſuperficie interne qui ſe touche, qu'une même ſurface en relief d'un côté & en creux de l'autre : tantôt auſſi les creux ſont remplis d'une matiere de métal ou de pierre, de façon que dans ce dernier cas les délinéations ſont pierreuſes ou métalliques. Dans toutes les circonſtances il n'y a aucune apparence de ſubſtance de plante ou de poiſſon. Il y a une ſimple ſimilitude de formes. Cette malheureuſe illuſion des formes a enfanté toutes les erreurs dont l'hiſtoire naturelle eſt remplie.

Nous ririons de la ſimplicité d'un ſauvage qui ignorant abſolument l'art de la peinture, diroit à la vue d'un portrait enfumé : Il y a eu là un homme d'os & de chair comme moi, mais le temps aidé de quelque cauſe que je ſuppoſe ſans pouvoir l'aſſigner, a détruit la ſubſtance de cet homme & il n'en reſte plus que des linéamens délicats. C'eſt-là juſtement le raiſonnement des naturaliſtes ; encore ce portrait, tout enfumé qu'on le ſuppoſe, reſſemble plus à un homme, que pluſieurs images des pierres figurées ne reſſemblent aux plantes & aux poiſſons dont on les croit des empreintes.

Quand la reſſemblance ſeroit parfaite, & ſurement il y en a dont les traits ſont ſenſibles, eſt-il plus étonnant de voir la figure d'un poiſſon imprimée ſur une ardoiſe, ou ſur une pierre griſe, que celle d'un oiſeau ou d'une tête humaine ſur une agathe ? On connoit la belle & précieuſe agathe de Mr. Dargenville, ſur laquelle la Nature a repréſenté un portrait noir de profil ſur un fond clair, à-peu-près dans la maniere de Rembrant. Tout y eſt diſtinct, la forme de la tête, le nez, la bouche, l'œil, les cheveux, la drapperie. Qui n'a pas vu dans le Cabinet de Mr. l'Abbé Joly de Fleury à Paris, deux petits portraits de Mores ſur deux agathes ? L'un a la tête nue, l'autre porte une espece de petit chapeau à l'Espagnole. Rien n'est si singulier, si ce n'est peut-être une agathe du même Cabinet qui offre un oiseau perché sur un tronc d'arbre : la tête, le bec, les deux ailes, le corps, la queue, tout est très-bien dessiné. Quelle que soit l'origine de ces figures, quelle que soit l'explication que l'on en donne, personne ne s'est encore avisé de recourir à des têtes ni à des oiseaux pétrifiés. Pourquoi une pierre quelconque ne pourroit-elle pas porter naturellement l'image d'un poisson comme celle d'un homme ?

Tout le monde reconnoît la réalité des dendrites, c'est-à-dire des pierres naturelles arborisées qui représentent des arbrisseaux, des buissons, des mousses, des bruyeres, &c. Pourquoi donc faire venir des capilaires, des polypodes, des adiantum, des lonchites, des osmodes & toutes sortes de fougeres, jusques des Indes orientales & occidentales au centre de l'Europe pour s'y pétrifier ou se coller artistement sur des ardoises & autres pierres feuilletées, s'y étendre sans aucun pli (*), se dissiper ensuite, & n'y laisser que de simples empreintes ? Les dendrites qui représentent des mousses se fouillent à côté & sous les mousses naturelles, & cependant on croit ces empreintes naturelles à la pierre, sans les regarder comme des traces imprimées par les mousses même ; mais l'amour du merveilleux exige que les images des capilaires & des fougeres tirent leur origine de ces plantes qui croissent sous un ciel étranger : comme si elles ne

(*) Mr. de Jussieu a observé entre autres choses remarquables sur ces sortes de pierres empreintes, qu'aucune feuille n'y étoit pliée. *Mém. de l'Académie des Sciences de Paris*, *an.* 1718.

pouvoient pas être naturelles aux pierres ſur leſquelles elles ſe voient, ainſi que les autres. On eſt encore à chercher une bonne raiſon de la différence que l'on met entre ces pierres arboriſées, qu'il faut toutes également rapporter aux pierres figurées. Les élémens de leurs figures ſingulieres étoient dans les germes dont elles ſont le produit. Ce ſyſtême eſt ſimple: il fait tout rentrer dans l'unité de plan.

Fin du Livre ſixieme.

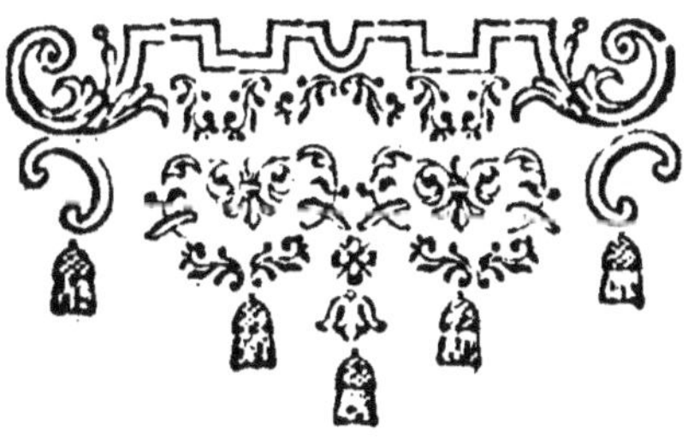

TRAITÉ DE L'ANIMALITÉ.

LIVRE SEPTIEME.

DE L'ANIMALITE' DES PARTICULES TERREUSES, AQUEUSES, AËRIENNES ET IGNE'ES.

CHAPITRE I.

La Terre, l'Eau, l'Air & le Feu sont des substances organiques.

LE ressort de l'air, la vertu dissolvante & corrosive de l'eau, la force d'expansion dont la terre est douée, la chaleur du feu & la propriété qu'il a de mettre en fusion les corps les plus durs, démontrent assez que ces substances sont des corps organisés. Il seroit étrange, il seroit contradictoire que les agens reconnus pour les plus vifs & les plus forts de l'univers, fussent de la matiere brute, inorganique, sans vie & sans puissance quelconque.

CHAPITRE II.

Des Animalcules Terreux, de leur vie & de leurs facultés.

La terre est un corps spongieux, avide d'eau, comme le Nostoch avec lequel elle a beaucoup d'analogie. Les différentes terres viennent de germes différens, comme on l'a vu dans la seconde Partie de cet Ouvrage (*). Les animalcules terreux se reproduisent par la division de leurs parties; il y en a aussi qui jettent une graine ou semence. J'en ai donné des exemples (†). Leur nourriture propre est l'eau & des débris de minéraux. Mais ils s'abreuvent surtout d'eau, l'assimilent à leur substance, croissent & atteignent assez promptement la perfection de leur nature, avec les facultés qui y sont attachées. Lorsqu'ils ont acquis le degré de leur accroissement parfait, ils se trouvent en état de produire leur semblable : ils exercent leur force expansive dont les effets sont si grands & si connus : ils sont ductiles, souples & propres à être façonnés en ouvrages : ils ont de l'odeur : ils fermentent avec les acides. Il paroît que la terre se régénere tous les ans ou plus souvent. C'est sur la regénération de la terre que sont fondés les principes de l'agriculture : car un des appanages de son animalité est de contribuer à l'accroissement des végétaux; mais il faut, pour y contribuer convenablement qu'elle soit dans sa maturité, dans la force de son âge. Les animaux terreux périssent par le desséchement des solides, ou ce qui est la même chose, par la soustraction de l'humide. Ils

(*) Chapitre XIX.
(†) Là-même.

vieillissent & meurent. Il faut entendre leur mort comme celle des autres animaux. Ils meurent, c'est-à-dire que leur forme totale passe, & qu'ils se dissolvent en germes terreux vivans qui se développeront à leur tour, & en d'autres particules hétérogenes qui avoient servi à leur accroissement. Ils perdent aussi leurs facultés en vieillissant. La terre loin de conserver sa force expansive en séchant, se racourcit de cinq lignes sur six pouces, selon les observations de Mr. de Reaumur: la terre seche perd sa ductilité, son odeur, sa fécondité: elle n'est plus propre aussi à faire végéter les plantes. Elle est alors dans l'état de tous les animaux morts.

CHAPITRE III.

De l'Eau & de ses particules animées. Observations de Leeuwenhoek qui prouvent l'animalité des moindres particules aqueuses.

J'ai déja remarqué en général (*) que Swammerdam & Leeuwenhoek avoient trouvé par des observations multipliées, que l'eau la plus pure qu'ils avoient pu recueillir n'étoit qu'un assemblage de petits vers microscopiques; que l'eau de pluie, l'eau de riviere, de source & de la mer leur avoient toujours fait voir une infinité de ces animalcules. Il se peut bien que ces eaux portassent quelques semences étrangeres, mais les précautions qu'ils avoient prises ne permettent pas de douter que la plus grande partie de ces animaux ne fût de l'eau même animée. Je vais rapporter un peu plus en détail les expériences de Leeuwenhoek.

Ce célebre Naturaliste ayant lu les descriptions des

(*) Tome I. Seconde Partie. Chapitre XIX.

poux & puces d'eau que Swammerdam avoit données, eut la curiosité de considérer de l'eau de puits qui avoit séjourné quelque temps dans un pot de terre neuf & vernissé. Il y apperçut aisément avec le microscope un nombre presque infini de petits animaux dix mille fois plus petits que ceux que Swammerdam avoit vus à l'œil nud. Ils étoient différens tant pour la grosseur & la figure, que pour le jeu & l'action.

Les uns sembloient être composés de cinq, de six, de sept ou de huit globules fort clairs; il est évident que c'étoit la substance même de l'eau sous cette forme animale. Leur queue déliée comme un fil d'araignée étoit quatre fois plus longue que le reste de leur corps. Elle étoit terminée par une petite articulation globuleuse. Lorsque ces animaux se mouvoient, ils poussoient deux petites cornes qu'ils remuoient incessamment, comme si elles leur eussent servi de nageoires. Lorsque leur queue rencontroit quelque petit filament dans l'eau auquel elle s'accrochoit, pour la débarrasser ils étendoient & voutoient leur corps en ovale ou en forme d'arc. Ainsi tout le corps se resserrant vers l'extrémité globuleuse de la queue, l'animal se débarrassoit par cet effort, & sa queue demeuroit tortillée comme il arrive à un fil d'archal quand on l'a roulé autour du doigt. Leeuwenhoek assure avoir remarqué par le moyen de son excellent microscope, dans l'espace d'un grain de gros sable, plusieurs centaines de ces petits animaux qui se trouvoient renfermés dans quelque peu de filamens.

Il vit des animaux d'une espece plus grosse & d'une configuration différente. Leur tête étoit l'extrémité la plus grosse de leur corps, dont la partie inférieure étoit platte & garnie de plusieurs pieds forts déliés dont ils se servoient pour se mouvoir avec une vitesse surprenante. La partie supérieure de leur corps contenoit huit, dix, ou douze globules fort clairs & fort transparens. Lorsqu'ils rencontroient quelques filamens, leur corps se courboit en arriere, & par un saut très-preste ils se remettoient dans leur situation naturelle. Quand sortis de leur élément ils se trouvoient à sec, alors ils arrondissoient leur corps, leur tête s'élevoit au milieu comme la pointe d'une pyramide; quelque peu de temps après faisant un effort avec leurs pieds ils crevoient, & les globules se dissipoient sans qu'on pût découvrir aucun reste des vésicules qui les formoient. Je remarquerai en passant que cette forme des animalcules aqueux, qui consiste en un assemblage organique de globules d'une structure si délicate, & si aisés à se détacher les uns des autres, est très-favorables à l'extrême fluidité de l'eau.

Une goutte d'eau fit voir des animaux d'une troisieme sorte, huit fois plus petits que les premiers, & deux fois aussi longs que larges: ils avoient des pieds très-minces sur lesquels ils se remuoient fort vite tantôt en tournoyant, & tantôt en ligne droite.

Il y en avoit encore d'autres dont la figure étoit extrêmement difficile à reconnoître, ou plutôt ne pouvoit être déterminée avec quelque certitude à cause de leur petitesse. Ils étoient peut-être mille fois plus petits que l'œil d'un poux, dit notre habile & industrieux observateur. Ils se reposoient souvent comme sur un point, puis tout-à-coup ils s'agitoient en tournant en rond avec une rapidité extrême, semblable à celle des toupies que les enfans fouettent : le tour qu'ils faisoient ne paroissoit guere plus grand que la circonférence d'un grain de sable; puis ils s'étendoient tout droit en avant.

Cet Auteur découvrit encore dans les gouttes de cette même eau de puits qui avoit croupi dans le pot de terre vernissé & bien fermé, quelques autres petits animaux, mais fort grands en comparaison des premiers : ils étoient les géans de l'espece. Ils crevoient comme les plus petits quand l'eau venoit à leur manquer. Tous les animaux meurent bientôt quand ils sont hors de leur élément, ou que la nourriture leur manque.

Le succès de ces premieres expériences engagea Leeuwenhoek à les répéter. Le 26 mai de la même année (1676), il fit amasser de l'eau de pluie qui couloit du toit de sa maison, & il y trouva quelques animaux fort petits. Ayant considéré en même temps de l'eau de la même pluie qu'il avoit amassée telle qu'elle étoit tombée du ciel, il n'y découvrit rien d'animé, ce qui lui fit soupçonner que ceux qui se trouvoient dans l'autre y étoient tombés des goutieres de plomb où ils s'étoient formés dans l'eau qui y avoit croupi depuis les pluies précédentes. Cependant ayant conservé cette seconde eau dans un pot, il ne tarda pas à y remarquer de petits animaux transparens. Le lendemain il y en découvrit une plus grande quantité, dont quelques-uns étoient devenus un peu plus gros, quoique plusieurs milliers n'eussent pas égalé en grosseur un grain de sable ordinaire.

Le 9 & le 10 de juin, ayant plu encore davantage, Leeuwenhoek amassa de l'eau de cette pluie, & l'ayant laissé reposer jusqu'au lendemain, il apperçut jusqu'à mille de ces petits animaux dans une seule goutte de cette eau. Le 12, le nombre de ces petits animaux se trouva doublé dans chaque goutte d'eau. Le 13, il observa une nouvelle espece d'animaux huit fois plus gros que les autres. Leur figure étoit presque ronde : ils se mouvoient plus vîte que les autres, & presque en forme de cercle, puis tout-à-coup ils se laissoient précipiter au fond de la goutte d'eau. Le 14, il y remarqua un grand nombre de petits insectes qui avoient une partie transparente & qui étoient plats par dessous & ronds en-dessus. Il y découvrit encore en même temps d'autres petits animaux en grand nombre, aussi-bien que dans quelques gouttes d'eau d'une autre pluie qu'il avoit gardée du 17 au 26 du même mois, n'y ayant pu rien remarquer dans le temps qu'on la ramassa.

Ces expériences répétées sur de l'eau de riviere, & en particulier sur celle de la Meuse, ont offert à-peu-près les mêmes phénomenes: on y a vu une fourmilliere de petits animaux qui crevoient & se dissipoient quand la pointe de l'aiguille humectée se desséchoit. (*)

Il résulte de ces observations que la substance de l'eau est animée & vivante comme tout le reste de la matiere; que les grandes & les petites eaux sont des amas plus ou moins grands de vermisseaux aqueux; que les pluies proviennent des nouvelles générations de ces animalcules. Les vapeurs que le soleil éleve & qui sont dites se condenser à une certaine hauteur pour retomber ensuite en rosée, en brouillards, & en pluie, sont des germes aqueux élevés dans l'atmosphere, qui y éclosent, y croissent & s'y développent jusqu'à un certain point en se nourrissant de l'air le plus grossier, pour retomber sur la terre sous un plus grand volume, lorsque leur pesanteur est telle qu'ils ne peuvent plus être soutenus par l'air qui les portoit aisément sous la forme subtile de germes. La chaleur en a hâté la fécondation & l'accroissement : ils ont acquis un poids plus grand que celui d'un pareil volume d'air; l'air cede, & ils tombent : il ne faut peut-être point chercher d'autre cause des grosses pluies qui accompagnent les orages.

On a observé qu'il tomboit proportionnellement plus de pluie qu'il ne s'élevoit de vapeurs : ce qui est d'autant plus étrange que, selon quelques physiciens, le soleil consume une bonne partie des vapeurs qu'il attire, qu'il s'en nourrit, & que d'ail-

---

(*) *Transactions philosophiques & Journal des Savans.*

leurs toutes celles qui ont passé l'atmosphere de notre terre, n'y retombent plus. La quantité de pluie devroit donc être moindre que celle des vapeurs, & cependant elle se trouve plus grande. D'où vient cette surabondance ? De ce que les eaux de la mer, des fleuves & des rivieres jettent une très-grande quantité de semences ou œufs comme une matiere très-subtile, laquelle s'évapore & monte dans l'air ; qu'à une hauteur convenable ces germes d'eau trouvent le juste degré de chaleur nécessaire pour éclore, se développer & acquérir en se développant le volume avec lequel ils retombent. Ainsi la quantité de pluie surpasse celle de l'évaporation des eaux.

Les vermisseaux aqueux parvenus à leur maturité multiplient où ils se trouvent, mais tous les corps ne sont pas également convenables à l'accroissement des embryons. L'eau s'engendre dans l'eau, & il est probable que les jeunes eaux se nourrissent des vieilles eaux qui périssent, des terres qu'elles minent, de l'air qu'elles contiennent, des métaux qu'elles dissolvent & dont elles empruntent alors les propriétés, comme les eaux minérales dont il y a tant de sortes, selon les différens métaux & sels dont elles se nourrissent à divers degrés de saturation.

Les eaux multiplient dans l'air, comme je viens de le dire; elles multiplient encore dans la terre vers sa croute supérieure, surtout dans certains temps de l'année, d'où les embryons à-peine éclos s'élevent par le véhicule de l'air jusqu'à la surface inférieure des feuilles des plantes, & des autres corps voisins de la terre. Ces petits animaux affectent certains corps préférablement à d'autres. Ils s'attachent assez indifféremment à toutes sortes d'herbes & de plantes: ils s'amassent en abondance sous les vaisseaux de verre & de cristal, mais ils ne s'attachent jamais à ceux de métal, quel que soit ce métal.

Pour revenir aux obſervations de Leeuwenhoek, l'eau de pluie fraichement ramaſſée n'offroit encore rien d'animé, ſans-doute parce que les germes éclos & déja parvenus à un certain degré de développement, n'étoient pourtant pas aſſez gros pour ſe rendre ſenſibles. Mais on en voyoit quelques-uns au bout de pluſieurs heures, mille après un jour dans une goutte d'eau groſſe comme un grain de ſable, deux mille après deux jours, & alors ceux qui avoient paru d'abord ſe remontroient plus grands que ceux qui paroiſſoient les derniers : les plus gros avoient encore plus de jeu & d'action que les plus petits. Tout cela eſt bien conforme aux idées les plus ſaines de la vie & de l'accroiſſement des animaux, ainſi que de leur vigueur & de leurs facultés dont ils poſſèdent toute la perfection lorſqu'ils ont atteint leur maturité.

L'eau la plus pure eſt la plus tranſparente & la plus inſipide. C'eſt que l'eau la plus pure eſt vraiſemblablement celle dont les individus ſont le moins éloignés de l'état de germe, & que dès-lors ils n'ont pas encore ni couleur ni ſaveur : ils n'en doivent avoir que quand ils ſont parvenus à la perfection de leur être.

CHAPITRE IV.

Nouvelles obſervations ſur les Animalcules aqueux.

PLUSIEURS milliers d'animaux dans un volume d'eau de la groſſeur d'un grain de ſable ne peuvent être attribués à des ſemences étrangeres ; ou il faudroit que cette petite goutte d'eau pure & tranſparente eût moins de particules d'eau que de parties hétérogenes. D'ailleurs la forme de ces animaux compoſés de globules aqueux qui crevent & s'évaporent par la ſécheresſe, indique ſuffiſamment leur nature. Nieuwentyt qui a aussi observé des gouttes d'eau d'un différent volume, a reconnu des milliers de parties dans les plus petites gouttes qu'il a jugées être des parties élémentaires d'eau, & non des corps étrangers; ce qui confirme que les animalcules observés par Leeuwenhoek étoient la substance même de l'eau animée. Nieuwentyt a reconnu encore que ces particules étoient inégales en grosseur, & d'une figure différente. Il en a vu peu de tout-à-fait rondes. Toutes ces circonstances sont d'accord avec les phénomenes vus par Leeuwenhoek, à l'exception du mouvement des particules aqueuses dont Nieuwentyt ne parle point, soit qu'il ne l'ait pas observé, soit qu'il l'ait négligé comme une circonstance qui ne faisoit rien à l'objet qu'il avoit en vue, savoir, de reconnoître l'extrême petitesse des parties élémentaires de l'eau. Quand il ne l'auroit pas apperçu, on n'en pourroit rien conclure contre l'animalité de ces atômes aqueux. D'abord ce mouvement n'est pas essentiel à l'animalité; & ensuite l'eau de pluie fraîchement ramassée n'a point offert de petits Êtres mouvans; ils étoient peut-être trop jeunes & leur mouvement trop foible pour se rendre sensibles. Mais ils se sont montrés après quelques heures, & ont augmenté ensuite en nombre & en grosseur.

Ayant voulu vérifier les observations de Nieuwentyt, je n'ai pu parvenir à voir & à compter jusqu'à treize mille parties élémentaires d'eau dans une goutte si petite qu'elle pouvoit être aisément portée sur la pointe d'une aiguille, comme cet observateur habile assure les avoir vues (*). Mais les corpuscules que j'y ai apperçus m'ont paru, comme à lui, de différente grosseur & figure: j'en ai vu de longs, de branchus, d'autres garnis de points saillans, d'autres

(*) Cité par Mr. de Mairan dans l'Histoire & les Memoires de l'Académie Royale des Sciences de Paris.

tres d'une figure à-peu-près ronde & polie, d'autres pliés & courbés comme si leurs deux extrémités eussent voulu se rapprocher. La premiere eau que j'observai fut de l'eau sortant de la source. Les corpuscules les plus longs me semblerent avoir une espece de mouvement assez vif surtout à l'une de leurs extrémités qu'ils agitoient prestement. Quoique ce pût être absolument une illusion d'optique très-facile dans des observations aussi délicates, je me persuadai que ce mouvement étoit réel; & que c'étoit en vertu d'un pareil mouvement que quelques-uns sembloient recourbés & voutés, comme nous voyons les anguilles du vinaigre, les vers de l'eau corrompue, & ceux du fromage se courber & se plier en divers sens. Les plus petites particules aqueuses étoient les plus lisses & les plus rondes; elles ne me parurent ni rameuses, ni garnies de petits points saillans. Comme ces points & les petites éminences que je remarquois aux plus grosses, étoient dans mon idée les pattes, la tête & la queue de ces animaux, ou seulement leurs bras & leurs suçoirs, je jugeai que les corps privés de ces protubérances étoient des embryons dont l'état répondoit à celui des polypes en bulbe qui n'ont pas encore poussé leurs membres au-dehors. Je desirois pourtant de voir quelque chose de plus caractérisé.

Je ramassai de l'eau de pluie dans un vaisseau de cristal. Je le fermai bien & laissai reposer cette eau pendant vingt-quatre heures. J'en chargeai ensuite la pointe d'une aiguille & l'observai au microscope. J'y découvris bientôt une fourmilliere de petits animaux pleins de vie & de mouvement. L'histoire naturelle de cette goutte d'eau, que je puis appeller un monde en petit, pourroit fournir un volume, si je voulois détailler tout ce que j'ai vu. Il me fut aisé d'y reconnoître des vermisseaux qui me parurent très-différens les uns des autres pour la forme & pour le jeu. Les uns formés d'anneaux fenfiblement articulés, & apodes, fe traînoient lentement: d'autres reftoient prefque immobiles dans la même place : d'autres fautoient avec une agilité finguliere, leur queue fe repliant en volute leur donnoit affez d'élafticité pour s'élever du fond de cette goutte d'eau qui fembloit groffe comme une petite noix, jufqu'à la fuperficie fupérieure. Il y en avoit qui fe mouvoient en rond, & décrivoient un cercle dont le diametre étoit double de la longueur de leur corps. D'autres, comme fixés à la moyenne région de cette petite atmofphere s'y promenoient affez irréguliérement. Je ne pus reconnoître s'ils voloient ou s'ils nageoient: on diftinguoit bien de côté & d'autre de leur corps pris dans fa largeur, de petits points qui prominoient, mais étoient-ce des aîles ou des nageoires, ou ni l'un ni l'autre? Le nombre de leurs pattes ou bras n'étoit point égal. J'en diftinguai depuis deux jufqu'à huit fur différens individus. Les plus petits m'avoient prefque toujours paru les plus fphériques, & je les comparois, comme je viens de le dire, aux polypes en bulbe ; mais de l'eau de pluie gardée plufieurs jours dans un vafe bien fermé me fit voir les plus gros à-peu-près ronds ou de forme elliptique. Les ayant confidérés affez longtemps, j'en vis plufieurs crever, éclater, & fe répandre fous la forme d'une pouffiere d'une fineffe à-peine fenfible à l'excellent microfcope dont je me fervois. Ce pouvoient être des femelles à terme qui répandoient leurs œufs. Nous favons que la femelle de l'infecte qui donne la Cochenille, eft tellement enflée lorfqu'elle eft groffe, que fa trompe & fes pattes font cachées dans les rides de fa peau, ce qui l'a fait prendre dans cet état pour une graine; que cette enflure croît jufqu'à fon terme par l'accroiffement des œufs qu'elle porte ; que quand les œufs font murs les petits font effort pour fortir, & fortent en effet en faifant éclater la peau de la mere. Les gouffes fpermatiques des fleurs, crevent de-même lorſqu'elles ſont parvenues à leur maturité, pour répandre les germes dont elles ſont groſſes.

Je n'inſiſterai pas davantage ſur le détail de ces expériences que chacun peut aiſément répéter, pour ſe convaincre que ce qui ſemble eau à la ſimple vue eſt un amas d'animalcules aqueux qui vivent en ſe nourriſſant de l'air qui pénetre l'eau, de la terre qui s'y mêle toujours un peu, & des atômes ſalins & métalliques qui s'y rencontrent ? Quel inconvénient à ſuppoſer qu'ils s'entremangent les uns les autres, comme les polypes, comme les plus gros animaux, enfin comme les hommes, car nous avons auſſi cette belle qualité ? L'eau mine encore & ronge tous les corps, le bois des digues, le marbre, &c. Ce phénomene qu'on attribue à l'ariétation des particules d'eau ſuppoſées incisives & fortement agitées, eſt une corroſion réelle des animaux aqueux qui ſatisfont ainſi la faim qui les preſſe & les porte à pourvoir à la conſervation de leur exiſtence.

CHAPITRE V.

Eſſai d'explication de quelques phénomenes par le ſyſtême des Animalcules Aqueux.

JEAN Hugues van Linſchoten aſſure dans la Relation Hollandoiſe de ſon Voyage aux Indes Orientales, que proche de l'Iſle de Barem (ou plutôt Baharem) dans le Golphe Perſique, il puiſa dans la mer à quatre ou cinq braſſes de profondeur, de l'eau auſſi douce que celle d'une fontaine.

Un autre Voyageur (*) rapporte que dans la mê-

(*) Texeira dans ſa Relation *De los Reyes de Hermuz.*

me Isle de Baharem il y a des puits très-profonds & en grande quantité dont l'eau est douce ; que plusieurs de ces sources vont se rendre dans la mer, ou même s'y ouvrent & versent leurs eaux sans jamais les mêler à celles de la mer, si bien que les plongeurs vont l'y puiser dans des outres, à trois & quatre brasses de profondeur. Les habitants de l'Isle assurent que ces endroits de la mer ont été autrefois terre ferme, & même assez éloignés de la mer.

Il y a des animaux dont le caractere, les mœurs, les organes & les goûts sont si dissemblables, qu'ils ne forment jamais de sociétés ensemble. Tels sont par exemple, les loups & les moutons. Ne nous a-t-il pas fallu dénaturer jusqu'à un certain point le chien & le cheval, & les façonner à nos mœurs, pour les faire entrer en quelque société avec nous? La différence d'organisation & la dissemblance des tempéramens sont probablement aussi ce qui empêche certaines eaux douces de se mêler avec l'eau salée de la mer. Les tentatives multipliées que l'on a faites pour dessaler celle-ci, n'ont été infructueuses que parce que cette qualité dépend d'un organisme interne qu'il n'est pas aisé de détruire : elle fait partie de son tempérament, & il faut la dénaturer pour la lui faire perdre.

Si ce qui est mer aujourd'hui a été terre autrefois, & réciproquement si certains endroits de la terre ferme ont été mer, c'est, comme je l'ai dit, que la mer se retire d'un côté par le dépérissement des vieilles eaux, & qu'elle gagne d'un autre côté par la multiplication des jeunes eaux (*).

La cause des débordemens du Nil, qui a tant exercé les savans, & qui semble aussi cachée que la source de ce fleuve, peut très-bien être rapportée à la multiplication de ses eaux. On l'attribue communément à la grande quantité des pluies qui tombent

(*) Voy. Seconde Partie, Chap. XIX.

vers le mois de juin en Ethiopie où l'on croit que le Nil a sa source en-deçà de la ligne équinoxiale (*). Cette opinion n'est pas soutenable, parce que les pluies ne commencent à tomber en Ethiopie qu'à la fin de juin, & le Nil est déja débordé.

Les eaux du Nil sont chargées de nitre. Le nitre fertilise la terre & aide la production de toutes les choses. Il fertilise de même l'eau, & les eaux nitreuses doivent beaucoup plus multiplier que les autres. Quelques jours avant le débordement du Nil son eau se trouble & semble fermenter; alors les animaux aqueux commencent à multiplier. Pendant la crue des eaux les nitrieres voisines vomissent le nitre tout dissous, & on en voit sortir de terre des cristaux considérables: les eaux débordées apportent un limon gras qu'elles déposent partout où elles se répandent. Ce temps est celui d'une reproduction générale de l'eau, de la terre, du nitre. Car le limon frais apporté par les eaux du Nil est une nouvelle génération des germes terreux, qui pour cela ont tant de vertu pour hâter la production des plantes. Hérodote craignoit que le limon, que le Nil dépose sans cesse sur ses bords, ne les élevât un jour jusqu'à les rendre si hauts que l'eau ne pût plus les surmonter pour inonder les terres. Sa crainte étoit vaine. Le limon meurt de même que l'eau, & alors ses débris s'affaissent. Aussi il ne paroît pas que, depuis Hérodote, les bords du Nil se soient élevés.

Le célebre Mead rapporte une hydropisie extraordinaire qu'on ne peut guere attribuer qu'à une multiplication prodigieuse des animalcules aqueux. Une veuve de qualité tomba à l'âge de 51 ans dans une hydropisie, telle que dans soixante-six ponctions qu'on lui fit en moins de six mois, elle rendit au-delà de dix-neuf cens livres d'eau: phé-

(*) Vossius.

nomene qui parut si étrange qu'on en fit mention dans son épitaphe. Cette Dame étoit veuve de Messire Grégoire Page, Baronet : elle mourut le 4 mars 1728, peu après la soixante-sixieme opération.

Je n'insisterai pas davantage sur ces explications & plusieurs autres que je pourrois y joindre, parce qu'elles sont trop éloignées des idées communes & trop peu faciles à constater, pour être susceptibles d'un certain degré d'évidence. On se souviendra toujours qu'il y a beaucoup de vrai au-delà des bornes de la portée de nos sens, & que la vérité est ordinairement fort éloignée des pensées du vulgaire.

CHAPITRE VI.

De l'organisation, de la vie & de l'économie des Corpuscules Aëriens.

Les propriétés de l'air, son ressort, sa force de dilatation, sa compressibilité, l'adhérence de ses particules entre elles & aux corps étrangers, son aptitude à rendre tous les sons & tous les tons, attestent d'une maniere sans réplique, que c'est une matiere organique & très-active ; & comme tout Etre organique, est un Etre vivant, un animal, elles prouvent avec la même évidence que l'air est animé, ou que les corpuscules aëriens sont des animalcules. Ils sont extrêmement subtils : ils s'insinuent partout : ils pénetrent tous les corps : ils ne le cedent peut-être en subtilité qu'aux animalcules ignés dont nous parlerons dans le moment.

Le ressort de l'air se conçoit facilement en se représentant les animalcules aëriens comme des vermisseaux pliés en forme de spirale avec la faculté de se resserrer & de s'étendre. Lorsqu'ils sentent l'action ou le choc de quelque corps étranger qui les presse, ils se resserrent & se replient sur eux-mêmes, par un mouvement organique & spontané, semblable à celui de la sensitive. Mais cet état est un état de gêne pour eux, & ils reprennent leur situation naturelle dès qu'ils en ont la liberté: & ils la reprennent avec d'autant plus de vivacité qu'ils ont été plus gênés, plus comprimés: ce qui fait que le ressort de l'air est en raison de sa compression.

Ces vermisseaux se nourrissent surtout de feu: ils en sont avides, ils s'en saoulent avec voracité, ils s'en remplissent; dans cet état ils sont gonflés, dilatés, à-peu-près comme un muscle plein d'esprits. C'est ce qu'on appelle, dans la physique ordinaire, la raréfaction de l'air produite par la chaleur. La digestion succede; la transpiration est abondante; peut-être l'évacuation ne l'est pas moins. Ainsi l'enflure & la dilatation diminuent par la dissipation de la matiere qui en étoit la cause.

Je soupçonne que la viscosité de l'air, ou l'adhérence de ses particules entre elles, vient de la forme même des vermisseaux aëriens pliés en spirale, qui par conséquent peuvent très-facilement s'accrocher & s'engager les uns dans les autres: ils peuvent encore se cramponner avec la même facilité aux surfaces des corps étrangers, principalement à celles qui ne sont pas tout-à-fait unies, mais inégales & rabotteuses.

Un des plus beaux appanages de l'animalité des atômes aëriens, est leur *aptitude à transmettre le son, & à propager avec la plus grande précision tous les tons & tous les accords*. Cette faculté est si excellente qu'au jugement même des partisans de la matiere brute, elle *indique dans la composition de ce fluide un art secret & très-savant*; que peutêtre cet art secret & très-savant dans la composition de l'air, sinon un organisme particulier? Je n'entreprendrai pas d'expliquer comment ces vermisseaux chargés de transmettre le son & d'en rendre tous les tons, s'acquittent de cette fonction délicate. On ne sauroit nier qu'une telle aptitude ne suppose un rapport intime entre leur tempérament & celui de l'organe qu'ils affectent. L'inspection de l'oreille & des différentes pieces qui la composent offre beaucoup de lignes spirales; l'anatomie intérieure montre encore plus de fibrilles pliées de la même maniere. Cette conformité avec la figure que je suppose aux animalcules aëriens n'est point sans-doute à négliger. On ne peut nier encore que des Etres qui nous affectent de tant d'impressions différentes, qui nous passionnent d'amour ou de haine, qui nous transportent de joie où nous plongent dans la tristesse, ne soient eux-mêmes affectés & comme passionnés, à leur maniere, de tous ces sentimens. Cette sensibilité qui leur est propre ne seroit-elle pas le fondement de leur aptitude à exciter & modifier la nôtre? On leur appliquera avec raison cet axiôme vulgaire, *Personne ne donne ce qu'il n'a pas*; & ce précepte d'Horace, *Si vous voulez me faire pleurer, commencez par pleurer vous-même.*

CHAPITRE VII.

De la matiere du Feu, ou des Animalcules ignés.

On voit la matiere se montrer plus active à-mesure qu'elle se subtilise. L'activité lui étant essentielle, l'énergie en doit augmenter proportionnellement à la subtilité des masses, & à la simplicité de l'organisation. Son effet plus simple, en devient plus grand. L'organisation multiplie ses rapports en se compliquant: elle est propre à produire un plus grand nombre d'effets; mais la somme totale de ces effets est moindre proportionnellement à la complication de l'organisme qui les produit;

c'eſt-à-dire que dans le jeu total d'une organiſation compoſée, chaque organe met moins d'action qu'il n'en auroit s'il agiſſoit ſéparément, ou dans un ſyſtème moins compoſé. C'eſt que toutes ces actions particulieres ſe combinent, & elles ne peuvent ſe combiner, ſans ſouffrir quelque déchet : ainſi la ſomme des mouvemens compoſés eſt moindre qu'avant leur compoſition. Si l'activité n'étoit pas eſſentielle à la matiere, elle s'affoibliroit au lieu d'augmenter, par la ſimplicité de l'organiſme, & ſe perdroit enfin à un certain degré de ténuité. Car dans ce cas la matiere auroit un premier degré d'organiſation où commenceroit un premier degré d'activité, en-deçà duquel il n'y en auroit point du tout; & cette activité croîtroit à meſure que l'organiſation augmenteroit par la complication de nouveaux organes. Mais plus l'organiſme ſeroit ſimple, plus il ſeroit voiſin du plus bas degré d'activité, & conſéquemment moins il ſeroit actif.

Les germes ou principes ſont les Etres les plus petits, les plus ſimples ou les moins compoſés, puiſque tout y eſt réduit à ſa moindre exiſtence poſſible, & ils ſont en même tems les plus actifs & les plus puiſſans. Il faut bien qu'ils le ſoient, puiſque leur génération, qui eſt le plus grand effort de la Nature, & qui ne ſauroit être produite par aucun agent étranger, car ils ne donnent priſe à aucun autre corps, eſt l'effet de leur propre énergie. Sans cette énergie organique, un individu auroit beau répandre ſa ſemence dans la matrice d'un autre, cet acte ne ſeroit ſuivi de la fécondation d'aucuns germes, puiſqu'il n'y a point de cauſes extérieures qui agiſſent ſur eux avec efficacité, pour commencer leur développement.

A quoi tendent ces préliminaires ? Non-ſeulement à nous faire concevoir que des Etres ſi ſubtils ſont organiſés & animés, mais encore à nous faire enviſager la fineſſe & la ſimplicité du ſyſtème de leur organiſation, comme la cauſe de leur extrême activité dont la ſphere eſt partout, & dont la puiſſance domine tout. Le feu eſt le ſeul fluide proprement & eſſentiellement tel, & tous les autres ne le ſont que par lui, c'eſt-à-dire par une certaine quantité d'animalcules ignés qu'ils contiennent. Une de leurs facultés diſtinctives eſt donc de mettre & d'entretenir en fuſion tous les autres corps qui ne ſe conſolident que par leur abſence: l'air même dépouillé de toute partie ignée ſe conſolideroit, comme l'eau ſe gele. Le feu ſeul ne perd jamais, & ne peut perdre ſa fluidité; elle lui eſt-eſſentielle & elle vient probablement de la forme & de l'activité de ſes animalcules, qui les empêchent de pouvoir s'engrener les uns dans les autres, ou même s'appliquer aſſez exactement les uns contre les autres pour former un tout ſolide.

Ces Etres qui donnent & entretiennent la chaleur dans le corps animal, ces Etres principes de la vie, n'en jouiroient-ils point eux-mêmes? Mais leur extrême petiteſſe fait qu'ils doivent être raſſemblés en très-grand nombre dans les corps pour y produire une chaleur ou une lumiere ſenſible. Cependant la faculté d'échauffer & d'éclairer eſt propre à chaque individu. Mr. Hooke ayant battu une pierre à fuſil ſur une feuille de papier, & ayant examiné avec un bon microſcope les endroits ou les étincelles étoient tombées, qui étoient marqués par de petites taches noires, y a apperçu des atômes ronds & brillans, quoique la ſimple vue n'y découvrît rien (*). C'étoient de petites vers luiſans.

Les animaux les plus gros (car il n'eſt pas néceſſaire de leur ſuppoſer à tous le même degré de groſſeur, & du reſte il eſt à croire qu'ils croiſſent depuis leur premier point de développement juſqu'à ſa perfection): les plus gros, dis-je, engagés dans les plus petits pores des corps ſolides, y reſ-

(*) Voyez ſa *Micrographia*.

tent emprisonnés jusqu'à ce qu'une force étrangere vienne les délivrer; comme ils y sont presque isolés, ils ne donnent ni chaleur ni lumiere. Mais ils sont rassemblés en troupe dans les phosphores, comme les fourmis dans une fourmilliere, ou comme les abeilles dans une ruche. Au moindre événement on voit les fourmis grouiller, & sortir tumultueusement de leur demeure souterraine : de-même à la moindre secousse d'un phosphore on voit les animalcules ignés se rassembler & se produire au-dehors sous une apparence lumineuse. Ils sont si sensibles qu'un simple frottement les attire à la superficie des corps frottés où ils se font sentir par leur chaleur & leur lumiere.

On dit communément *qu'un rayon de lumiere est composé des sept rayons qui ont chacun leur refrangibilité propre; résultat naturel de la diversité spécifique des molécules qui entrent dans leur composition.* On sait que l'angle de réfraction est proportionnel à la force avec laquelle un corps quelconque traverse un certain milieu, parce que la résistance égale du milieu doit moins rompre la direction du corps le plus fort, & incliner davantage celle du plus foible. Quel inconvénient d'admettre sept âges ou périodes dans la vie des animalcules ignés, & conséquemment sept degrés différens de force propres chacun à chaque âge? Ces animaux en passant par le prisme seront obligés de se réfracter chacun selon sa force, selon son âge, & chacun portera ainsi sa couleur propre.

On me dispensera bien, je crois, de pousser plus loin ces détails. Je craindrois de tomber dans le minutieux. Je craindrois encore plus de tomber dans une méprise que j'ai blâmée plus haut, laquelle consiste à transporter à un animal l'économie d'un autre. Lorsqu'en parlant des opérations des animalcules aqueux, aëriens ou ignés, je les ai comparées à celles d'autres animaux un peu plus connus, c'étoit uniquement pour dire quelque chose d'intelligible, sans prétendre identifier des systêmes très-différens. Des propriétés disparates indiquent des organes dissemblables, & des organes dissemblables fondent une autre économie, d'autres mœurs, d'autres inclinations, d'autres affections, d'autres perceptions, quoique toujours dans le plan de l'animalité qui embrasse toute la Nature.

CHAPITRE VIII.

Extrait du Systême d'un Médecin Anglois sur la cause de toutes les especes de maladies, & leur cure (*).

I. De le Cause des différentes maladies.

Le Médecin Anglois attribue toutes les maladies à l'action de différens insectes ou vermisseaux tant sur les solides que sur les fluides du corps humain. Il admet donc des animalcules fiévreux, rhumatisans, véroliques, &c. Il a vu, par le moyen d'un excellent microscope toutes les sortes d'insectes qui causent les diverses maladies. Il don-

(*) Ce systême est contenu & développé dans deux brochures, l'une de 34 pages in-8. publiée en 1726, & l'autre de 87 pages in-8. publiée l'année suivante. La premiere a pour titre *Systême d'un Médecin Anglois sur la cause de toutes les especes de maladies, avec les surprenantes configurations des différentes especes de petits insectes qu'on voit par le moyen d'un bon microscope dans le sang & dans les urines des différens malades, & même de tous ceux qui doivent le devenir; recueilli par Mr. A. C. D.* Paris, chez Alexis-Xavier-René Mesnier, & H. D. Chaubert 1726. La seconde est intitulée: *Suite du Systême d'un Médecin Anglois sur la guérison des maladies, par lequel sont indiquées les especes de végétaux & de minéraux qui sont des poisons infaillibles pour tuer les différentes especes de petits animaux qui causent nos maladies; recueilli par M. A. C. D.* Paris chez A. X. R. Mesnier 1727. Du reste, n'ayant pu me procurer ces deux Brochures, je n'en parle que d'après le compte que les Journalistes des savans en ont rendu en 1727 & 1728. Je l'ai presque copié.

ne, dans ſon livre, la ſigure de ces inſectes: il en a découvert juſqu'à quatre-vingt-dix eſpeces différentes. Pour mettre tout d'un coup le Lecteur au fait du ſyſtême, je vais copier deux exemples, & la concluſion que l'Auteur en tire.

Premier exemple.

„ Quelqu'un a la fievre tierce ou quatre; c'eſt „ qu'il s'eſt communiqué en lui, ſoit par la reſpi- „ ration, ſoit avec le manger, ou par toute autre „ voie, quelque animal fiévreux, dont le naturel „ eſt de dormir comme les loirs, les marmotes & „ les écureuils, les uns quarante-huit heures, les „ autres ſoixante-douze, *&c.* Ces animaux s'étant „ régénérés & multipliés, cauſent d'abord en ſe „ réveillant & en ſe diſperſant dans le ſang pour „ trouver à repaître, le friſſon, & enſuite par leur „ grande agitation, une grande chaleur avec tranſ- „ port au cerveau.

Seconde exemple.

„ Une perſonne reſſent des douleurs de rhuma- „ tiſme, tantôt dans le bras droit, tàntôt dans le „ bras gauche, tantôt dans une cuiſſe, & tantôt „ dans l'autre, *&c.* C'eſt qu'il s'eſt communiqué „ en lui par les mêmes voies que dans l'exemple „ précédent, quelque animal rhumatiſant, lequel „ s'étant échappé aux digeſtifs de l'eſtomac, eſt „ parvenu dans la maſſe du ſang, où il a trouvé „ un lieu qui lui eſt agréable pour ſon ſéjour, & „ pour ſa nourriture; là il s'eſt régénéré & multi- „ plié, comme ſe régénerent & ſe multiplient tous „ les animaux, & comme preſque tous ſe plaiſent „ en compagnie, les rhumatiſans ſe plaiſent à s'at- „ trouper; de ſorte qu'il s'en eſt aſſemblé un très „ grand nombre dans les muſcles du bras droit de „ cette perſonne, où rongeant & mordant ſes

„ nerfs, ils lui causent la douleur de rhumatisme. „ Au bout de quelque jours ces animaux se sont „ ennuyés en cet endroit; ils sont rentrés dans le „ sang par la pointe des ramifications des veines „ ou des arteres, & la douleur de rhumatisme a „ cessé, quelques jours après ils se sont rassemblés „ dans les muscles du bras gauche, ensuite dans „ ceux d'une des cuisses, & après dans ceux de l'au„ tre, où ils ont produit successivement la même „ douleur."

Après plusieurs autres exemples pareils, l'Auteur conclut ainsi.

Conclusion.

„ Vous voyez que par ce systême on rend raison „ de la maniere dont se communiquent toutes les „ différentes sortes de maladies, de la maniere dont „ s'augmente ce qui les cause, de l'action des dif„ férens remedes sur ces différentes causes, pour„ quoi l'une s'attache toujours à un endroit, & „ l'autre à un autre; pourquoi les fievres sont tan„ tôt quartes, tantôt tierces, & tantôt continues; „ & pourquoi les douleurs rhumatisantes changent „ d'un bras à l'autre, & d'une cuisse à l'autre. Ju„ gez à-présent si, même indépendamment des ex„ périences, le systême des petits insectes n'est „ pas par le raisonnement, infiniment plus vraisem„ blable que celui des acides, des alcalis, & des „ fermentations."

ADDITION.

J'ajouterai pour confirmer les idées du Médecin Anglois, que l'on a observé dans les bubons des pestiférés une quantité prodigieuse de petits insectes qui prennent des ailes, comme font certaines especes de fourmis, & vont porter partout la contagion (*).

(*) Voyez le Journal des Voyages de Monconys.

On avoit encore soupçonné que la gangrene étoit produite par un amas de vermisseaux qui mangeoient & rongeoient les chairs, & que la raison pourquoi la gangrene gagnoit si vîte, étoit que ces vers pulluloient si rapidement & si abondamment qu'un seul en avoit produit cinquante autres en moins de deux en trois minutes (*).

Si chaque grain de pétite vérole renferme une très-grande quantité de petits insectes varioliques, leur génération pourra bien être le principe & le fondement de l'inoculation. Cette opération aura son effet toutes les fois que ces animalcules insérés dans le corps humain y trouveront l'aliment qui leur est propre. Ce n'est point ici une simple conjecture. Qu'on prenne un grain de petite vérole desséché & pulvérisé, qu'on humecte une peu cette poussiere avec de l'eau tiede, à-peu-près au degré de la chaleur animale, on y verra au microscope une fourmilliere d'animalcules vivans & grouillans. J'invite les inoculateurs à répéter cette expérience.

II. *De la guérison des différentes maladies.*

La méthode curative du Médecin Anglois est fondée sur ces quatre principes 1°. que toute la Nature est animée, & il dit que si on ne le suppose pas, il est impossible de pénétrer à fond les vérités physiques, & les admirables effets de la Nature. 2°. Que chaque plante & chaque minéral est la nourriture particuliere de quelque espece de petits insectes. 3°. Que ces plantes & ces minéraux contiennent & en dedans, & en dehors un nombre considérable de ces petits animaux, avec encore un plus grand nombre de leurs œufs. 4°. Que chaque espece de ces petits insectes est le fléau particulier de quelqu'autre espece d'insectes; à-peu-près comme

---

(*) *Kircheri Mundus Subterraneus Lib. IX.*

les loups le font des moutons, les renards des poules, les chats des souris, les furets des lapins, les éperviers des perdrix, les brochets des carpes, les hirondelles des moucherons.

L'Auteur nous dit que, pour démêler ce mystere, il lui a fallu employer près de quarante ans de travail. Il avoit plus de mille bouteilles dans lesquelles étoient plus de mille sortes de plantes & de minéraux, & par conséquent, comme il assure s'en être convaincu par ses yeux, plus de mille especes de petits animaux : il examinoit tous les jours ces petits insectes, & mettoit avec soin par écrit les changemens qu'il y voyoit arriver. Cet examen lui découvrit la différente durée de leur vie, leurs manieres différentes de s'accoupler, dans quel quartier de la lune chaque espece a coutume d'éclore, & à quel âge chacun a acquis assez de force pour aller comme des furets chercher & combattre leurs ennemis. Il n'en demeura pas-là, il voulut les essayer sur le sang, & sur les urines de ses malades, jusqu'à ce qu'il trouvât quelque espece qui détruisît, en quelque façon que ce pût être, quelque espece des animaux qui s'engendrent dans le corps humain, & qu'il prétend être la cause de toutes les maladies. Après avoir passé plusieurs années à ce travail sous la conduite d'un vieux Médecin d'Hispahan qui l'avoit pris en amitié, il trouva effectivement que les différentes especes de ces insectes détruisoient plusieurs especes de ceux qui se produisent dans le corps humain. Cette découverte l'ayant engagé à continuer ses expériences, il parvint à connoître, par ce moyen, les véritables remedes contre toutes les maladies, & s'en servit si à-propos qu'ils étoient presque toujours suivis du succès, ce qui lui acquit une telle réputation qu'il gagna à ce métier-là plus d'un million.

CHA.

CHAPITRE IX.

Conclusion de ce Livre.

SI nous sommes en garde contre l'illusion de nos yeux, si nous sommes bien convaincus de leur insuffisance à juger des objets qui passent leur portée, si nous pesons avec équité la solidité des raisonnemens & des observations que contient ce Livre, nous n'aurons plus aucune répugnance à nous représenter la substance de la terre, de l'eau, de l'air & du feu, comme un amas d'animalcules qui ont une vie, une économie, des facultés & des mœurs particulieres. Mais l'œil n'y apperçoit rien de pareil... Cette objection est pour les enfans & pour le peuple. Lorsque vous regardez une armée du haut d'une montagne éloignée du camp, vous voyez un grouppe plus ou moins large ou long; mais vous ne voyez ni les soldats qui la composent, ni l'ordre qui s'y observe. Cependant tout est en action dans cette armée; & les opérations de presque tous les individus y sont variées. Trop éloigné, vous ne voyez rien de tout cela. A une plus grande distance le corps de l'armée disparoitroit entiérement à vos yeux. De-même encore lorsque vous appercevez de loin un vaisseau en mer, que voyez-vous? Une machine dont vous avez bien de la peine à décrire l'apparence. Mais vous n'en distinguez aucune piece, ni aucun homme de l'équipage, ni aucune partie de la manœuvre qui s'y fait. Les animalcules terreux, aqueux, aëriens & ignés sont aussi, à cause de leur petitesse, à une trop grande distance de vos yeux, pour que vous puissiez les voir, appercevoir leurs mouvemens, & connoître leur économie. Vous en avez un exemple commun dans les gouttes de la semence animale, qui n'offrent point à l'œil nud le monde de vermiſſeaux qu'elles contiennent & dont on apperçoit une partie au microſcope. De meilleurs inſtrumens nous feroient découvrir ceux de l'air & du feu. Comme d'ailleurs les grandeurs ſont relatives, leur extrême petiteſſe qui les rend inviſibles, n'eſt point un préjugé contre leur animalité.

Fin du Livre ſeptieme.

TRAITÉ DE L'ANIMALITÉ.

LIVRE HUITIEME.

DE L'ANIMALITÉ DU GLOBE TERRESTRE ET DES CORPS CÉLESTES.

CHAPITRE I.

Essai d'une nouvelle Théorie de la Terre.

IL est étonnant que, depuis que les hommes habitent le globe terraquée, ils n'en aient pas encore reconnu l'organisation, ni soupçonné l'animalité. La terre n'est regardée que comme une masse brute, un amas de ruines & de décombres, au moins quant à sa croute supérieure, depuis sa surface jusqu'à la profondeur où l'on a pénétré. Les philosophes, encore peuple sur ce point, sont d'autant plus obstinés dans ce préjugé qu'il est plus raisonné. Avec quelle confiance un d'entre eux assure que tout y est en confusion & sans ordre, de sorte ,, qu'il a ,, beaucoup de peine à croire que ce soit la pro-

„ duction d'un agent raisonnable qui se propose „ quelque vue dans ce qu'il fait! Le lit où repose „ l'Océan lui *paroît la chose la plus absurde qu'il y* „ *ait dans la Nature, & il ne sauroit en aucune façon* „ *en admirer la beauté ou l'élégance: car*, à son avis, „ *il est aussi difforme & irrégulier qu'il est grand.* „ Quant aux cavernes de la terre, aux fentes & „ aux brêches des couches, il ne sauroit s'ima„ giner que ce soit l'ouvrage de la Nature, ou „ celui de Dieu immédiatement, vu que cette „ structure n'est d'aucun usage qu'il puisse connoî„ tre, & qu'il n'y a rien de beau. Ensuite, „ au sujet des montagnes, *elles sont*, dit-il, *pla*„ *cées l'une avec l'autre sans aucun ordre par rap*„ *port à leur usage ou à leur beauté, & il n'y* „ *a aucune proportion dans leurs parties qui ait rap*„ *port à un dessein, & qui ait les moindres vesti*„ *ges d'art ou de dessein.* Enfin, il croit qu'il y „ a beaucoup de choses dans le globe terres„ tre, qui sont informes & disproportionnées, „ & beaucoup de superflues. *Il le regarde comme* „ *une matiere indigeste, & comme un amas confus* „ *de corps brisés, placés sans aucun ordre entre eux,* „ *& sans aucune correspondance ou régularité dans* „ *leurs parties: la terre ne paroît à ses yeux que com*„ *me une masse indigeste, & comme une vile planete* „ *composée de boue* (*)".

D'autres philosophes, il est vrai, n'ont pas prononcé aussi hardiment sur cette confusion apparente. Une seconde vue leur a fait appercevoir de la régularité où Burnet n'avoit vu que les débris d'un monde en ruine. En voyant la surface inégale de la terre, cet assemblage prétendu bisarre de montagnes & de profondeurs, de plaines & d'abîmes, de con-

(*) Théorie Sacrée de la Terre par Th. Burnet, dans l'Essai sur l'histoire naturelle de la terre, par Woodward.

tinens & de mers, ils y ont reconnu une disposition très-bien entendue dont ils ont trouvé & développé les raisons (*). L'intérieur de la terre leur a montré de-même un mêlange très-savant de différentes matieres, & non des décombres accumulés par la main du hazard. C'est déja un pas vers la vérité; mais il y a encore loin de l'idée qu'ils nous donnent de cette régularité, à celle d'un tout organique & d'une machine animale.

Nous avons observé en finissant le Livre précédent, que l'animalité des vers du feu & de l'air étoit trop subtile pour nous être sensible: elle échappe même à la bonté de nos instrumens plus pénétrans que nos yeux. C'est ici tout le contraire: l'animalité du globe terrestre est trop grande: nous ne saurions en embrasser l'ensemble; & c'est ce qui nous la rend méconnoissance. Comme les vermisseaux aëriens sont, à cause de leur extrême petitesse, à une trop grande distance de nous, ainsi le vaste corps sur lequel nous rampons est trop près de nous, à raison de sa grandeur. Nous n'en voyons que des portions, nous ne les contemplons qu'en détail & séparément; au-lieu que pour en juger il faudroit les embrasser toutes & d'une seule vue, il faudroit voir leurs rapports, leur correspondance réciproque, & l'ordre constant qu'elles observent entre elles, il faudroit pénétrer jusqu'au cœur, jusqu'au centre de la vie de ce grand animal. Je ne doute pas qu'alors nous n'y vissions des traits d'une organisation aussi réguliere, & peut-être plus merveilleuse que celle d'aucun des animaux qu'il porte & qu'il nourrit. Supposons qu'un de ceux-ci, pris à volonté, fût aussi grand que la terre, qu'au-lieu de se laisser voir en entier, sa grandeur disproportionnée à la foible portée de nos

---

(*) Bourguet, Buffon, Lehman, & autres.

yeux ne nous permît d'en considérer que quelques organes extérieurs, en détail, & comme isolés, qu'au lieu d'en pouvoir anatomiser tous les visceres, nous ne pussions pénétrer qu'à une très-petite profondeur au-dessous de sa premiere superficie, par exemple à un huit-millieme de son épaisseur totale, qui est la proportion de l'enfoncement le plus profond des mines dans la terre; quelle apparence prendroit à nos yeux ce mêlange d'organes & de parties dont nous ne verrions ni les rapports, ni les attaches, cet amas d'os & de chairs, de veines, de muscles, de nerfs, de tendons, de fibres & de fibrilles si différentes en calibre, si diversement combinées, si singuliérement pliées & repliées, surtout lorsque, pour sonder cette masse, on en auroit brisé, dérangé & bouleversé la structure naturelle? Le mouvement de la respiration d'un tel animal ne nous seroit pas plus sensible par lui-même, que le mouvement diurne de la terre, & la circulation du fluide nous y paroîtroit aussi étrange que le flux & le reflux de la mer; ne voyant pas le double muscle d'où elle procéderoit nous en chercherions la cause dans la pression de quelque corps étranger. Nous porterions le même jugement des solides & des fluides de tant d'especes différentes dont sa structure nous offriroit l'appareil mêlangé, que nous portons aujourd'hui des différentes matieres, dures, molles, seches, humides, &c. que nous trouvons dans la couche superficielle de la terre où il nous est permis de fouiller. En un mot cet Etre animé seroit devenu, en croissant, une masse brute: ses organes ne seroient plus regardés que comme des productions également brutes, formées par des agrégations fortuites de petites parties accolées les unes aux autres; on n'en verroit point la dépendance organique, on n'en soupçonneroit pas la combinaison vitale; & si quelque philosophe plus hardi que les autres s'avisoit de dire que toutes ces parties conspirent à un organisme animal qu'on nie faute d'en saisir l'ensemble, on croiroit lui faire beaucoup de grace si on ne le traitoit pas de visionnaire. Courons-en les risques.

J'ose dire que notre terre est cet animal. S'il ne ressemble précisément à aucun autre pour la forme, ni pour la structure, c'est un trait de variété de plus dans le plan de l'animalité. Au moins c'est un systême de solides & de fluides, comme les autres. Le solide est sans cesse arrosé, nourri & vivifié par le fluide qui de l'océan comme de son plus grand réservoir, se distribue par une infinité de canaux plus ou moins grands dans tous les membres de ce vaste corps, & par des vaisseaux plus déliés jusques dans les tissus les plus fins. On y remarque plusieurs sortes de fluides, comme plusieurs especes d'humeurs dans les grands animaux. A-peine peut-on enfoncer la pioche dans un endroit ou dans un autre, qu'on n'ouvre les veines où coule ce fluide: on le voit circuler & jaillir par-tout jusques sur les montagnes les plus élevées, dans le creux des mines, & dans les abymes les plus profonds: ce ne sont point des eaux croupissantes, mais des eaux *vives*, nom arraché de la bouche de l'ignorance par la force de la vérité. Si la terre étoit une masse brute & inaminée, toutes les matieres y garderoient dans leur arrangement les loix de la pesanteur spécifique; on n'y verroit point le plus pesant sur le plus léger, comme le marbre sur l'eau, ou le métal sur l'argile; mais le feu seroit la derniere sphere, & il envelopperoit l'air; l'air envelopperoit l'eau; l'eau, la terre molle; la terre molle, la terre ferme & plus compacte; la terre ferme, les sels; les sels, les pierres; les couches pierreuses, les métaux; & l'or & le mercure seroient au centre (*). Il s'en faut

---

(*) *Conjectures sur les Pierres figurées qu'on trouve à Saint Chamont dans le Lyonnois & en mille autres endroits de la terre, aussi-bien que sur les coquillages & les autres vestiges de la mer, par le P.*

beaucoup que cet ordre soit constamment observé. Au contraire, dans l'animal les chairs molles recouvrent des os durs qui contiennent la substance de la moëlle encore plus molle que la chair ; de même on trouve dans la terre des substances dures environnées & investies de matieres molles, des couches très-pesantes sur des couches très-légeres : arrangement beaucoup plus organique. Tout animal n'est dans son origine qu'un mucilage épaissi : les solides prennent peu-à-peu de la consistance : le fluide domine pendant longtemps dans ce composé, & de-là vient la foiblesse du premier âge de la vie ; mais cette surabondance du fluide étoit nécessaire pour l'accroissement des solides ; cependant ils tendent à l'équilibre, ils y parviennent, & tant qu'ils y perséverent, l'animal jouit de la perfection de son être. On convient assez unanimement que notre terre a été au commencement beaucoup moins solide qu'elle ne l'est devenue par la suite : elle a été toute enveloppée d'eau, à-peu-près comme le fœtus nage dans la liqueur de l'amnios : alors elle étoit dans un état de mollesse. Le fluide y dominoit : le solide s'est délivré peu-à-peu de cette surabondance d'humide. Aujourd'hui l'un & l'autre sont en quantité égale ou presque égale ; & leur parfait équilibre caractérise la maturité de la terre. Cependant le fluide qui tend toujours au repos y est dans une agitation continuelle ainsi que dans le corps animal : c'est de-même un mouvement périodique & réglé qui lui est imprimé par une force organique laquelle part du dedans de la masse solide : mouvement qui remue les eaux jusqu'à la plus grande profondeur & les renouvelle jusques dans les couloirs les plus fins. Cette circulation, ou si l'on veut, ce balancement du fluide dans l'intérieur de ce grand

---

C. D. L. C. D. 7. Je me suis approprié dans ce Chapitre plusieurs de ses Conjectures que je suis bien-aise de restituer à leur Auteur.

corps, y entretient la vie, la santé & l'action. Toutes ces analogies sont parlantes.

Cependant je ne prétends pas m'en autoriser pour faire regarder le globe terrestre comme un animal semblable à ceux auxquels il fournit leur subsistance, moi qui ai averti de ne pas transporter les appanages d'un animal à un autre. Au contraire, c'est ici une autre forme d'animalité, & conséquemment d'autres organes, d'autres propriétés, une économie différente. Quelqu'éloignée qu'elle soit des formes ordinaires, comme le plan de l'animalité n'a point de bornes, il embrasse toutes les combinaisons possibles.

Sans dire avec le Poëte que les pierres sont les os de ce grand animal; ou avec d'autres, que les tremblemens de terre en sont des mouvemens convulsifs, &c. je crois néanmoins qu'on peut rapporter à l'économie animale tous les changemens arrivés dans notre globe, toutes les révolutions qu'il a subies & toutes celles qu'il subira par la suite. C'est au temps à agrandir nos idées d'animalité, & à y faire entrer toutes ces choses que nous en avons exclues jusques-ici.

„ Où ne voit-on point d'animaux ? s'écrie un „ Physicien que j'ai plusieurs fois cité & réfuté. La „ Nature, ajoute-t-il, les a semés par-tout à plaines „ mains. Ils étoient ses plus belles productions ; „ elle les a prodiguées. Elle a renfermé les animaux dans les animaux. Elle a voulu qu'un „ animal fût un monde pour d'autres animaux, „ & que ceux-ci y trouvassent de quoi fournir à „ tous leurs besoins. L'air, les liqueurs végétales „ & les liqueurs animales, les matieres corrompues, les boues, les fumiers, les bois secs, „ les coquillages, les pierres même, tout est „ animé, tout fourmille d'habitans. Que dirai-je „ encore ! La mer elle-même paroit quelquefois „ n'être qu'un composé d'animaux. La lumiere „ dont elle brille la nuit pendant les chaleurs, est

„ produite par un nombre infini de très-petits vers
„ luisans, &c. (*)."

Il me suffiroit de presser un peu ce passage pour y trouver tout mon système en abrégé, contre l'intention de l'Auteur, il est vrai; mais il prouve au-moins que plus on étudiera la Nature, plus on y trouvera les traits de l'animalité empreints par-tout, jusques dans les Etres qui semblent les plus bruts & les moins organiques. Oui, la Nature a semé les animaux par-tout à pleines mains, ou plutôt elle n'a fait que des animaux. Elle a renfermé les animaux dans les animaux. Elle a voulu qu'un animal fût un monde pour d'autres animaux & que ceux-ci y trouvassent de quoi fournir à tous leurs besoins. Telle est la terre par rapport à nous & aux autres animaux qui se nourrissent de sa substance. Nous devons donc nous regarder, sous cet aspect, nous & les autres gros animaux, comme la vermine de ce plus grand animal que nous appellons la terre. Je suis fâché que cette idée soit humiliante pour l'homme : elle n'en est pas moins vraisemblable.

CHAPITRE II.

Conjectures sur l'animalité des Corps célestes.

„ COMBIEN de philosophes dans tous les temps
„ & dans tous les siecles, combien de théologiens

(*) Contemplation de la Nature.

(1) „ Les Egyptiens en firent des Dieux; & parmi les Grecs, les
„ Stoïciens leur attribuerent des ames divines. *Anaxagoras* fut con-
„ damné comme un impie pour avoir nié l'ame du Soleil. *Cleanthe*
„ & *Platon* furent sur cela plus orthodoxes. *Philon* donne aux astres,
„ non-seulement des ames, mais des ames très-pures. *Origenes* étoit
„ dans la même opinion : il a cru que les ames de ces corps ne leur
„ avoient pas toujours appartenu, & qu'elles viendroient un jour à
„ en être séparées.

„ dans le sein du Christanisme ont admis des ames „ dans les étoiles & dans les planetes ! sans parler „ de ceux qui en ont fait des Dieux (1).

Ce n'est donc pas une opinion nouvelle que celle qui donne à ces grands corps un instinct & une sorte d'intelligence, avec des organes convenables à l'exercice de cette intelligence & de cet instinct. Qui nous empêchera de regarder la rapidité avec laquelle ils se meuvent comme une faculté animale & le suprême degré de la faculté loco-motive ? Et qui n'admirera en même temps le ridicule de nos jugemens ? Un Etre ne se remue point sensiblement, donc il n'est pas un animal : un autre Etre se remue plus rapidement & plus réguliérement que nous, donc il n'est pas un animal. Pourquoi ne vouloir pas que le mouvement spontané loco-motif passe par tous les degrés de rapidité & de régularité ? Pourquoi vouloir que tout mouvement régulier soit aveugle ? La rectitude est-elle donc une preuve d'aveuglement ? N'est-elle pas au contraire une marque d'intelligence & de bonté ? Enfans du caprice, nous voulons que tout soit aussi capricieux que nous. Par un esprit de despotisme absurde, nous accusons de brutalité tout ce qui n'est pas aussi bizarre que nous, dans ses affections, dans ses mœurs & ses opérations.

Dès que nous voudrons bien ne pas borner les nuances de l'animalité & de l'intelligence aux seuls traits que nous en avons, nos idées s'agrandiront ; & le vaste plan de l'animalité s'étendra as-

---

„ *Avicenne* a donné aux astres une ame intellectuelle & sensitive. „ *Simplicius* les croit doués de la vue, de l'ouie & du tact. *Tycho* „ & *Kepler* admettent des ames dans les étoiles & dans les planetes. „ *Baran-zanus*, Religieux Barnabite, Astronome & Théologien, leur „ attribue une certaine ame moyenne entre l'intellectuelle & la bru„ te. A la vérité *St. Thomas*, qui dans différens endroits de ses ou„ vrages leur avoit accordé assez libéralement des ames intellectuelles, „ semble dans son 7me. Chapitre *contrà gentes* s'être retracté, & ne „ vouloir plus leur donner que des ames sensitives."

ſez pour embraſſer tous les Etres, depuis l'atôme inſenſible, juſqu'aux globes d'une étendue immenſe. Car la maſſe n'y fait rien; & l'animalité s'accommode auſſi bien du plus grand que du plus petit corps. Il faut être enfant pour dire: Un atôme auſſi petit qu'une particule d'air peut-il être un animal? Un corps auſſi grand que le ſoleil peut-il être un animal?

Qui n'a pas oui parler de ce monſtre marin, le plus grand & le plus terrible de tous les habitans de l'empire des mers? On le nomme *Kraken*, *Kraxen*, ou *Krabben*. „ Son dos ou ſa partie ſupérieure a environ *une demi-lieue de circonférence*. A l'œil on le „ prendroit pour *une quantité de petites Iſles, environnées d'herbes marines flottantes*. Les replis les „ plus élevés de ſon corps reſſemblent à des „ bancs de ſable. Ses cornes brillantes s'élevent „ à la hauteur des mâts que portent les vaiſſeaux „ de moyenne groſſeur. Ce ſont autant de bras qui „ pourroient couler à fond les plus gros vaiſſeaux „ de guerre en les accrochant. Quand ce monſtre „ a reſté quelque temps à la ſurface de l'eau, il s'y „ renfonce peu-à-peu. En s'y renfonçant il excite un *gonflement & un tournoiement*, qui entraîne tout ce qui ſe rencontre dans l'étendue de „ ſon tourbillon. Ses évacuations forment dans la „ mer une bourbe épaiſſe, dont le goût & l'odeur „ attirent la foule des poiſſons. Alors il éleve ſes „ bras ou cornes, ſaiſit ſes *hôtes* & les engloutit. „ En les digérant, il ſe procure une nouvelle amorce pour en attirer & en prendre d'autres. De-là „ vient que la rencontre de ce monſtre eſt de bon „ augure pour la pêche. Il faut lire, dans l'hiſtoire même d'Olaus Magnus, comment l'expérience „ a inſtruit les pêcheurs dans l'art de profiter de „ cet appas ſans aucun danger, en réglant leur manœuvre ſur les mouvemens de cet animal qu'ils „ ont appris à deviner.

„ Les Isles flottantes, ajoute l'Auteur de cette re„ lation, ne sont rien autre chose que des Krakens, „ que certains marins appellent aussi *Soc-Draulen*, „ c'est-à-dire *Porte-malheur* (*)."

S'il existe un animal dont la surface supérieure a une demi-lieue de circonférence, il peut bien y en avoir un autre qui ait une lieue de tour, ou cent lieues, ou mille lieues, ou plusieurs millions de lieues, qui ait des organes & des facultés selon son espece, sa maniere de vivre, de croître & d'engendrer. Il suffit pour s'en convaincre, de ne vouloir pas tout adapter à ce qu'on voit, & de méditer les principes que j'ai développés dans cette septieme Partie que je ne pousserai pas plus loin.

CHAPITRE III.

Récapitulation générale.

J'AI contemplé la gradation naturelle des Etres, j'ai étudié les loix de cette gradation, j'ai cherché à approfondir le principe de continuité qui enchaîne tout. Ce principe annonçoit qu'il n'y avoit & ne pouvoit y avoir qu'une seule classe d'Etres, un seul regne & une infinité d'individus qui se tenoient les uns aux autres d'aussi près qu'il se pouvoit: un seul plan & une infinité de variations qui s'engendroient les unes les autres nécessairement & immédiatement. La recherche des caracteres de l'animalité a confirmé ces vues. On n'a pu trouver, entre les Etres naturels, de différences spécifiques, génériques ou classiques qui pussent fonder des re-

(*) *Olai Magni Gothi, Archiepiscopi Upsaliensis, Historia de Gentibus septentrionalibus.*

gnes, des classes, des genres, ou des especes. L'examen des formes animales extérieures, de la structure interne, de la maniere de se nourrir, de croître, d'engendrer, de la faculté loco-motive, de la faculté de sentir, n'a point offert de caractere si essentiel aux individus que l'on reconnoît unanimément pour des animaux, qui ne fût appliquable à tous ceux que l'on appelle vulgairement végétaux & minéraux, selon le rang que chacun tient dans l'échelle universelle. Ou ces appanages de l'animalité se sont trouvés être des accidens qui résultoient d'une telle forme animale particuliere, ou ceux que l'on devoit regarder comme essentiels, appartenoient à tous les Etres selon la nature de chacun, & selon l'exigence de ses besoins. Pour établir le systême de l'animalité universelle, il falloit s'assurer qu'il n'y avoit point de matiere brute, inorganique, inactive. J'ai fait plus: j'ai démontré qu'il ne pouvoit y en avoir; que la matiere étoit essentiellement organique & animée. J'ai exposé ensuite le spectacle vivant de l'organisme universel; j'ai suivi les formes & les opérations, en un mot, l'économie de l'animalité dans ses nuances & ses dégradations: il ne m'a pas été difficile de la saisir dans les végétaux où elle est suffisamment marquée. En vain elle se cachoit dans les substances pierreuses & métalliques, dans les moindres particules des sels, dans les atômes de la terre, de l'eau, de l'air & du feu: je l'ai forcée à se montrer, lorsqu'elle sembloit réduite à ses moindres termes. Eparse dans les plus grosses masses de l'univers, étendue sur la surface du globe terrestre; elle étoit méconnoissable, parce qu'elle ne se montroit qu'en détail & par portions isolées: j'en ai recueilli & rassemblé les traits. Je l'ai retrouvée encore dans les vastes corps qui sont aux yeux du vulgaire des points lumineux attachés à la voute du ciel, & qui dans cet éloignement où ils sont de nous, ont plus l'air d'insectés luisans égarés dans l'immensité de l'espace.

J'ai vu toute la matiere organisée, vivifiée, animée. Mais peut-être il faudroit que les autres eussent mes yeux pour voir le même phénomene.

Fin du Livre huitieme & de la septieme & derniere Partie.

CONCLUSION

De tout l'Ouvrage.

DIEU & la Nature, la cause & son effet : voilà les grands objets dont j'ai osé m'occuper dans un âge qui est ordinairement livré à des amusemens frivoles. Sage avant le temps, je me suis fait de bonne-heure une heureuse nécessité de penser, de méditer, de philosopher. J'ai cherché la vérité ; si je me suis égaré à sa poursuite, j'ai desiré & desire encore d'être remis dans la bonne voie. C'est dans cette vue que j'ai exposé & soumis à l'examen des Savans mes pensées sur Dieu & la Nature, sur les attributs ou perfections de l'Etre incréé, & sur le système universel des Etres créés. Ce sont moins des assertions que des doutes. Je ne prétends point enseigner les autres : car je n'en ai ni acquis ni acheté le droit ; je cherche à m'instruire, disposé à regarder & à chérir comme mon bienfaiteur celui qui voudra bien prendre la peine de rectifier mes idées si elles en ont besoin.

AU TEMPS ET A LA VERITÉ.

Fin du quatrieme & dernier Tome.

TABLE

TABLE ANALYTIQUE DES CHAPITRES DU TOME QUATRIEME.

SEPTIEME PARTIE

TRAITÉ DE L'ANIMALITÉ.

LIVRE PREMIER

DE LA GRADATION NATURELLE DES ETRES, ET DES LOIX DE CETTE GRADATION.

Il est peu de naturalistes qui ne soient coupables de cette inconséquence. Ils conviennent tous en gros que la Nature ne fait point de sauts, que tout y est très-finement nuancé, sans interruptions & sans lacune. Puis ils lui font faire des sauts étranges; ils remplissent tout de vuides, de sorte qu'au lieu d'un système lié, ils ne nous donnent qu'un amas de petits systêmes partiels sans liaison entre eux.

Je dirai avec tous les égards dus à un aussi habile Naturaliste que Mr. de Buffon, qu'il me semble avoir donné dans l'inconséquence dont je viens de parler en disant dans un endroit de son ouvrage immortel, que la Nature descend par degrés & par nuances imperceptibles de l'animal qui nous paroit le plus parfait à celui qui l'est le moins, & de celui-ci au végétal; tandis qu'il prétend dans un autre endroit qu'il y a un animal d'une nature entiérement différente de celle des autres animaux, un animal qui forme une classe à part, infiniment éloignée de toutes les autres especes animales, en un mot que la Nature fait un très-grand saut en passant de l'homme au singe.

Mr. Bonnet Auteur du Livre intitulé; *Contemplation de la Nature*, s'y déclare partout pour un grand amateur de la loi de continuité, loi qui lui semble universelle; & dès le commencement de ce même Ouvrage il la contredit formellement par la division qu'il nous donne des Etres en quatre classes générales, savoir, 1. les Etres bruts ou in-organisés; 2. les Etres organisés & in-animés; 3. les Etres organisés, animés & irraisonnables; 4. les Etres organisés, animés & raisonnables. Mais quelle continuité, quelle liaison peut-il y avoir entre l'organisé & l'in-organisé, entre l'animé & l'in-animé, entre le raisonnable & l'irraisonnable?

Cette loi consiste en ce que deux Etres voisins dans l'échelle universelle se touchent d'aussi près qu'il est possible, d'aussi près que le passage de l'un à l'autre ne puisse admettre ni Etre intermédiaire ni aucun vuide. Cette loi met une telle liaison entre les Etres que chacun est le produit immédiat, précis, & nécessaire de celui qui le précede.

„ Les hommes, disoit Leibnitz, tiennent aux animaux, ceux-„ ci aux plantes, & celles-ci derechef aux fossiles qui se „ lieront à leur tour aux corps que les sens & l'imagination „ nous représentent comme parfaitement morts & informes. „ Or puisque la loi de continuité exige que, quand les dé-„ terminations essentielles d'un Etre se rapprochent graduel-„ lement de celles du dernier, il est nécessaire que tous les „ ordres des Etres naturels ne forment qu'une chaîne, dans „ laquelle les différentes classes, comme autant d'anneaux, „ tiennent si étroitement les unes aux autres, qu'il est im-„ possible aux sens & à l'imagination de fixer précisément „ le point où quelqu'une commence ou finit: toutes les „ especes qui bordent ou qui occupent, pour-ainsi-dire, les „ régions d'inflexion & de rebroussement devant être équi-„ voques & douées de caracteres qui peuvent se rapporter

„ aux eſpeces voiſines également. . . .” Telle étoit la force du principe de continuité ſur ce Savant.

CHAPITRE VI. *Ce qu'il faut penſer de la conjecture de Mr. de Maupertuis ſur les interruptions apparentes dans l'échelle des Etres naturels.* . . . . . page 9

Il s'agit ici d'un paſſage de Mr. de Maupertuis qui croyant appercevoir des interruptions dans l'échelle des Etres naturels, en attribuoit la cauſe à une cometé qu'il ſuppoſoit avoir détruit quelques eſpeces animales de notre terre. La conjecture de ce phyſicien, toute fauſſe qu'elle eſt, ne laiſſe pas de faire voir combien il avoit médité le principe de continuité, combien il étoit perſuadé de la gradation que la Nature a miſe entre toutes ſes productions, puiſqu'il aime mieux recourir à un moyen auſſi étrange pour rompre la continuité de l'échelle, que de la ſuppoſer primitivement & originairement interrompue.

CHAPITRE VII. *Des eſpeces, des genres, des claſſes & des regnes* 12

On continue à développer le myſtere de la liaiſon étroite des Etres, & on recherche en même temps ce qui a pu faire admettre des eſpeces, des genres, des claſſes & des regnes, quoiqu'il n'exiſte rien de pareil dans la Nature. On en aſſigne pluſieurs cauſes, mais ſurtout la foibleſſe de l'homme qui ne lui permet pas d'appercevoir ſéparément & une à une les nuances délicates qui différencient les individus, & lui a fait prendre une ſomme plus grande de ces différences ſingulieres & individuelles pour une différence ſpécifique.

OBJECTION. *Ne doit-on pas regarder comme formant la même eſpece, les animaux qui au moyen de la copulation produiſent leurs ſemblables, perpétuent & conſervent la ſimilitude d'un certain nombre de formes; & ne doit-on pas regarder comme appartenant à des eſpeces différentes les animaux entre qui la copulation eſt tout-à fait ſtérile, ou au-moins ne donne que des monſtres incapables eux-mêmes de rien produire en ſe joignant à quelque Etre que ce ſoit.* 15

RÉPONSE A CETTE OBJECTION. 16

CHAPITRE VIII. *De l'unité & des variétés du ſyſtême naturel de l'Etre.* . . 17

De l'Etre prototype de tous les Etres.

Il n'y a qu'un seul acte dans la Nature, dans lequel rentrent tous les événemens : un seul phénomene dont tous les phénomenes sont des parties liées : un seul Etre prototype de tous les Etres. Il n'y avoit qu'un système naturel possible, tel que devoit être l'effet émané de la cause, renfermant tous les possibles. C'est ce que l'on développe dans ce Chapitre.

La loi de continuité commence par ranger tous les Etres naturels dans une seule & même classe sans distinction de regnes, en nous faisant conclure que les animaux, les plantes & les minéraux, sont tous des modifications de la matiere organisée, qu'ils participent tous à une même essence, sans avoir d'autre distinctif entre eux que la mesure selon laquelle ils ont part aux propriétés de cette essence. C'est le premier corollaire à tirer du principe de continuité & d'uniformité.

La liaison de l'animal au végétal suppose que celui-ci partage l'animalité du premier, autant que l'exige le rang qu'il occupe dans l'échelle naturelle, la liaison du végétal au minéral suppose de même que le degré d'animalité propre du végétal se transmet au minéral dans une mesure convenable, puisque dans une continuité in-interrompue d'Etres naturels qui se tiennent d'aussi près qu'il est possible, toutes les qualités essentielles du premier doivent se nuancer graduellement jusqu'au dernier, sans finir tout-à-fait à aucun terme intermédiaire de la suite ; le point où une seule d'elles finiroit, seroit un point de séparation qui romproit la continuité.

LIVRE SECOND.

DE L'ANIMALITÉ EN GÉNÉRAL : DE SON CARACTERE DISTINCTIF ET DE SES VARIATIONS.

On fait voir comment on a pris jusques-ici pour le caractere essentiel de l'animalité ce qui n'en est qu'une variation, en se formant une idée générale de l'animal d'après des idées particulieres prises de quelques individus. La recherche du

caractere diftinctif de l'animalité nous mene à une impoffibilité manifefte d'exclure raifonnablement aucun Etre naturel
de la claffe des animaux.

CHAPITRE II. *Des formes animales extérieu-*
res. page 27

Il n'y a point de forme particuliere affeßée fpécia-
lement à l'animal.

Il n'y a point de forme particuliere exclue de l'animalité.

La variété des formes animales prouve affez que l'animalité
n'eft point affervie à telle ou telle figure.

CHAPITRE III. *Suite du Chapitre précédent.* 29

Des métamorphofes des Infectes.

Non-feulement la Nature peut animalifer la matiere fous telle
forme qu'il lui plaît, fans exception quelconque ; mais elle
peut encore faire paffer un même individu par plufieurs formes fucceffives qui paroiffent très éloignées les unes des autres, & dont pourtant la feconde eft engendrée par la premiere, comme elle engendre la troifieme. C'eft le
phénomene que nous offre la métamorphofe des infectes.

CHAPITRE IV. *Seconde fuite.* . 31

Métamorphofe des Poiffons en Grenouilles.

Des Grenouilles d'Europe.

Cette nouvelle métamorphofe prouve d'une maniere bien fenfible combien la Nature fe joue des formes. On voit un petit
poiffon , efpece de têtard , pouffer fucceffivement des
pattes, perdre fa queue & changer fa forme de poiffon en
celle d'une grenouille.

CHAPITRE V. *Troifieme fuite.* . . . 33

Grenouilles d'Amboine.

La métamorphofe des grenouilles d'Afie fe fait de la même
maniere que celle des grenouilles d'Europe ; mais comme
les grenouilles d'Afie font plus groffes, les progrès du changement font plus fenfibles.

CHAPITRE VI. *Quatrieme fuite.* . 34

Métamorphofe des Grenouilles en Poiffons.

Grenouilles d'Amérique.

Toutes les grenouilles, tant celles d'Europe que celles d'Amérique , font poiffons ou têtards avant que d'être grenouilles ;

mais les grenouilles d'Amérique se rechangent derechef en poissons qui portent le nom de *Jakjes* à Surinam. Cette double métamorphose offre un vaste champ aux réflexions du naturaliste, & prouve de plus en plus combien l'animalité est indépendante des formes.

Les Zoophytes ou animaux-plantes, ou plantes animales, sont de vrais animaux, mais dont la forme extérieure approche plus du végétal que de l'animal.

Plume-de-mer rouge.

Plume-de-mer à figure de doigt.

Rein-de-mer applatti.

Ces trois especes de Zoophytes sont des plus belles & des plus singulieres. La Plume-de-mer rouge ressemble assez bien par sa figure extérieure, à une plume d'oiseau : sa partie inférieure est nue, ronde, blanche & allongée à-peu-près comme un tuyau de plume à écrire : l'autre partie est plumacée, a une couleur rouge, & diminue de grosseur jusqu'au bout où elle finit en pointe. Le long du dos, depuis le tuyau jusqu'à l'extrémité supérieure de la tige, il y a une rainure comme dans une plume.

La Plume-de-mer à figure de doigt est une sorte de cylindre à-peu-près de la grosseur d'un doigt, terminé à sa partie inférieure en une pointe obtuse & tant soit peu recourbée. La partie supérieure est garnie jusques vers les deux tiers ou un peu moins de sa longueur, de cellules ou fourreaux circulaires d'où sortent des suçoirs ou bras de polype, armés chacun de huit griffes que l'animal peut étendre ou fermer à volonté.

Le Rein-de-mer applatti est un Zoophyte qui a la forme d'un rein comprimé : il est d'une belle couleur pourpre. La plus grande largeur de la partie qui représente un rein est d'un pouce, & sa moindre largeur d'un demi pouce. Du milieu de la base de ce corps s'allonge une petite queue rouge, arrondie dans son contour, & d'environ un pouce de longueur : elle est annulaire comme les vers de terre. Le long du milieu, il y a une rainure étroite qui regne des deux côtés, d'un bout à l'autre : elle finit en pointe, avec un petit étranglement environ une ligne avant l'extrémité ; mais il n'y a point de trou à cette extrémité, *&c.*...

On peut juger par ces échantillons combien certains animaux s'éloignent des formes animales les plus ordinaires.

CHAPITRE XI. *Neuvieme suite.* . page 42

Insecte de mer remarquable.

Cet insecte marin a peut-être encore moins l'air d'un animal que les zoophytes précédens.

CHAPITRE XII. *Dixieme suite.* . . 44

Description d'un nouveau Zoophite encore plus extraordinaire que les précédens, nommé par les Naturalistes Anglois qui l'ont examiné, Priapus pedunculo filiformi, corpore ovato.

Extrait d'une Lettre du Dr. Nasmyth au Dr. A-Russel, contenant la Relation de la maniere dont ce Zoophyte a été pris.

Rapport de Mrs. Solander, Collinson, Ellis & Russel, contenant l'examen & la description de cet animal attaché à un morceau de rocher par plusieurs racines, à la maniere des plantes.

CHAPITRE XIII. *Onzieme suite.* . 47

Holothurie, ou Verge marine, nommée Epipetrum.

CHAPITRE XIV. *Douzieme suite.* . . ibid.

Champignon marin dont le chapiteau est large & ovale.

Voilà encore deux animaux qui n'en ont guere l'air aux yeux de ceux qui jugent de l'animalité sur le modele de quelques individus particuliers.

CHAPITRE XV. *Treizieme suite. Des Polypes.* 48

Un savant Naturaliste a dit que la figure de quelque animal que ce fût étoit assez différente de la forme extérieure d'une plante, pour qu'il fût difficile de s'y tromper. On oppose à cette assertion les figures des zoophytes décrits ci-dessus dont l'animalité est constatée & qui ressemblent pourtant plus extérieurement à des plantes qu'à des animaux. Mais surtout les petits polypes marins ont été pris pour des fleurs par Mr. de Marsigli, uniquement à-cause de leur apparence extérieure. Mr. Trembley a lui-même douté quelque temps de la nature des polypes d'eau douce. Tout cela prouve que la différence des formes entre les substances dites végé-

tales & les substances animales n'est point générale ni assez sensible pour qu'il soit difficile de s'y tromper.

CHAPITRE XVI. *Des formes animales intérieures, ou de la structure organique des animaux.* . . . . . page 51

Il n'y a point d'organisation particuliere affectée spécialement à l'animal.

Il n'y a point d'organisation particuliere exclue de l'animalité.

Après l'examen des formes extérieures animales, on passe à celui des formes intérieures, ou de la structure organique. Le polype est un animal dont la structure organique ne ressemble en rien à celle des autres animaux; il peut de même y avoir un autre animal dont la structure ne ressemble en rien ni à celle du polype ni à celle des autres individus animés reconnus pour tels; cette diversité de machines animales tout-à-fait différentes les unes des autres peut être portée jusqu'à une progression à laquelle il ne nous est pas permis d'assigner de bornes. Donc il n'y a point de structure organique que nous puissions regarder comme particuliérement affectée à l'animal, à l'exclusion d'aucune autre. Donc l'animalité est également indépendante & de la forme extérieure & de la structure interne. Donc on ne doit pas chercher, ni dans l'une ni dans l'autre le caractere distinctif de l'animalité.

CHAPITRE XVII. *De la Nutrition.* . 57

La Nutrition des animaux se fait de tant de manieres, avec tant & si peu d'organes, avec des organes si dissemblables, qu'elle n'offre rien d'assez constant ni d'assez uniforme pour en tirer un caractere distinctif. L'effet est toujours le même malgré la diversité des moyens. Cet effet est l'incorporation des matieres alimentaires à la substance de l'animal, d'où son accroissement & son développement. Cette incorporation seule lui est essentielle; mais la maniere dont elle se fait est absolument indifférente. Donc

Il n'y a point de maniere de se nourrir qui soit spécialement affectée à l'animal.

Il n'y a point aussi de maniere de se nourrir qui ne lui convienne.

CHAPITRE XVIII. *De l'Accroissement.* 61

Tous les Etres passent de l'état de germe à l'état de développement & de perfection. Tous les Etres croissent, c'est-à-dire s'étendent & se développent; tous les Etres croissent

de la même maniere, savoir, en s'incorporant la matiere de leur nourriture. Ainsi nulle différence entre eux à cet égard.

CHAPITRE XIX. *De la Génération.* page 62

Différence dans la génération des animaux, dans leur fécondité, dans leurs amours. Conclusion :

Il n'y a point de maniere de multiplier qui soit particuliérement affectée à l'animal.

Il n'y a point de maniere de multiplier qui ne puisse convenir à l'animal.

On ne trouvera donc point dans la maniere d'engendrer un caractere qui fasse d'une certaine collection d'Etres, une classe à part & essentiellement différente de toutes les autres classes d'Etres naturels.

CHAPITRE XX. *De la faculté de se mouvoir.* 72

La faculté de se mouvoir est un secours accidentel donné aux Etres pour satisfaire leurs besoins, surtout le besoin de se nourrir, & que par conséquent ils ont reçue selon la mesure & l'exigence de leurs besoins. Ceux à qui elle n'étoit pas nécessaire ont du en être privés.

L'état de repos ou la négation du mouvement n'exclut pas plus l'animalité, que l'état de mouvement ou la négation du repos. Il en est de même de la faculté. S'il est une sorte de mouvement essentiel à l'animal, c'est un mouvement interne, un mouvement de végétation, un mouvement vital, & ce mouvement est dans tous les Etres.

CHAPITRE XXI. *Des sens, du sentiment & de la faculté de sentir.* . . . 74

Sentir, c'est recevoir une impression, un choc, une résistance. Comme il n'y a point d'Etre dans la Nature sur lequel d'autres Etres n'agissent, il paroît que tous les Etres sentent à leur maniere, ou reçoivent des impressions produites dans eux par l'action d'autres Etres. Le sentiment réduit à son plus petit terme n'est que cette impression; & la faculté de sentir, l'aptitude à recevoir cette impression. Toutes les autres idées que l'on fait entrer dans la notion du sentiment en sont des accessoirs qui indiquent des degrés du sentiment, plus ou moins raffiné, plus ou moins exalté, mais qui n'en constituent pas l'essence. Ces degrés peuvent servir a différencier les individus, mais ils ne suffisent pas pour établir des especes, des genres & des regnes. Il n'y a point d'Etres absolument insensibles.

CHAPITRE XXII. *Conclusion de ce Livre.* 76

Se nourrir, croître & engendrer, sont les seules propriétés

qui caractérisent l'animal; & avec les yeux de la philosophie il est aisé de les voir dans tous les Etres: donc tous les Etres participent à l'animalité.

LIVRE TROISIEME.

DE L'ORGANISME UNIVERSEL

QUESTION I. *Qu'est-ce qu'un organe?*

REPONSE. *Un organe est un trou allongé, un cylindre creux, naturellement actif: l'organisation la plus compliquée se réduit à cette idée simple. Le corps humain, le chef-d'œuvre de l'organisation, n'est qu'un systéme de tubes pliés, arrangés, entrelacés, doués d'une force intrinseque qui résulte de leur structure.*

QUESTION II. *De quoi un organe est-il composé? Quels en sont les élémens?*

REPONSE. *Un organe est composé d'autres organes plus petits: ceux-ci d'autres organes encore plus petits; & cela dans une progression convenable à la richesse de la Nature.*

Il y a surement de la matiere organique dans la Nature: donc il n'y a point de matiere brute; donc il ne peut pas y en avoir. Ce raisonnement est très concluant parce que le plan de la Nature est un & continu, & que s'il y avoit de la matiere organique & de la matiere inorganique, il n'y auroit ni unité ni continuité. Plusieurs autres considérations prouvent encore l'impossibilité d'une matiere brute; tandis que d'un autre côté on ne peut assigner aucune portion de matiere que l'on puisse dire réellement brute & inorganique. On montre encore qu'une telle matiere seroit une contradiction, & mettroit le desordre dans tout le systême naturel.

Exposition du systéme qui admet de la matiere brute dans l'univers.

On copie l'exposition de ce systême tel que le conçoit & le développe un de ses plus habiles défenseurs. Mr. Bonnet dans sa *Contemplation de la Nature*, oppose sans cesse les minéraux qui sont, selon lui, des Etres bruts & absolument inorganiques, aux animaux & aux végétaux qui forment le regne des organiques. Il envisage les uns & les autres sous toutes les faces, par rapport à la formation, à l'accroissement, à la structure, & il ne trouve rien dans les minéraux qui les fasse rentrer dans la classe des Etres organiques: au contraire tout ce qu'il y apperçoit est à ses yeux une raison de les en exclure. L'organisation & l'inorganisation deviennent donc, selon lui, des modifications de la matiere: non-seulement des modifications possibles, mais actuellement existantes dans l'univers. Ses preuves méritent un examen détaillé. On se fait un plaisir de contempler la Nature sous les yeux & dans les vues de cet habile Physicien.

CHAPITRE IV. *Examen du systéme exposé dans la Chapitre précédent.* . . page 93

Il résulte de cet examen que tout ce qu'on allegue pour prouver que les fossiles sont des Etres bruts, in-organiques, sans vie, sans propriété & sans activité, ou ne prouve rien, ou prouve le contraire. Tout ce qu'on dit des substances organisées se trouve appliquable d'une maniere ou d'autre aux différens minéraux. On fait voir qu'il n'est pas possible d'assigner où l'organisation finit; que la Nature organise encore lorsqu'elle semble ne plus organiser. On anatomise plusieurs minéraux, & l'on y montre l'appareil organique. On discute le sentiment de Mr. Bourguet sur l'organisation des crystaux, & l'on montre qu'il s'en étoit convaincu par l'étude qu'il avoit faite de leur origine & de leur formation, & par la grande connoissance qu'il en avoit. En un mot, on indique partout la foiblesse des raisons alléguées pour prouver l'existence d'une matiere brute dont les particules rassemblées par le hazard, sont supposées très-gratuitement former des corps bruts & sans organisation quelconque.

CHAPITRE V. *De la différence qu'il y a entre les productions de la Nature & les Ouvrages de l'Art. Parallele de la méchanique artificielle & du méchanisme organique,* . 111

L'art assemble & la Nature organise: voilà ce qui distingue les Ouvrages de l'Art des productions de la Nature. Les uns sont formés par la réunion de plusieurs matériaux que l'art taille & assemble: l'art n'exécute aucun ouvrage que par parties. Les produits de la Nature sont entiers, & aussi en

tiers en petit qu'en grand : ce sont des touts organiques dont les parties ne se forment point les unes après les autres ; mais assemblées dès le commencement dans le germe, elles se développent toutes ensemble par l'effet de leur organisme intérieur. Un autre effet de cet organisme c'est que les machines naturelles peuvent en produire d'autres qui leur ressemblent ; mais les machines artificielles sont absolument inféconde.

CHAPITRE VI. *La matiere est essentiellement organique.* . . . . . page 113

Toute la matiere n'est que semence, graine ou germes.

L'organisation est une qualité essentielle à la matiere, & elle est la base des facultés communes à tous les Etres, savoir celles de se nourrir, de croître & d'engendrer. Toute la matiere est germe & peut se résoudre en germes. Un germe est lui-même composé d'autres germes, & cela dans une progression descendante inépuisable; de sorte qu'un germe développé, un corps parfait se résout en d'autres germes, lorsque nous disons qu'il meurt, qu'il se corrompt & tombe en pourriture. Tous les germes ne seront jamais développés, parce que la somme en est inépuisable.

CHAPITRE VII. COROLLAIRE. *La matiere est essentiellement animale.* . . 115

La matiere est essentiellement organique, essentiellement douée de la faculté de se nourrir, de croître & d'engendrer : or cette triple faculté est le caractere distinctif de l'animalité : donc toute la matiere est animale.

LIVRE QUATRIEME.

ESSAI DE REPONSES A QUELQUES QUESTIONS CONCERNANT LA DIVISION DE LA MATIERE EN MATIERE MORTE ET EN MATIERE VIVANTE.

CHAPITRE I. *Questions.* 117

Ces questions au nombre de quinze regardent la succession naturelle des Etres & leur enchaînement : la distinction des especes : la division de la matiere en matiere morte & en matiere vivante : la différence entre ces deux sortes de matieres : ce qui constitue cette différence : le changement prétendu de la matiere morte en matiere vivante, la mort de celle-ci & son retour à la vie : l'explication des phénomenes dans ce systême : la combinaison de ces deux sortes de

matieres & le résultat de cette combinaison : le principe des formes : les moules, leur essence & leur origine, &c.

CHAPITRE II. *Réponse à la premiere Question. De la succession naturelle des Etres.* page 122

QUESTION. „ *Si les phénomenes ne sont pas „ enchaînés les uns aux autres, il n'y a point „ de philosophie. Les phénomenes seroient tous „ enchaînés, que l'état de chacun d'eux pour„ roit être sans permanence. Mais si l'état des „ Etres est dans une vicissitude perpétuelle ; si „ la Nature est encore à l'ouvrage, malgré la „ chaîne qui lie les phénomenes, il n'y a point „ de philosophie. Toute notre science naturel„ le est aussi transitoire que les mots. Ce que „ nous prenons pour l'histoire de la Nature „ n'est que l'histoire très incomplette d'un in„ stant. Je demande donc si les métaux ont „ toujours été & seront toujours tels qu'ils sont ; „ si les plantes ont toujours été & seront tou„ jours telles qu'elles sont ; si les animaux ont „ toujours été & seront toujours tels qu'ils sont, „ &c.? Après avoir médité profondément sur „ certains phénomenes, un doute qu'on vous „ pardonneroit, ô Sceptiques, ce n'est pas que „ le monde ait été créé, mais qu'il soit tel qu'il „ a été & qu'il sera.*"

REPONSE. Jamais la Nature n'a été & ne sera précisément telle qu'elle est à l'instant présent : jamais les minéraux n'ont été & ne seront tels qu'ils sont : jamais les plantes n'ont été & ne seront telles qu'elles sont : jamais les animaux n'ont été & ne seront tels qu'ils sont. La Nature est toujours en travail, toujours à l'ouvrage en ce sens qu'il s'y fait sans cesse des développemens, des générations : il ne s'en suit pas qu'il n'y ait point de philosophie. La Nature est dans une vicissitude perpétuelle ; on peut observer ses changemens & les connoître, cette connoissance est la Science naturelle. La Nature sans cesse à l'ouvrage, opere sans cesse : on peut étudier ses opérations, en suivre la marche & l'enchaînement, les contempler & les connoître ; & cette connoissance est la science naturelle.

CHAPITRE III. *Réponse à la seconde question. Des prétendues especes* . . . 125

QUESTION. „ *De même que dans les regnes „ animal & végétal, un individu commence, „ pour ainsi dire, s'accroît, dure, dépérit & „ passe; n'en seroit-il pas de même des especes „ entieres? Si la foi ne nous apprenoit que „ les animaux sont sortis des mains du Créateur „ tels que nous les voyons, & s'il étoit permis „ d'avoir la moindre incertitude sur leur com„ mencement & sur leur fin, le philosophe a„ bandonné à ses conjectures ne pourroit-il pas „ soupçonner que l'animalité avoit de toute éter„ nité ses élémens particuliers épars & confon„ dus dans la masse de la matiere; qu'il est ar„ rivé à ces élémens de se réunir, parce qu'il „ étoit possible que cela se fît; que l'embryon „ formé de ces élémens a passé par une infinité „ d'organisations & de développemens; qu'il „ a eu par succession, du mouvement, des idées, „ de la réflexion, de la conscience, des senti„ mens, des passions, des signes, des gestes, „ des sons, des sons articulés, une langue, des „ loix, des sciences & des arts; qu'il s'est écoulé „ des millions d'années entre chacun de ces dé„ veloppemens; qu'il a peut-être encore d'autres „ développemens à subir, & d'autres accrois„ semens à prendre, qu'il a eu ou qu'il aura un „ état stationnaire; qu'il s'éloignera de cet état „ par un dépérissement éternel pendant lequel ses „ facultés sortirent de lui comme elles y étoient „ entrées; qu'il disparoîtra pour jamais de la „ Nature; ou plutôt qu'il continuera d'y exister, „ mais sous une forme & avec des facultés tout „ autres que celles qu'on lui remarque dans cet „ instant de la durée? La Religion nous épar„ gne bien des écarts & bien des travaux. Si „ elle ne nous eût point éclairés sur l'origine du „ monde & sur le systême universel des Etres, „ combien d'hypotheses différentes que nous au„ rions été tentés de prendre pour le secret de*

„ *la Nature? Ces hypotheses étant toutes également fausses nous auroient paru toutes à-peu-près également vraisemblables. La question,* Pourquoi il existe quelque chose, *est la plus embarrassante que la Philosophie pût se proposer, & il n'y a que la Révélation qui y réponde.*"

REPONSE. Comme il n'y a que des individus & point d'especes, il est assez inutile de demander si les especes entieres commencent, s'accroissent, durent, dépérissent & passent comme les individus.

De la fécondation des germes, de leur accroissement, développement, & dissolution. Nouvelle réfutation de la distinction des especes. La matiere essentiellement animale, originairement divisée en germes. Ordre des développemens. Facultés attachées aux formes, *&c.*

CHAPITRE IV. *Réponse à la troisieme Question. Toute la matiere est vivante. De la vie des germes.* . . . page 129

QUESTION. „ *Si l'on jette les yeux sur les animaux & sur la terre brute qu'ils foulent aux pieds; sur les molécules organiques & sur le fluide dans lequel elles se meuvent; sur les insectes microscopiques & sur la matiere qui les produit & qui les environne; il est évident que la matiere en général est divisée en matiere morte & en matiere vivante. Mais, comment se peut-il faire que la matiere ne soit pas une, ou toute morte, ou toute vivante? La matiere vivante est-elle toujours vivante? Et la matiere morte est-elle toujours & réellement morte? La matiere vivante ne meurt-elle point? La matiere morte ne commence-t-elle point à vivre?*

REPONSE. Il n'y a point de matiere morte, c'est-à-dire de matiere brute, inorganique, inactive. J'en ai prouvé l'impossibilité. Toute la matiere est ou un germe développé ou un germe non-développé : dans le premier cas elle vit de la vie de développement, dans le second cas elle ne jouit que de la vie de germe : car les germes ont une vie réelle qui est le commencement ou le premier période

de la vie des Etres développés. La matiere vivante est toujous vivante de l'une ou l'autre vie. La vie lui est essentielle. Quand on dit qu'un individu meurt, cela signifie seulement qu'un germe développé se dissout en d'autres germes vivans, de sorte qu'après sa dissolution les parties de matiere qui le composoient restent toujours vivantes.

CHAPITRE V. *Réponse à la quatrieme Question. De la différence qu'il y a entre la matiere vivante, & la matiere prétendue morte.* page 131

QUESTION. „ *Y a-t-il quelqu'autre différen-„ ce assignable entre la matiere morte & la ma-„ tiere vivante, que l'organisation, & que „ la spontanéité réelle ou apparente du mouve-„ ment?*"

REPONSE. La différence qu'il y a entre la matiere morte & la matiere vivante, c'est que la matiere morte est une pure imagination, une chimere, une impossibilité, au lieu que la matiere vivante est une réalité qui existe & qui a toujours existé.

CHAPITRE VI. *Réponse à la cinquieme Question. Toute la matiere a la faculté de se mouvoir elle-même.* . . . 132

QUESTION. „ *Ce qu'on appelle matiere vivan-„ te ne seroit-elle pas seulement une matiere qui „ se meut par elle même? Et ce qu'on appelle „ une matiere morte ne seroit ce pas une matiere „ mobile par une autre matiere?*"

REPONSE. Toute la matiere entant qu'organique & vivante a la faculté de se mouvoir elle-même. la spontanéité de mouvement lui est inhérente: elle fait partie de son activité organique naturelle.

CHAPITRE VII. *Réponse à la sixieme Question. La matiere ne perd jamais la faculté de se mouvoir.* 133

QUESTION. „ *Si la matiere vivante est une „ matiere qui se meut par elle-même, comment „ peut-elle cesser de se mouvoir sans mourir?*"

REPONSE. Non-seulement la faculté de se mouvoir est essentielle à la matiere, mais la matiere est dans un mouve-

ment perpétuel, toujours en action, & jamais dans un repos parfait. Son activité s'exerce toujours d'une façon ou d'une autre. Que ce mouvement soit sensible ou insensible, local ou non-local, peu importe, il est toujours réel.

CHAPITRE VIII. *Réponse à la septieme Question. Une matiere vivante suffit pour la production de toutes les formes & de tous les phénomenes du monde matériel, & une matiere morte en dérangeroit l'économie.* . page 134

QUESTION. „ *S'il y a une matiere morte & „ une matiere vivante par elle-même, ces deux „ principes suffisent-ils pour la production générale de toutes les formes & de tous les phénomenes?"*

REPONSE. Tous les phénomenes s'expliquent par un seul principe, la matiere organique, active & vivante par elle-même. Cette matiere peut prendre toutes les formes, & fournir à tous les développemens.

CHAPITRE IX. *Réponse à la huitieme Question. Fausse supposition. Composé bisarre d'individus incompatibles.* . . . 135

QUESTION. „ *En géométrie, une quantité réelle jointe à une quantité imaginaire donne un „ tout imaginaire: dans la Nature, si une molécule de matiere vivante s'applique à une molécule de matiere morte, le tout sera-t-il „ vivant, ou sera-t-il mort?"*

REPONSE. La Question est inutile: il n'y a point de molécule de matiere morte. Et comment la matiere morte pourroit-elle s'appliquer & s'adapter à la matiere vivante qui l'exclut & qui n'a aucune sorte d'analogie avec elle.

CHAPITRE X. *Réponse à la neuvieme Question. Demande superflue.* . . . 135

QUESITON. „ *Si l'aggrégat peut être ou vivant ou mort, quand & pourquoi sera-t-il „ vivant, quand & pourquoi sera-t-il mort?"*

REPONSE. Mais si l'aggrégat répugne, il est superflu de demander quand & pourquoi il sera ce qu'il ne peut pas être.

QUESTION. „ *Mort ou vivant, il existe sous „ une forme. Sous quelque forme qu'il existe, „ quel en est le principe?*"

REPONSE. Il n'y a point d'autre principe des formes que les germes où elles sont dessinées en petit: car la forme du corps parfait est esquissée dans son germe, comme le corps même y est ébauché.

QUESTION. „ *Les moules sont-ils principes „ des formes? Qu'est-ce qu'un moule? Est-ce „ un Etre réel & préexistant? Ou n'est-ce que „ les limites intelligibles de l'énergie d'une mo- „ lécule vivante unie à la matiere morte ou vi- „ vante; limites déterminées par le rapport de „ l'énergie en tout sens, aux résistances en tout „ sens? Si c'est un Etre réel & préexistant, „ comment s'est-il formé?*"

REPONSE. Il n'y a point d'autres moules que les germes qui ne se sont pas formés, mais qui sont la production immédiate du Créateur.

QUESTION. „ *L'énergie d'une molécule vivante „ varie-t-elle par elle-même, ou ne varie-t-elle „ que selon la quantité, la qualité, les formes „ de la matiere morte ou vivante à laquelle elle „ s'unit?*"

REPONSE. L'énergie ou la force évolutive d'un germe agit par elle-même selon une certaine mesure & dans des bornes réglées par sa propre nature. Il n'est pas douteux aussi que son action ne soit modifiée jusqu'à un certain point par la qualité & la quantité des molécules qu'elle lui approprie.

QUESTION. „ *Y a-t-il des matieres vivantes „ spécifiquement différentes des matieres vivan- „ tes? ou toute matiere vivante est-elle essen- „ tiellement une & propre à tout? j'en deman- „ de autant des matieres mortes."*

REPONSE. La Nature est trop riche pour se répéter. Il n'y a pas deux particules de matiere semblable, à quelque division que ce soit. Toute matiere vivante n'est pas essentiellement propre à tout. Aucune matiere vivante n'est essentiellement propre à tout.

CHAPITRE XV. *Réponse à la quatorzieme Question. De la combinaison de la matiere vivante avec la matiere vivante.* page 140

QUESTION „ *La matiere vivante se combine- „ t-elle avec la matiere vivante? Comment se „ fait cette combinaison? Quel en est le résul- „ tat. J'en demande autant de la matiere „ morte.*

REPONSE. Comment il n'y a point d'autre matiere que de la matiere vivante, elle ne peut se combiner qu'avec de la matiere vivante. Cette combinaison est l'appropriation de la matiere vivante alimentaire à la matiere vivante qui s'en nourrit. Le résultat de cette combinaison est l'accroissement de la machine dominante.

CHAPITRE XVI. *Réponse à la quinzieme & derniere question. Si la matiere passe successivement par un état de vie & de mort?* 141

QUESTION. „ *Si l'on pouvoit supposer toute la „ matiere vivante, ou toute la matiere morte, „ y auroit-il autre chose que de la matiere „ morte, ou de la matiere vivante? Ou les „ molécules vivantes ne pourroient-elles pas re- „ prendre la vie après l'avoir perdue pour la „ reperdre encore, & ainsi de suite à l'in- „ fini?"*

REPONSE. Toute la matiere étant essentiellement organique & vivante, elle ne peut perdre son organisme & sa vie. Ainsi le passage de la matiere de l'état de vie à l'état de mort, & son retour de l'état de mort à l'état de vie ne peuvent pas avoir lieu dans le systême présent de l'univers.

LIVRE CINQUIEME.

DE L'ANIMALITÉ DES PLANTES.

ferment d'autres. Relation particuliere d'un citron pareil. Poire qui en enfante une autre. Réflexions particulieres sur ce dernier fait, dans lesquelles on en donne l'explication. Pomme d'où sort un bouton, & du bouton sortent deux petites feuilles & cinq fleurons auprès des feuilles, garnis chacune de leurs étamines & pistils. Rose monstrueuse, du centre de laquelle s'élevoit une branche de rosier, telle que les nouvelles pousses ou bourgeons des rosiers, autre production sensible d'une fécondité prématurée. Relation d'une autre rose monstrueuse. Monstre végétal encore plus singulier. Trois roses qui s'élevent graduellement l'une sur l'autre & l'une de l'autre le long de la même tige.

CHAPITRE V. *Conjectures sur le sentiment & la connoissance des Plantes.* . . . page 159

On commence par faire voir que, quand même les plantes ne nous donneroient aucun signe de sentiment & de connoissance, nous ne serions pas en droit de nier qu'elles en eussent. On examine ensuite si elles laissent échapper quelques indices de sensibilité & d'intelligence. La sensitive. Fleur de l'isle de Ceylon, nommée par les insulaires Sindrik-mal. Plantes dont les feuilles font certains mouvemens à l'aspect du soleil. L'Acacia qui replie ses feuilles en-dessus à la chaleur du soleil, & en-dessous à la fraicheur de la nuit. Efforts des plantes pour reprendre leur situation naturelle lorsqu'on la force en leur donnant des directions opposées. Leur instinct à choisir dans la rencontre de deux veines de terre, celle qui leur convient le plus. Industrie des plantes renfermées dans des serres ou des caves, à se tourner & se diriger vers les fenêtres & les soupiraux, comme pour y aller chercher l'air dont elles ont besoin. Tous ces faits & plusieurs autres interprétés en faveur du sentiment & de la connoissance des plantes. Nouvelles vues sur la génération des plantes & la dose de volupté dont cet acte est accompagné chez elles. La question décidée par l'analyse du sentiment & de ce qui le constitue. De la connoissance en particulier. Si une existence dénuée absolument de tout sentiment & de toute connoissance, est possible? Le sentiment des plantes est très-foible, & leur intelligence très-confuse & très-obtuse. L'un & l'autre sont tels qu'ils conviennent à la nature de ces Etres.

CHAPITRE VI. *De la Mouche végétale.* 171

Extrait de l'Apparat pour l'histoire naturelle d'Espagne, Tome I. par le P. Torrubia, contenant une Relation de la Mouche végétale.

Relation de l'insecte appellé Mouche Végétale, par Mr. William Watson, Dr. en Médecine,

LIVRE SIXIEME.

DE L'ANIMALITÉ DES MÉTAUX, DES PIERRES ET DE TOUTES SORTES DE SUBSTANCES FOSSILES.

En recherchant le caractere distinctif de l'animalité, nous avons trouvé qu'elle étoit absolument indépendante des formes; qu'elle n'étoit attachée ni à tels organes, ni à leurs analogues, ni à telle économie particuliere, ni à telles propriétés, toutes ces choses ne formant que des différences individuelles. Nous nous sommes convaincus surtout qu'il pouvoit y avoir, qu'il y avoit en effet, plusieurs degrés d'animalité au-delà de la portée de nos sens. Mais il est essentiel à tous les animaux de se nourrir, de croître & d'engendrer; & nous avons réconnu que les pierres, les métaux & toutes sortes de fossiles étoient des corps organiques, composés de solides & de fluides, & doués de la triple faculté de se nourrir de croître & de multiplier par un principe intérieur vital, comme les autres animaux placés au-dessus d'eux dans l'échelle universelle des Etres. Nous avons ainsi constaté l'animalité des fossiles. L'on offre ici le tableau des différens âges de leur vie, de leurs facultés & de l'exercice de ces facultés, &c.

Premier âge de la vie des fossiles ou leur enfance, qui est pour eux, comme pour tous les animaux, un temps d'imbécillité & d'imperfection. Divers traits de leur enfance, considérés dans les animaux métalliques. Leur accroissement; comme ils parviennent successivement à leur maturité, temps auquel ils jouissent de la perfection de leur être & du plein exercice de leurs facultés. On fait voir que leur accroissement se fait selon toutes leurs parties formelles & ensemble, ce qui ne peut convenir qu'à un corps organique vivant.

Moules où de petits argents s'étoient moulés en végétant. Baguette d'argent sortant de terre, qui surpassoit d'une coudée la hauteur d'un homme. Autres végétations d'argent. Seps de vigne avec des fibres d'or communs en Hongrie. Raci-

nes d'un arbriffeau chargées de filets d'or qui s'y étoient entortillés. Arbriffeau d'or pefant douze livres.

Proportions exactes & très-fidelement obfervées entre les dif-
ferens périodes de la vie des foffiles. Leur âge mûr. Contemplation abrégée de quelques-unes de leurs facultés les
plus fenfibles, d'où l'on tire de nouvelles preuves de leur
animalité, & des conjectures fur leur manière de fentir &
de connoître felon l'efpece & la proportion de leurs organes. On fe rend attentif aux fignes qu'ils en donnent.
Les procédés des minéraux ne font pas tout-à-fait folitaires,
puifqu'il y en a qui s'entre-communiquent leurs facultés,
qui agiffent les uns fur les autres, qui fe recherchent, qui
fe repouffent, qui fe foutiennent par la communication.
N'eft-ce pas là de la perfectibilité, & une efpece de focié-
té, telle que leur nature la comporte?

Dernier âge de la vie des foffiles, leur vieilleffe qui a la même
caufe que celle des autres animaux. Comment-ils perdent
leurs facultés en vieilliffant. Leur mort.

CHAPITRE II. *Doutes fur les Corps dits pétrifiés.* . . . page 196

Hiftoire abrégée des pétrifications.

Relation détaillée d'un Elephant prétendu pétrifié, dans laquelle l'Auteur après avoir rapporté le fait, s'attache à montrer que tous les attributs des os de l'éléphant convenoient
au fquelette découvert. Il établit enfuite que ce n'étoit
point là un foffile minéral, mais que c'étoit réellement un
animal pétrifié. Enfin il recherche comment ce coloffe
avoit pu être tranfporté & enfeveli dans l'endroit où il a
été déterré.

Envie démefurée de tout expliquer, même les chofes reconnues pour fauffes. Exemple de Démocrite applicable aux
partifans du fyftème des pétrifications.

*Efpece d'incruftation pierreufe qui n'eft pas une
vraie pétrification.*

*Ce qu'on peut appeller une pétrification proprement
dite.*

*Plufieurs raifons qui prouvent l'impoffibilité des
pétrifications.*

*De la reffemblance des formes, principal fondement
du fyftème des pétrifications.*

Ce fyftème pofe fur une bafe bien foible. On fait voir d'abord
que cette reffemblance eft très-peu de chofe, qu'elle eft
très-imparfaite & très-équivoque, au jugement même de
quelques-uns des naturaliftes qui admettent des pétrifications;
on prouve enfuite que, quand elle feroit auffi réelle que

S 4

quelques autres le prétendent, on n'en pourroit rien conclure légitimement en faveur du fyftême des corps pétrifiés. Examen des principes expofés par Mr. de Reaumur dans fes obfervations fur les mines de turquoifes qu'il prétend être des os & des dents d'animaux pétrifiés. On prouve en troifieme lieu que la reffemblance de figure de certains corps pierreux avec des parties de végétaux & d'animaux, loin d'être une preuve que ce font ces parties-là-même pétrifiées, elle prouve le contraire, puifque la deftruction de la forme d'un corps pétrifié, c'eft-à-dire affimilé à une fubftance organique pierreufe, eft un préalable néceffaire à cette pétrification ou affimilation. Ainfi croule le principal fondement de ce fyftême imaginaire. Examen d'une tête humaine prétendue pétrifiée.

Des coquilles prétendues pétrifiées.

Les nautiles, les cornes d'ammon, les huitres, les ourfins foffiles, *&c.* ne font point des pétrifications, mais des productions foffiles naturelles, nées & accrues dans la terre, & provenues de germes particuliers, comme les autres pierres.

Des pierres empreintes des figures de plantes, d'infectes & de poiffons.

Examen des différens fyftêmes fur ces pierres, & des différentes explications de leurs empreintes. On les compare aux dendrites ou pierres naturellement & originairement arborifées, & l'on conclut qu'elles rentrent dans la même claffe.

LIVRE SEPTIEME.

DE L'ANIMALITE' DES PARTICULES TERREUSES, AQUEUSES, AERIENNES ET IGNE'ES.

Caractere des animalcules terreux. Leur reproduction par la divifion de leurs parties, à la maniere des polypes, & par une graine ou femence comme les autres efpeces animales. Leur maniere de croître & de fe nourrir. Leur âge mur. Exercice de leurs facultés. Leur vieilleffe & leur dépériffement.

Le ressort de l'air se conçoit facilement en se représentant les animalcules aëriens comme des vermisseaux pliés en forme de spirale avec la faculté de se resserrer & de s'étendre. Tous les phénomenes du ressort de l'air s'expliquent commodément par le jeu de ces petits animaux.

De la raréfaction de l'air & de sa condensation. De sa viscosité & de l'adhérence de ses particules entre elles & aux corps étrangers. Tout cela s'explique encore par le jeu & l'instinct des animalcules aériens; ainsi que l'aptitude de l'air à transmettre le son & à propager avec la plus grande précision tous les tons & tous les accords.

CHAPITRE VII. *De la matiere du Feu, ou des Animalcules ignés.* . . page 23[illegible]

Que l'activité de la matiere éclatte davantage à-mesure qu'elle se subtilise.

Les germes, ou Etres principes, sont les plus petits & les moins composés, & en même temps les plus actifs & les plus forts.

Le feu est le seul fluide proprement & essentiellement tel, & tous les autres fluides ne le sont que par lui. Une des facultés distinctives des animalcules ignés est de mettre & d'entrenir en fusion tous les autres corps. Comment ils exercent cette faculté. Ils ont encore celle d'entretenir la chaleur & la vie dans le corps animal. Expériences de Mr. Howke par lesquelles il a trouvé que les petites particules de feu étoient des atômes ronds & brillans, c'est-à-dire, selon moi, de petits vers luisans & brûlans. Explication de divers phénomenes concernant la chaleur & la lumiere. Phosphores. Des sept rayons de lumiere & de leur diverse réfrangibilité.

CHAPITRE VIII. *Extrait du Systême d'un Médecin Anglois sur la cause de toutes les especes de maladies, & leur cure.* . 234

I. De le Cause des différentes maladies.

Notre Médecin Anglois attribue toutes les maladies à l'action de divers insectes ou vermisseaux malins tant sur les solides que sur les fluides du corps humain. Il admet donc des animalcules fiévreux, rhumatisans, véroliques, &c.

Premier exemple.

Il s'agit de la fievre tierce ou quarte, & de l'économie des animaux fiévreux qui la causent, & produisent tous les accidens dont elle est ordinairement accompagnée.

Second exemple.

Il s'agit des douleurs de rhumatisme & des animalcules rhumatisans auxquels on en rapporte la cause.

Conclusion.

ADDITION. Insectes ailés apperçus dans les bubons des pestiférés : ce sont eux qui vont porter partout la contagion de la peste. De la gangrene que l'on avoit soupçonnée être produite par un amas de vermisseaux qui mangent & rongent les chairs. De la petite vérole. La génération des insectes varioliques pourroit bien être la principe & le fondement de l'inoculation. Expériences à ce sujet.

II. De la guérison de différentes maladies.

Dans le systême du Philosophe Anglois la guérison des différentes maladies s'opere par l'action des animalcules que contiennent les remedes (car les plantes & les minéraux en fourmillent), lesquels vont tuer les animalcules malfaisans qui causent ces maladies.

CHAPITRE IX. *Conclusion de ce Livre.* page 239

Concluons qu'il n'y a que le préjugé qui nous empêche de reconnoître l'animalité des particules terreuses, aqueuses, aëriennes & ignées, en faveur de laquelle nous avons toutes sortes de présomptions & d'analogies.

LIVRE HUITIEME.

DE L'ANIMALITÉ DU GLOBE TERRESTRE ET DES CORPS CELESTES.

CHAPITRE I. *Essai d'une nouvelle Théorie de la Terre.* 241

Combien il est peu raisonnable de regarder la terre comme une masse indigeste où tout est en desordre & en confusion. Les philosophes qui l'ont mieux étudiée & examinée avec plus de soin, y ont découvert un mêlange très-savant de différentes matieres. Ce qui nous rend l'organisation & l'animalité de la terre méconnoissables. Comparaison propre à faire sentir que le globe terrestre peut très-bien être un animal, sans qu'il nous paroisse tel à la premiere vue. La terre comparée aux plus grands animaux. Divers caracteres de son animalité. De son economie vitale & de ses différens âges. Tout est animé : tout est animal.

Fin de la Table du quatrieme & dernier Tome.